建筑

国家“双高计划”建筑钢结构工程技术专业群成果教材
高等职业教育土建类“十四五”系列教材

建筑装饰材料与构造

JIANZHU ZHUANGSHI CAILIAO YU GOUZAO

主　编　张　爽
副主编　张　亮　冯丽娟　何　菲　顾　敏　邱姗姗

U0363002

电子课件
（仅限教师）

華中科技大學出版社
http://press.hust.edu.cn
中国 · 武汉

图书在版编目(CIP)数据

建筑装饰材料与构造/张爽主编. —武汉:华中科技大学出版社，2023.6
ISBN 978-7-5680-9597-6

Ⅰ.①建… Ⅱ.①张… Ⅲ.①建筑材料-装饰材料 ②建筑装饰-建筑构造 Ⅳ.①TU56 ②TU767

中国国家版本馆 CIP 数据核字(2023)第 135349 号

建筑装饰材料与构造
Jianzhu Zhuangshi Cailiao yu Gouzao

张爽 主编

策划编辑：康 序
责任编辑：刘姝甜
封面设计：孢 子
责任监印：朱 玢
出版发行：华中科技大学出版社(中国·武汉) 电话：(027)81321913
武汉市东湖新技术开发区华工科技园 邮编：430223
录 排：武汉创易图文工作室
印 刷：湖北新华印务有限公司
开 本：889mm×1194mm 1/16
印 张：14
字 数：474 千字
版 次：2023 年 6 月第 1 版第 1 次印刷
定 价：58.00 元

前言 Preface

本书是根据高等职业教育以能力为本位的高等技术应用性专门人才培养目标和教学要求编写的，分为十四章，包括建筑装饰材料与构造概述、材料的性质、建筑装修常用机具、建筑装饰基本材料、建筑装饰石材、建筑装饰陶瓷、建筑装饰玻璃、木质装饰材料、建筑装饰涂料、建筑装饰塑料、建筑装饰金属材料、纤维装饰织物与制品、胶黏剂和装饰灯具。针对材料试验员、材料员、施工员、监理员、造价员等岗位群对建筑材料基本理论、基本知识、基本技能掌握的要求，本书理论知识以适度、够用为限，突出了建筑材料使用、保管和检测试验方法及技能测试和训练等，除了每一章节分别有知识学习任务外，还设置了综合实训任务，注重理论与实践相结合，重点在于培养学生的实际动手能力，以实用为主、够用为度。

本书不仅注重学生对基础知识的掌握和能力的培养，让学生能够在日后的实际工作中去发挥和扩展，还在教学中引入建筑材料的发展趋势和新型材料及其应用工艺，比如绿色建材的概念和实例，尤其注意今后建筑装饰材料的发展方向，对最新的建材信息进行介绍，让学生了解建筑装饰行业的发展前景。本书内容涵盖面宽、信息量大，并采用国家颁布的最新规范和标准，力求反映当前最先进的材料应用技术和知识，使教学内容与时俱进。

本书具有较强的针对性、实用性和通读性，将思政教育元素融入教材内容建设中，包括课程思政元素、课程思政切入点、教学方法活动、课程思政目标等，通过基于教材的课程教学，润物无声地对学生的思想意识、行为举止展开教育。同时，本书中还编入了许多典型的工程实践案例，内容丰富，实用性强。

本书注重零基础读者学习与实践之间的匹配性，在形式上更加新颖活泼，在内容上更加精练简洁，学习目标明确，降低了零基础读者的理论学习难度，意在使立志从事建筑装饰专业、室内设计专业工作的设计人员、具备工程基础知识的工程技术人员、大中专院校师生，都可用本书来学习掌握建筑装饰材料与构造相关知识。本书可作为高等职业院校建筑装饰专业、室内设计专业及其他相关专业的教材和参考书，也可供即将走上工作岗位的学生以及建筑从业人士参考之用。

本书由黄冈职业技术学院张爽担任主编；黄冈壹舍装饰工程有限公司的总经理及设计总监张亮、人事经理冯丽娟，陕西省杨凌平方装饰工程有限公司的总经理及设计运营总监何非，黄冈职业技术学院顾敏、邱姗姗，担任副主编。本书编写工作分配为：张爽负责编写第一章、第二章、第五章至第十四章与附录，以及录制选购建筑装饰材料教学视频；何非负责编写第三章；张亮与冯丽娟共同负责编写第四章；顾敏、邱姗姗负责全书图文编辑校对。本书编者都有着多年装饰工程设计、施工实践经验，对选购及运用材料有丰富的实战经验。本书中的施工图例大都源于黄冈壹舍装饰工程有限公司本地在建一线工程案例。

为了方便教学，本书还配有电子课件等资料，任课教师可以发邮件至 husttujian@163.com 索取。

由于编写时间及编者水平有限，教材中不足及疏漏之处在所难免，敬请广大读者批评指正，编者深表感谢！

编　者

2023 年 4 月

目录

Contents

第一章

建筑装饰材料与构造概述

JIANZHU ZHUANGSHI CAILIAO YU GOUZAO GAISHU

1.1 课程性质

"建筑装饰材料与构造"是建筑装饰工程技术专业的一门专业基础课。通过学习，学生可获得建筑装饰材料的基础理论知识，为今后在工程实践中合理选用建筑装饰材料奠定基础，同时培养对常用建筑装饰材料的主要技术指标进行检测的能力，并为后续学习建筑装饰设计和建筑施工等专业课程提供建筑装饰材料方面的基础储备知识。

1.2 课程目标

1.2.1 课程能力目标

通过学习材料应用理论知识，能够准确地评定材料的性质，以便在实际工作中能够合理、经济地选用、鉴别建筑装饰材料；通过材料实验，熟悉实验设备的性能及操作方法，掌握基本的测试技能。

1.2.2 课程知识目标

熟悉建筑装饰材料的基本性质，了解常用建筑装饰材料的技术要求、性能、有关的国家标准和行业标准，根据工程要求合理地选用材料；熟悉各种装饰材料与构造的施工工艺、施工流程、施工标准；对建筑材料的生产、储存、保管以及环保要求有所了解。

1.2.3 课程素质目标

在教学中培养学生科学、缜密、严谨的态度；培养学生分析问题、解决问题的能力；培养学生科学研究能力，提升学生积极认识事物、掌握事物规律的热情度。

1.3 建筑装饰材料分类

1.3.1 按材质分类

建筑装饰材料按材质分类有塑料、金属、陶瓷、玻璃、木材、无机矿物材料、涂料、纺织品、石材等种类。

1.3.2　按功能分类

建筑装饰材料按功能分类有吸声、隔热、防水防潮、防火、防霉、耐酸碱、耐污染等种类。

1.3.3　按材料来源分类

建筑装饰材料按材料来源分类有天然装饰材料和人造装饰材料。

1.3.4　按化学成分分类

建筑装饰材料按化学成分分类有无机装饰材料、有机装饰材料和复合材料三大类。

1.3.5　按装饰部位分类

建筑装饰材料按装饰部位分类有墙面装饰材料、顶棚装饰材料、地面装饰材料等。

1.墙面装饰材料

墙面装饰材料包括天然石材(大理石、花岗岩)、人造石材(人造大理石、人造花岗岩)、瓷砖和瓷片(陶瓷和马赛克)、玻璃制品(玻璃马赛克、特种玻璃等)、水泥(白水泥、彩色水泥)、装饰混凝土、铝合金、涂料、碎屑饰面(水磨石、干粘石等)等。

2.顶棚装饰材料

顶棚装饰材料包括塑料吊顶材料(钙塑板等)、铝合金吊顶石膏板、墙纸装饰天花板、玻璃钢吊顶装饰板、矿棉吊顶吸音板、膨胀珍珠岩装饰吸音板等。

3.地面装饰材料

地面装饰材料包括人造石材、地毯、塑料地面、地面涂料、陶瓷地砖、天然石材、木地板等。

1.4　建筑装饰材料选购原则

建筑装饰材料的色彩、质感、触感、光泽、耐久性等是否正确选用,将会在很大程度上影响到环境。现代装饰材料的合理选用不仅能改善室内、室外的艺术环境,使人得到美的享受,同时还兼有隔热、防水、防潮、防火、吸声、隔声等多种功能,起着保护建筑物主体结构、延长其使用寿命以及满足某些特殊要求的作用。(见图 1-1)

图 1-1　建筑装饰材料的作用(毛坯房与精装房对比)

1.4.1 装饰性能

材料的装饰性能是指材料对所覆盖的建筑物进行外观美化的效果。建筑物对材料装饰效果的要求主要体现在材料的色彩、光泽、质感、透明性、线条纹理、图案花纹、形状尺寸等方面。

建筑不仅仅是人类赖以生存的物质空间，更是人们进行文化交流和情感生活的重要精神空间。合理而艺术地使用装饰材料的质感、线条、色彩来表现，不仅能将建筑物的室内外环境装饰得层次分明、情趣盎然，而且能给人美的精神感受。

如西藏的布达拉宫在修缮的过程中适当地使用了金箔、琥珀等材料进行装饰，使这座建筑显得高贵华丽、流光溢彩，如图 1-2 所示。

图 1-2 西藏布达拉宫

1. 材料的色彩

色彩是指颜色及颜色的搭配，使用色彩是我国古建筑形式美的突出表现。在建筑装饰工程中，色彩是材料装饰性的重要指标。不同的颜色，可以使人产生冷暖、大小、远近、轻重等不同感觉，会对人的心理产生不同的影响。应合理利用材料的色彩，注重材料颜色与光线及周围环境的统一和协调，创造出符合实际要求的空间环境，从而提高建筑装饰的艺术性。（见图 1-3）

图 1-3 红色墙壁给人带来视觉冲击力

2. 材料的光泽和透明性

材料具有不同的光泽度，会极大地影响材料表面的明暗程度，造成不同的虚实对比感受。比如在常用的材料中，釉面砖、磨光石材、镜面不锈钢等材料具有较高的光泽度，而毛面石材、无釉陶瓷等材料的光泽度较低。

透明性是光线透过物体所表现的光学特征。装饰材料可分为透明体（透光、透视）、半透明体（透光、不透视）和不透明体（不透光、不透视）。利用材料的不同透明性，可以调节光线的明暗，改善建筑内部的光环境。如发光天棚的罩面材料一般采用半透明体，这样既能将灯具外形遮住，又能透过光线，既满足了室内照明需求又兼顾美观；而商场的橱窗就需要用透明性非常高的玻璃，使顾客能清楚看到陈列的商品。

3. 材料的质感

质感是材料的色彩、光泽、透明性、表面组织结构等给人的一种综合感受。不同材料的质感给人的心理感受是不同的。例如，光滑、细腻的材料，富有优美、雅致的感情基调，会给人以冷漠、傲然的心理感受；金属能使人产生坚硬、沉重、寒冷的感觉；羊毛、丝织品会使人感到柔软、轻盈和温暖；石材可使人感到坚实、稳重而富有力度；未加修饰的混凝土等毛面材料可使人具有粗犷豪迈的感觉。一般的装饰材料要经过适当的选择和加工才能满足视觉美感要求。

4. 材料的线条纹理

凡视觉所能感知的美，大都是由一定的线条和纹理构成的。经过材质不同表现形式的变换，线条具有美感、穿透感、延伸感以及活力、视觉表现力。材料的纹理是材料表面天然形成或人工刻画的图形、线条、色彩等构成的画幅。如天然石材表面的层理条纹及木材纤维呈现的花纹，可构成天然图案；采用人工图案时，则有更多的表现技艺和手法。建筑装饰材料的图案常采用几何图形、花木鸟兽、山水云月、风竹桥亭等具有文化韵味的元素来表现传统、崇拜、信仰等文化观念和艺术追求。线条的对称、重复、组合、叠加等变换，可体现材料质地及装饰技艺的价值和品位。材料表面的线条纹理，能引起人们的好奇心，吸引人们对材料及装饰的细部进行欣赏，还可以拉近人与材料的空间关系，起到人与物近距离相互交流的作用。（见图 1-4）

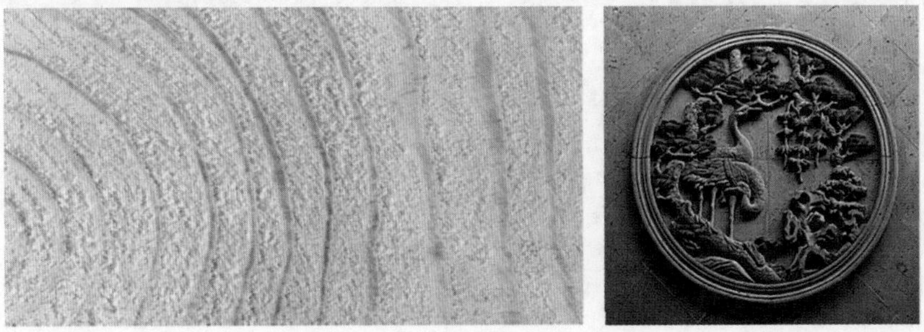

图 1-4 天然图案与人工图案

5. 材料的形状和尺寸

材料的形状和尺寸关系到空间尺寸的大小和人在使用时是否有舒适的感觉。一般块状材料具有稳定感，而板状材料则给人较轻盈的视觉感受。在装饰设计和施工时，可通过改变装饰材料的形状和尺寸，配合花纹、颜色、光泽等特征，创造出各种类型的图案，从而获得不同的装饰效果，以满足不同的建筑形体和功能的要求，最大限度地发挥材料的装饰性。

1.4.2 耐久性能

建筑物外部装饰材料需要承受日晒雨淋、霜雪冰冻、风化、介质侵蚀等，而内部装饰材料则要承受摩擦、潮湿、洗刷等作用。装饰材料的耐久性能是指材料在使用过程中能抵抗周围各种介质的侵蚀而不被破坏，并能长期保持原有性能的性质。建筑物的使用寿命一般都很长，通常在 50 年到 80 年，跨海大桥的使用寿命可达 100 年以上。选择适当的建筑装饰材料对建筑物表面进行装饰，不仅能对建筑物起到良好的装饰作用，且能有效地提高建筑物的耐久性，降低维修费用。（见图 1-5）

1. 力学性能

装饰材料的力学性能包括强度（抗压、抗拉、抗弯、耐冲击性等）、变形性、粘结性、耐磨性以及可加工性等。

2. 物理性能

装饰材料的物理性能包括密度、吸水性、耐水性、抗渗性、抗冻性、耐热性、吸声隔音性、光泽度、光吸收及光反射性等。

3. 化学性能

装饰材料的化学性能包括耐酸碱性、耐大气侵蚀性、耐污染性、抗风化性及阻燃性等。

综上所述，材料的耐久性能是一项综合性质，包括强度、抗老化性、抗渗性、耐磨性、大气稳定性、耐化学侵蚀性、耐沾污性、色彩稳定性等。如金属材料主要受化学作用，易被腐蚀；木材、竹材等植物纤维组成的材料，常因虫、菌的蛀蚀而腐朽破坏；沥青、高分子材料在阳光、空气及热的作用下易变得硬脆老化而被破坏等。应根据材料的种类和建筑物所处的环境条件提出不同的耐久性要求。如对于处于冻融环境的工程，应要求材料具有良好的抗冻性；水工建筑物所用的材料要求有良好的抗渗性和耐化学腐蚀性等。（见图 1-6）

图 1-5　杭州湾跨海大桥

图 1-6　青藏铁路

1.4.3　室内环境调节性能

室内环境调节是以创建健康舒适的室内环境为主旨。室内环境的温度、湿度和空气质量是构成环境舒适性的三个主要因素。好的室内环境的质量有利于居室使用人群的身心健康，会使人们逗留在室内感到舒适、精神焕发，甚至还能提高机体的生理功能，增强免疫力，降低发病率，增强体质，延长寿命。通过采用具有温湿度调节功能的材料来装饰室内环境，可使室内保持一个相对舒适的环境，提高人们生活的质量。

地板保温

在我国，许多地方已采用地热地板，通过地板辐射采暖（将加热管直接预制在由绝热层、托梁和覆盖层组成的封闭夹层，在夹层中传递热量），室内温度均匀，温度从地面向上辐射，由下而上递减，从而达到供室内人员取暖的目的。地板保温构造如图 1-7 所示。

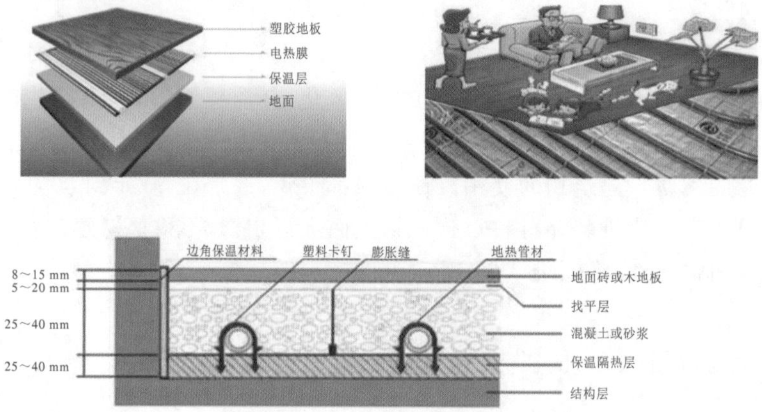

图 1-7　地板保温构造

1.4.4　节能环保性能

随着人们生活水平的提高和环保意识的增强，建筑装饰工程中不仅要求材料美观、耐用，同时更关注建筑装饰材料在制造过程中使用的工艺技术是否具有节能、节土、利废和保护环境等特点，提倡使用在产品制作和使用过程中具有节约能源的特点并能改善建筑功能的建筑材料，如石膏、滑石粉、砂石、木材、某些天然石材等天然的、本身没有有毒有害物质、未经污染、只进行了简单加工的装饰材料，或者经过加工、合成等技术手段、对人类健康不构成威胁的装饰材料。现代装饰工程中常使用甲醛释放量较低、达到国家标准的大芯板、胶合板、纤维板等，以及环保型乳胶漆、环保型油漆等化学合成材料。（见图 1-8）

图 1-8　绿色建材认证标志

1.4.5　安全与健康性能

现代建筑装饰材料中，绝大多数装饰材料对人体是无害的。但是也有少数装饰材料含有对人体有害的物质，如有的石材中含有对人体有害的放射性元素，油漆、涂料中所含有的苯、二甲苯、甲醛等挥发性物质均会对人体健康造成危害。因此，一定要选择符合国家标准的装饰材料，同时也可借助有关环境监测和质量检测部门，对将要选用的装饰材料进行检验，以便放心使用。另外，待住宅装饰工程结束后，不宜马上搬进去住，应打开窗户通风一段时间或使用新风系统，待室内装饰材料中的挥发性物质基本挥发尽且排出室外，方可入住。（见图 1-9、图 1-10）

新风系统

新风系统是由送风系统和排风系统组成的一套独立空气处理系统，它分为管道式新风系统和无管道新风系统两种。管道式新风系统由新风机和管道配件组成，通过新风机净化室外空气并将净化空气导入室内，通过管道将室内空气排出；无管道新风系统由新风机组成，同样由新风机净化室外空气并将净化空气导入室内。管道式新风系统由于工程量大更适合工业或者大面积办公区使用，而无管道新风系统因为安装方便更适合家庭使用。

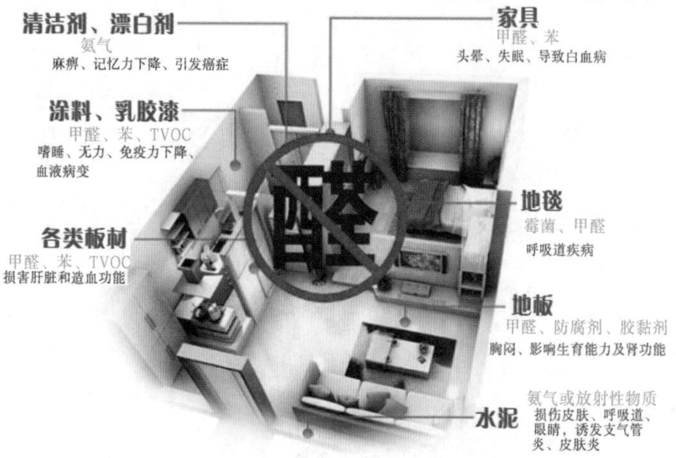

图 1-9 室内可能存在的环境污染及危害

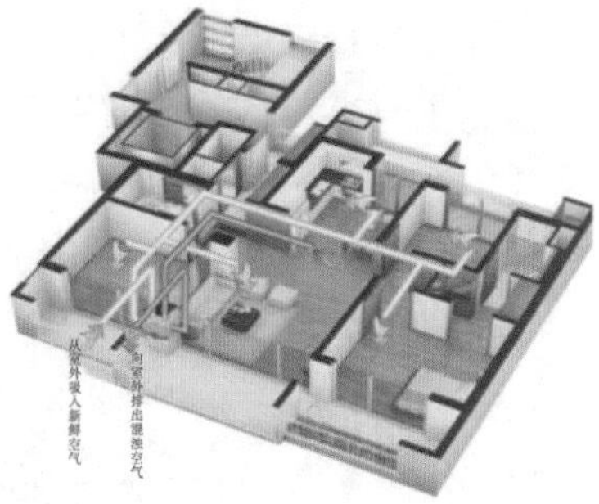

图 1-10 新风系统

1.4.6 经济性能

选购装饰材料时，还必须考虑装饰工程的造价问题，既要体现建筑装饰的功能性和艺术效果，又要做到经济合理；既要考虑一次性投资的多少，又要考虑日后的维修费用，还要考虑到装饰材料未来的发展趋势。因此，在建筑装饰工程的设计、材料的选择上一定要做到精益求精，根据工程的装饰要求、装饰档次，合理选择装饰材料。选用装饰材料时应根据建筑物部位的不同、使用条件的不同，对装饰材料性能提出相应的要求。

1.5 建筑材料的发展方向

建筑材料发展迅速，且在三个方向有较大的发展：①注重环境协调性，注重健康、环保；②复合多功能；③智能化。（见图 1-11）

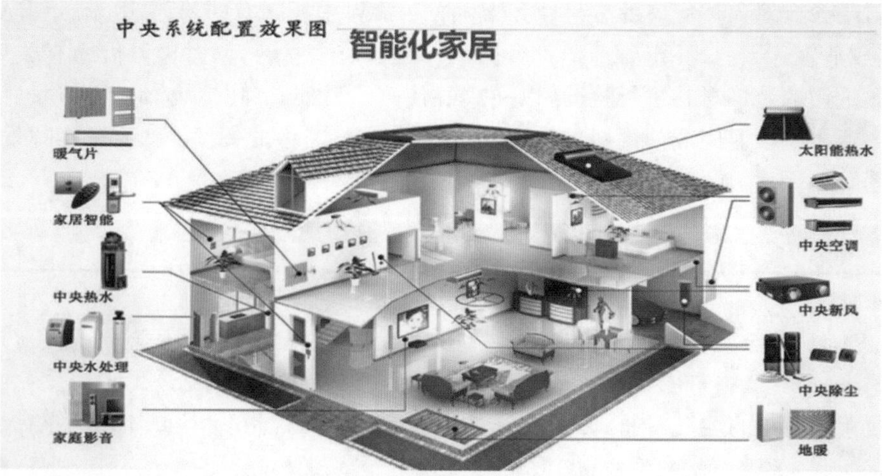

图 1-11 建筑材料的发展方向

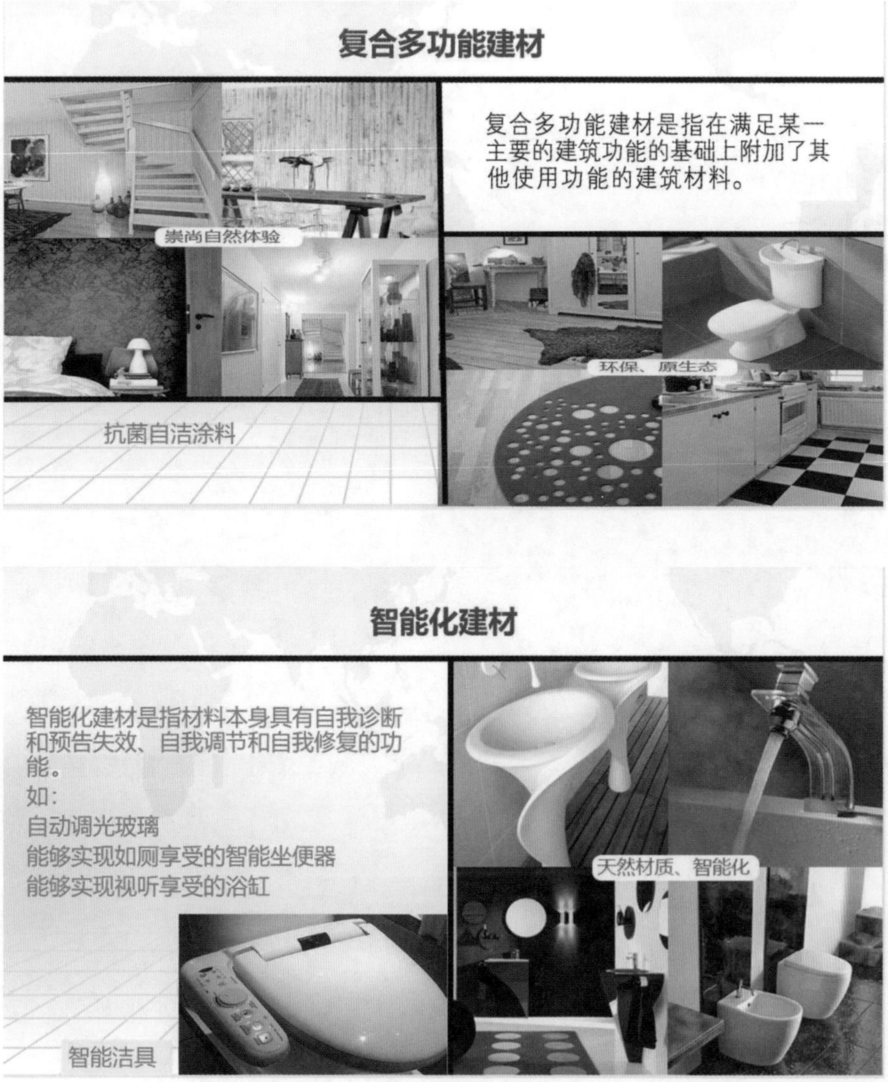

复合多功能建材
复合多功能建材是指在满足某一主要的建筑功能的基础上附加了其他使用功能的建筑材料。
崇尚自然体验
环保、原生态
抗菌自洁涂料
智能化建材
智能化建材是指材料本身具有自我诊断和预告失效、自我调节和自我修复的功能。
如:
自动调光玻璃
能够实现如厕享受的智能坐便器
能够实现视听享受的浴缸
天然材质、智能化
智能洁具

续图 1-11

课后思考与练习

想一想

请畅想一下，未来建筑材料的发展方向是怎样的？运用新型建筑材料可以打造一个怎样的环境？

作　业

任务：完成新型建筑材料调查表，如表 1-1 所示。

调查方式：综合运用电商购物平台等获取信息。

表 1-1　新型建筑材料调查表

新型建筑材料名称	品　　牌	价　　格	用　　途	效　果　图

第二章

材料的性质

CAILIAO DE XINGZHI

2.1 材料的基本性质

2.1.1　材料的基本物理性质

1. 密度

密度是指在绝对密实状态下，单位体积材料的质量。材料在绝对密实状态下的体积是指不包括孔隙在内的体积。除了钢材、玻璃等少数材料外，绝大多数材料内部都存在一些孔隙。在测定有孔隙的材料密度时，应把材料磨成细粉，来测定其在绝对密实状态下的体积。材料磨得越细，测得的密度值越精确。（见图2-1）

2. 表观密度

表观密度是指在自然状态下，单位体积材料的质量。材料在自然状态下的体积又称表观体积，是指包含材料内部孔隙在内的体积。对于形状规则的材料，可直接按外形尺寸计算出表观体积；对于形状不规则的材料，可用排液法测量其表观体积。

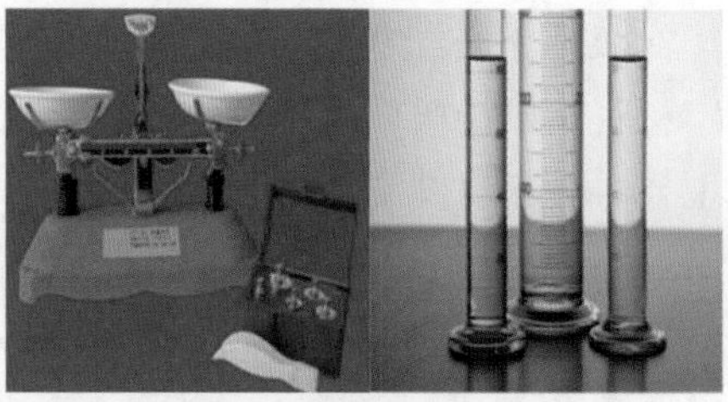

图 2-1　测量密度的工具

3. 堆积密度

堆积密度是指粉状（水泥、石灰等）或散粒材料（石子等）在堆积状态下单位体积的质量。材料的堆积体积包含了颗粒内部的孔隙和颗粒之间的空隙。测定材料的堆积密度时，需按规定的方法将粉状或散粒材料装入一定容积的容器中。材料质量是指填充在容器内的材料质量，材料的堆积体积则为容器的容积。

在建筑工程中，计算材料的用量和构件的自重，进行配料计算，以及确定材料的堆放空间时，经常要用到密度、表观密度和堆积密度等数据。常用建筑材料的密度、表观密度和堆积密度见表2-1。

表 2-1　常用建筑材料的密度、表观密度和堆积密度

材料名称	密度/(g/cm^3)	表观密度/(kg/m^3)	堆积密度/(kg/m^3)
建筑钢材	7.85	7850	—
普通混凝土	—	2100～2600	—
烧结普通砖	2.50～2.70	1600～1900	—
花岗岩	2.70～3.0	2500～2900	—
碎石(石灰岩)	2.48～2.76	2300～2700	1400～1700
砂	2.50～2.60	—	1450～1650
粉煤灰	1.95～2.40	—	550～800
木材	1.55～1.60	400～800	—
水泥	2.80～3.10	—	1200～1300
普通玻璃	2.45～2.55	2450～2550	—
铝合金	2.70～2.90	2700～2900	—

4. 孔隙率

孔隙率是指在材料体积中孔隙体积所占的比例。孔隙率的大小直接反映了材料的致密程度。孔隙率越小，说明材料越密实。材料内部孔隙构造可分为连通孔隙和封闭孔隙两种。连通孔隙不仅彼此连通而且与外界相通，封闭孔隙不仅彼此封闭且与外界相隔绝。孔隙按其孔径尺寸大小可分为细小孔隙和粗大孔隙。材料的许多性能，如表观密度、强度、吸湿性、导热性、耐磨性、耐久性等，都与材料孔隙率的大小和孔隙特征有关。

2.1.2 材料与水有关的性质

1. 亲水性与憎水性

材料与水接触时能被水润湿的性质称为亲水性。具备这种性质的材料称为亲水性材料。大多数建筑材料，如砖、混凝土、木材、砂、石、钢材、玻璃等，都属于亲水性材料。

材料与水接触时不能被水润湿的性质称为憎水性。具备这种性质的材料称为憎水性材料，如沥青、石蜡、塑料等。憎水性材料一般能阻止水分渗入，因而可用作防水材料，也可用于亲水性材料的表面处理，以降低其吸水性。

2. 吸水性

材料在水中吸收水分的性质称为吸水性。材料吸水性的大小常用质量吸水率表示。材料吸水性的大小主要取决于材料孔隙率和孔隙特征。一般孔隙率越大，吸水性也越强。各种材料由于孔隙率和孔隙特征不同，质量吸水率相差很大。如花岗岩等致密岩石的质量吸水率仅为 0.5%～0.7%，普通混凝土为 2%～3%，普通黏土砖为 8%～20%，而木材及其他轻质材料的质量吸水率常大于 10%。

3. 吸湿性

材料在潮湿空气中吸收水分的性质称为吸湿性。吸湿性的大小用含水率表示。含水率是指材料含水的质量占材料干燥质量的百分率。较干燥的材料处于较潮湿的空气中时，会吸收空气中的水分；而较潮湿的材料处于较干燥的空气中时，便会向空气中释放水分。在一定的温度和湿度条件下，材料与周围空气湿度达到平衡时的含水率称为平衡含水率。材料含水率的大小，除与材料的孔隙率、孔隙特征有关外，还与周围环境的温度和湿度有关。一般材料孔隙率越大，材料内部细小孔隙、连通孔隙越多，材料的含水率越大；周围环境温度越低，相对湿度越大，材料的含水率也越大。

4. 耐水性

材料长期在饱和水作用下不被破坏、其强度也不显著降低的性质称为耐水性。

图 2-2 墙体抗渗施工

5. 抗渗性

材料抵抗压力水（也可指其他液体）渗透的性质称为抗渗性。建筑工程中许多材料常含有孔隙、空洞或其他缺陷，当材料两侧的水压差较高时，水可能从高压侧通过材料内部的孔隙、空洞或其他缺陷渗透到低压侧。这种压力水的渗透，不仅会影响工程的使用，而且渗入的水还会带入腐蚀性介质或将材料内的某些成分带出，造成材料的破坏。材料抗渗性的大小用抗渗等级表示。材料的抗渗等级越高，其抗渗性越强。建筑装饰墙体抗渗施工如图 2-2 所示。

6. 抗冻性

材料的抗冻性是指材料在吸水饱和状态下，能经受多次冻融循环作用而不被破坏，同时也不严重降低强度的性质。冰冻的破坏作用是由于材料孔隙内的水分结冰而引起的，水结冰时体积约增大 11%，从而对孔隙产生压力而使孔壁开裂。对于室外温度低于 −15 ℃的地区，其主要工程材料必须进行抗冻性试验。

2.1.3 材料的热工性能

1. 导热性

材料传导热量的能力称为导热性。材料的导热系数与材料的成分、孔隙构造、含水率等因素有关；导热系数越大，导热性能越好。一般金属材料的导热系数大于非金属材料。材料孔隙率越大，导热系数越小；在孔隙率相同的情况下，材料内部细小孔隙、封闭孔隙越多，导热系数越小。因此，保温绝热材料在使用和保管过程中应注意保持干燥，以避免吸收水分而降低保温效果。

2. 温度变形性

材料的温度变形性，是指温度升高或降低时材料的体积变化。绝大多数建筑材料在温度升高时体积膨胀，在温度下降时体积收缩。这种变化表现在单向尺寸时为线膨胀或线收缩。

3. 材料的燃烧性能

近年来，我国发生的重大伤亡性火灾，几乎都与建筑装修和建筑装饰材料有关。因此，在选择建筑装饰材料时，对材料的燃烧性能应给予足够的重视。

1)建筑装饰材料燃烧所产生的破坏和危害

①燃烧作用　在建筑物发生火灾时，燃烧能使金属结构红软、熔化，会使水泥、混凝土脱水粉化及爆裂脱落，能使建筑物开裂破坏、坠落坍塌、装修报废等，同时，燃烧产生的高温作用对人也有巨大的危害。

②发烟作用　材料燃烧时，尤其是有机材料燃烧时，会产生大量的浓烟。浓烟会使人迷失方向，且造成心理恐惧，妨碍及时逃生和救援。

③毒害作用　部分建筑装饰材料，尤其是有机材料，燃烧时会产生剧毒气体，这种气体可在几秒至几十秒内使人窒息、死亡。

2)建筑材料的燃烧性能分级

建筑材料按其燃烧性能分为四个等级，见表 2-2。

表 2-2　建筑材料的燃烧性能分级

等　级	燃烧性能	燃烧特征
A	不燃	在空气中受到火烧或高温作用时不起火、不燃烧、不碳化的材料，如金属材料及无机矿物材料等
B_1	难燃	在空气中受到火烧或高温作用时难起火、难燃烧、难碳化，离开火源后燃烧或微燃立即停止的材料，如沥青混凝土、水泥刨花板等
B_2	可燃	在空气中受到火烧或高温作用时立即起火或微燃，且离开火源后仍能继续燃烧或微燃的材料，如木材、部分塑料制品等
B_3	易燃	在空气中受到火烧或高温作用时立即起火，并迅速燃烧，且离开火源后仍能继续燃烧的材料，如部分未经阻燃处理的塑料、纤维织物等

在选用建筑装饰材料时，应优先考虑采用不燃或难燃的材料。对有机建筑装饰材料，应考虑其阻燃处理，如其阻燃剂的种类和特性。如果必须采用可燃性的建筑材料，应采取相应的消防措施。

3)材料的耐火性

材料的耐火性是指材料抵抗高温或火的作用，保持其原有性质的能力。金属材料、玻璃等虽属于不燃性材料，但在高温或火的作用下在短时间内就会变形、熔融，因而不属于耐火材料。建筑材料或构件的耐火性常用耐火极限来表示。耐火极限是指按规定方法，从材料受到火的作用起，直到材料失去支持能力或完整性被破坏或者失去隔火作用的时间，以 h(小时)或 min(分钟)计。

2.1.4 材料的声学性质

声音是靠振动的声波来传播的，当声波到达材料表面时可能产生三种现象，即反射、透射、吸收。反射容易使建筑物室内产生噪音或杂音，影响室内音响效果；透射容易对相邻空间产生噪音干扰，影响室内环境的安静。通常当建筑物室内的声音大于 50 dB，就应该考虑采取措施；声音大于 120 dB，将危害人体健康。因此，在建筑装饰工程中，应特别注意材料的声学性能，以便给人们提供一个安静、舒适的工作和生活环境。

1)材料的吸声性

吸声性是指材料吸收声波的能力。吸声性的大小用吸声系数表示。当声波传播到材料表面时，一部分被反射，另一部分穿透材料或传递给材料，在材料的孔隙中引起空气分子与孔壁的摩擦和受到黏滞阻力，使相当一部分的声能转化为热能而被材料吸收掉。

2)材料的隔声性

声波在建筑结构中的传播主要通过空气和固体(建材)来实现，因而隔声可分为隔绝空气声(通过空气传播的声音)和隔绝固体声(通过固体的撞击或振动传播的声音)两种。材料的表观密度越大，质量越大，隔声性能越好。因此，应选用密度大的材料作为隔绝空气声材料，如混凝土、实心砖、钢板等。

2.1.5 材料的光学性质

当光线照射在材料表面上时，一部分被反射，一部分被吸收，一部分透过。通常将这三部分光通量与入射光通量的比值分别称为光的反射比、吸收比和透射比。材料对光波产生的这些效应，在建筑装饰中会带来不同的装饰效果，如图 2-3 所示。

1. 光的反射

当光线照射在光滑的材料表面时，会产生镜面发射，使材料具有较强的光泽；当光线照射在粗糙的材料表面时，反射光线呈现无序传播，会产生漫反射，使材料表现出较弱的光泽。在装饰工程中往往根据需要选择材料以实现所需的效果，如采用光泽较强的材料，使建筑外观显得光亮和绚丽多彩，使室内显得宽敞明亮。

图 2-3 光的装饰效果

图 2-4 光的透射

2. 光的透射

光的透射又称为折射，光线在透过材料后，在材料表面处会产生传播方向的转折。材料的透射比越大，表明材料的透光性越好。如 2 mm 厚的普通平板玻璃的透射比可达到 88%。(见图 2-4)

3. 光的吸收

在光线透过材料的过程中，材料能够有选择地吸收部分波长的光的能量，这种现象称为光的吸收。例如太阳能热水器就是利用光的吸收原理，将太阳光能转化为热能来使水温升高的。

2.2 材料的强度与比强度

2.2.1 强度

材料在外力(荷载)作用下抵抗破坏的能力称为强度。材料在承受外力作用时,内部产生应力;随着外力增大,内部应力也相应增大。直到材料不能够再承受时,材料即破坏,此时材料所承受的极限应力值就是材料的强度。建筑材料常根据其强度的大小被划分为若干不同的强度等级,如砂浆、混凝土、砖、砌块等常按抗压强度划分强度等级。

2.2.2 比强度

比强度是材料强度与其表观密度的比值,是衡量材料是否轻质高强的重要指标。通常为了减轻建筑物的自重,会选择轻质高强材料。在高层建筑及大跨度结构工程中常采用比强度高的轻质高强材料,这类轻质高强材料也是未来建筑材料发展的主要方向。

2.3 材料的弹性与塑性

2.3.1 材料的弹性

材料在外力作用下产生变形,当外力取消后材料变形即可消失并能完全恢复原来形状的性质称为弹性。这种可恢复的变形称为弹性变形。

2.3.2 材料的塑性

材料在外力作用下产生变形但不破坏,当外力取消后不能自动恢复到原来形状的性质称为塑性。这种不可恢复的变形称为塑性变形。例如建筑钢材在受力不大的情况下,仅产生弹性变形;当受力超过一定限度后产生塑性变形。再如混凝土在受力时弹性变形和塑性变形同时发生,当取消外力后,弹性变形可以恢复,而塑性变形则不能恢复。

2.4 材料的脆性与韧性

2.4.1 材料的脆性

当外力作用达到一定限度后，材料突然破坏且破坏时无明显的塑性变形，材料的这种性质称为脆性。具有这种性质的材料称为脆性材料，如混凝土、砖、石材、陶瓷、玻璃等。一般脆性材料的抗压强度很高，但抗拉强度低，抵抗冲击荷载和振动作用的能力差。

2.4.2 材料的韧性

材料在冲击或振动荷载作用下，能产生较大的变形而不致破坏的性质称为韧性。具有这种性质的材料称为韧性材料，如建筑钢材、木材等。韧性材料抵抗冲击荷载和振动作用的能力强，可用于桥梁、吊车梁等承受冲击荷载的结构和有抗震要求的结构。

2.5 材料的硬度与耐磨性

2.5.1 硬度

硬度是材料抵抗较硬物体压入或刻刮的能力。为了保持建筑物装饰的使用性能或外观，常要求材料具有一定的硬度，以防止其他物体与装饰材料发生磕碰、刻刮造成材料表面破损或外观缺陷。

工程中用于表示材料硬度的指标有多种。对金属、木材、混凝土等多采用压入法检测其硬度，其表示方法有洛氏硬度（HRA、HRB、HRC，以金刚石圆锥或圆球的压痕深度计算求得）、布氏硬度（HB，以压痕直径计算求得）等。天然大理石、花岗岩等脆性材料的硬度常用莫氏硬度表示。莫氏硬度是以金刚石、滑石等 10 种矿石作为标准，根据划痕深浅的比较来确定的硬度等级。

2.5.2 耐磨性

材料的耐磨性，是指材料表面抵抗磨损的能力。材料的耐磨性用磨损率表示。材料的磨损率越低，表明材料的耐磨性越好。一般硬度较高的材料，耐磨性也较好。楼地面、楼梯、走道、路面等经常受到磨损作用的部位，应选用耐磨性好的材料。

在建筑装饰工程中，需在考虑材料的性质的基础上确定整体搭配效果。（见图 2-5）

图 2-5　室内材料整体搭配效果

课后思考与练习

想一想

请列举出建筑材料的相关性质。

作　业

任务:完成家具材料调查表,如表 2-3 所示。

调查方式:综合运用电商购物平台等获取信息。

表 2-3 家具材料调查表

家具名称	所用材料（列举主要的3种）	品牌	规格	价格	产地	效果图
床						
床垫						
沙发						
餐桌						
茶几						
按摩椅						
学习桌						

第二章

建筑装修常用机具

JIANZHU ZHUANGXIU CHANGYONG JIJU

工欲善其事，必先利其器。装修机具是指对建筑物结构的面层进行装饰施工的机具，是提高工程质量与作业效率、减轻劳动强度的机械化施工机具，也是保证装饰施工质量的重要手段。它的种类繁多，按用途划分有灰浆制备机具、灰浆喷涂机具、喷料喷刷机具、地面修整机具等。

3.1 钻(凝)孔机具

3.1.1 轻型电钻

轻型电钻是利用电作为动力的轻型钻孔机具，主要规格(钻头直径)有 4 mm、6 mm、8 mm、10 mm、13 mm、16 mm、19 mm、23 mm、32 mm、38 mm、49 mm 等，广泛适用于建筑梁、板、柱、墙等的加固以及支架、栏杆、广告牌、空调室外机、导轨、卫星接收器电梯、钢结构厂房等的安装。(见图 3-1)

3.1.2 冲击电钻

冲击电钻(冲击钻)以旋转切削为主，兼有依靠操作者推力产生冲击力的冲击机构，是用于在砖、砌块及轻质墙等材料上钻孔的特种电钻。(见图 3-2)

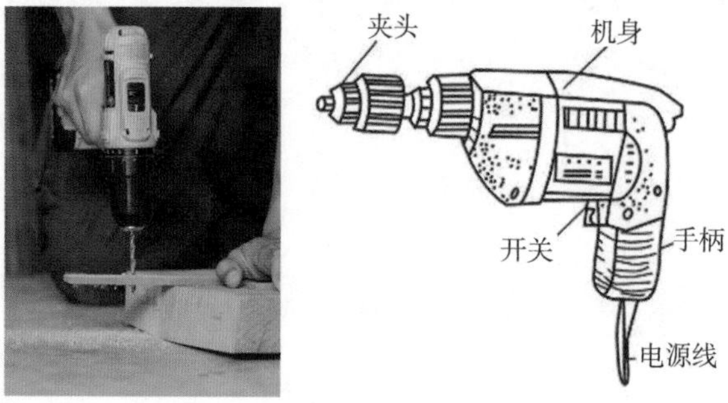

图 3-1 轻型电钻

图 3-2 冲击电钻

3.1.3 电锤

电锤(见图 3-3)是电钻中的一类，主要用于在混凝土、楼板、砖墙和石材上钻孔。

图 3-3 电锤

电锤是在电钻的基础上，增加了一个由电动机带动的有曲轴连杆的活塞，在一个汽缸内往复压缩空气，使汽缸内空气压力呈周期变化，空气压力的变化带动汽缸中的击锤往复打击钻头的顶部，好像我们用锤子敲击钻头一样。

3.2　切割机具

3.2.1　电动曲线锯

电动曲线锯(见图 3-4)是可在板材上按曲线进行切割的一种电动往复锯,由电动机、往复机构、风扇、机壳、开关、手柄、锯条等零部件组成。电动曲线锯具有体积小、质量轻、操作方便、安全可靠、适用范围广的特点,其锯条是直线往复运动的,其中粗齿锯条适用于锯割木材,中齿锯条适用于锯割有色金属板材、层压板,细齿锯条适用于锯割钢板。用电动曲线锯可以在金属、木材、塑料、橡胶条、草板材料上进行直线和曲线锯割,能锯割复杂形状和曲率半径小的几何图形,还可安装锋利的刀片,裁切橡胶、皮革、纤维织物、泡沫塑料、纸板等。在装饰工程中,电动曲线锯常用于铝合金门窗安装、广告招牌安装及吊顶工程等,是建筑装饰工程中理想的锯割工具。

3.2.2　电剪刀

电剪刀(见图 3-5)是剪裁钢板以及其他金属板材的电动工具,主要由单相串激电动机、偏心齿轮、外壳、刀杆、刀架、上下刀头等组成,能按需要剪切出一定曲线形状的板件,具有方便剪切各种形状钢板、重量轻、安全可靠等特点,使用安全,操作简便,美观适用,能提高工效,可剪切镀锌铁皮、塑料板、橡胶板等。

图 3-4　电动曲线锯

图 3-5　电剪刀

图 3-6　金属切割机

3.2.3　金属切割机

金属切割机(见图 3-6)也叫激光金属切割机,利用将激光束照射到金属工件表面时释放的能量来使金属工件熔化并蒸发,以达到切割和雕刻的目的,具有精度高、切割快速、不局限于切割图案、自动排版、节省材料、切口平滑、加工成本低等特点,常用于切割角铁、钢筋、水管、轻钢龙骨等。

3.2.4　石材切割机

石材切割机(见图 3-7)常由切割刀组、石料输送台、定位导板及机架组成,其中切割刀组由电动机、皮带、刀轮轴、切割刀具组成,在石料输送台上部并置于机架上,切割刀组之间固定定位导板。切割刀组中的切割刀具固定在刀轮轴上。利用石材切割机可分别对石料进行不同深度的切割加工。

3.2.5 电动圆锯（木材切割机）

电动圆锯（见图 3-8）采用独特材质及齿型，切割木材速度快，切屑处理能力强，而且切割过程不传热。

图 3-7 石材切割机

图 3-8 电动圆锯

3.2.6 电动角向磨光机

电动角向磨光机（见图 3-9）是用来进行金属表面打磨处理的一种电动工具。

3.2.7 抛光机

抛光机（见图 3-10）由底座、抛盘、抛光织物、抛光罩及盖等基本元件组成。

3.2.8 混凝土磨光机

图 3-11 所示的是混凝土磨光机中的一种——电动湿式磨光机，内置淋水机构，可用于混凝土、石料及类似表面进行水磨处理。

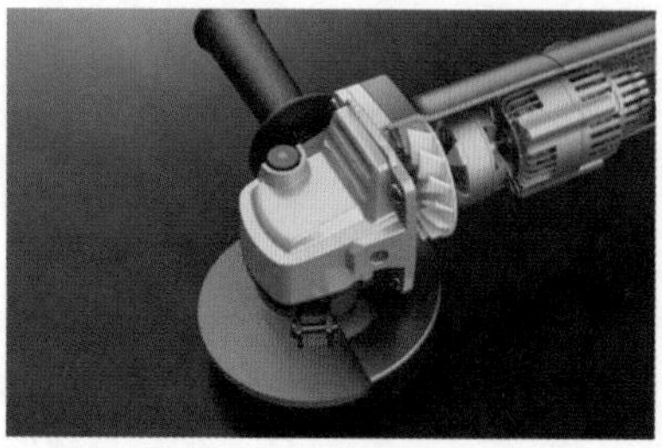

图 3-9 电动角向磨光机

图 3-10 抛光机

图 3-11 混凝土磨光机

3.3 钉牢机具

3.3.1　射钉枪

射钉枪外形和原理都与手枪相似，它是利用发射空包弹产生的火药燃气作为动力，将射钉打入建筑体的工具，如图 3-12 所示。发射射钉的空包弹与普通军用空包弹只是在大小上有所区别，对人同样有伤害作用，故使用射钉枪时须注意安全。

3.3.2　钉钉枪

钉钉枪（见图 3-13）是利用气泵（空压机）产生的强大气压带动钉枪里的顶锤，使顶锤作锤击运动从而将排钉夹中的排钉弹射出去。

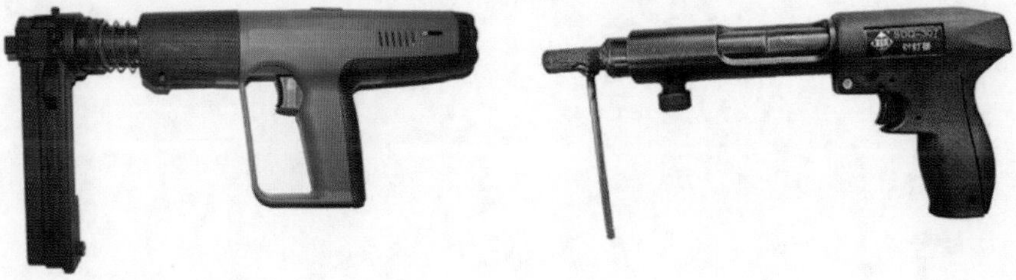

图 3-12　射钉枪

图 3-13　钉钉枪

课后思考与练习

想一想

请列举三种自己使用过的建筑装修机具，并说明它们的用途。

作　业

任务：完成建筑装修常用机具调查表，如表 3-1 所示。

调查方式：综合运用电商购物平台等获取信息。

表 3-1　建筑装修常用机具调查表

常用机具	品　牌	规　格	价　格	效果图
轻型电钻				
电动曲线锯				
金属切割机				
抛光机				
射钉枪				

第四章

建筑装饰基本材料

JIANZHU ZHUANGSHI JIBEN CAILIAO

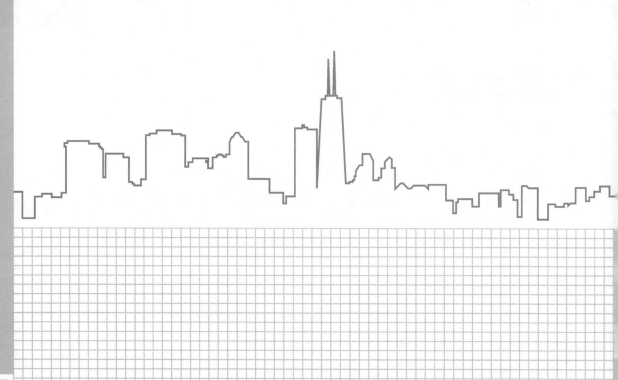

4.1　建筑石膏

建筑石膏及其制品具有质量轻、吸声性好、吸湿性好、保温隔热性好、形体饱满、表面平整细腻、装饰性好、使用方便、容易加工等优点，是建筑装饰工程中常用的胶凝材料。

4.1.1　石膏的分类

石膏一般为白色粉状晶体，也有灰色和淡黄色等结晶体，属于单斜晶系，是以硫酸钙为主要成分的气硬性胶凝材料，按其中结晶水的多少又分为二水石膏和无水石膏。

石膏（晶体）如图 4-1 所示。

图 4-1　石膏（晶体）

石膏的类型

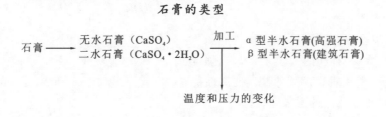

石膏 ⟶ 无水石膏（$CaSO_4$）/ 二水石膏（$CaSO_4 \cdot 2H_2O$）——加工（温度和压力的变化）⟶ α 型半水石膏(高强石膏) / β 型半水石膏(建筑石膏)

1. α 型半水石膏（高强石膏）

α 型半水石膏（高强石膏）硬化后，密实度大，强度高，可用于建筑抹灰或者制成石膏制品，但成本高。

2. β 型半水石膏（建筑石膏）

在建筑工程中所使用的石膏常是由天然二水石膏加工而成的半水石膏（$CaSO_4 \cdot 1/2H_2O$），又称熟石膏、建筑石膏。建筑石膏生产方便，成本低，可在建筑工程中广泛、大量使用。

4.1.2 建筑石膏的凝结硬化

建筑石膏与适量的水拌和后，形成可塑性的浆体，很快浆体就失去可塑性并产生强度，逐渐发展成为坚硬的固体，这一过程称为石膏的凝结硬化。

建筑石膏的凝结和硬化

浆体的塑性开始下降，称为石膏的初凝；浆体失去可塑性，称为石膏的终凝。整个过程称为石膏的凝结。石膏终凝后浆体逐渐产生强度，直到水分完全蒸发，形成坚硬的石膏结构，这个过程称为石膏的硬化。

4.1.3 建筑石膏的技术标准和储运

根据国家标准《建筑石膏》(GB/T 9776—2008)，建筑石膏按原材料种类分为三类，即天然建筑石膏、脱硫建筑石膏和磷建筑石膏；按 2 h 强度(抗折)分为 3.0、2.0、1.6 三个等级。建筑石膏组成中 β 半水硫酸钙的含量(质量分数)应不小于 60%。建筑石膏在储运过程中必须防潮防水。储存时间不宜过长，一般不超过三个月。石膏粉的码放如图 4-2 所示。

图 4-2　石膏粉的码放

4.1.4 建筑石膏的特性

建筑石膏的特性如下：

(1)凝结硬化快，完全硬化需一星期。

(2)硬化后孔隙率大(总体积的 50%～60%)，强度低。

(3)硬化体隔热、吸声性能好，耐水抗渗、抗冻性能差。建筑石膏加入适量水泥、粉煤灰、磨细粒化高炉矿渣及有机防水剂，可提高制品的耐水性。

(4)防火性能好，耐火性能差。越厚防火性能越好。遇火时，二水石膏脱出结晶水，表面形成蒸汽幕；普通建筑石膏受热则变质变形。

(5)建筑石膏硬化时体积略有膨胀。干燥时不开裂，表面光滑，温湿度可调节。

(6)装饰性好。

(7)硬化体加工性能好，可刨、可锯。

4.1.5　建筑石膏的应用

1. 室内抹灰与粉刷

以熟石膏为胶凝材料、辅以少量优质外加剂混合成的干混料，适用于各种保温材料的表面抹灰，如混凝土顶板、加气混凝土墙面等的保温材料的表面抹灰。抹灰后的表面光滑、细腻，洁白美观。（见图 4-3）

图 4-3　用石膏进行墙体抹灰

2. 石膏板

石膏类板材具有质量轻、保温、隔热、吸声、防火、调湿、尺寸稳定、可加工性好、成本低等优良性能，是一种很有发展前途的新型板材。常用的石膏板有纸面石膏板、装饰石膏板、纤维石膏板、石膏空心板、雕花石膏板等。

1）纸面石膏板

纸面石膏板（见图 4-4）是以磷石膏为主要原料，利用磷酸氢二铵生产后所剩废渣——磷石膏进行加工成型、烘干制成的。

图 4-4　纸面石膏板

纸面石膏板按其用途分为普通纸面石膏板（代号 P，适用于干燥环境中的室内隔墙、天花板、复合外墙板的内壁板等）、耐水纸面石膏板（代号 S，用于厨房、卫生间等空气相对湿度较大的环境）、耐火纸面石膏板（代号 H，用于厨房等环境，主要用于对防火要求较高的建筑工程中）三种。

2）装饰石膏板

装饰石膏板（见图 4-5）是以建筑石膏为胶凝材料，加入适量的增强纤维、胶黏剂等辅料与水拌和，经成型、干燥而成的不带护面纸的建筑装饰板材。装饰石膏板分为普通板和防潮板两大类。装饰石膏板常为正

图 4-5　装饰石膏板

方形，板材的规格为 500 mm×500 mm×9mm、600 mm×600 mm×11 mm 等。装饰石膏板的表面洁白光滑，色彩、花纹图案丰富，质地细腻，给人以清新柔和之感，应用于各类建筑物的室内顶棚、内墙的装饰。

3)纤维石膏板

纤维石膏板(见图 4-6)是以建筑石膏为主要原料，以玻璃纤维或纸筋等为增强材料，经铺浆、脱水、成型、烘干等工序加工而成。纤维石膏板的常见规格尺寸为：长度，2700 mm～3000 mm；宽度，800 mm；厚度，12 mm。纤维石膏板的表观密度为 1100～1230 kg/m^3，导热系数为 0.18～0.19 W/(m·K)，隔声指数为 36～40 dB。纤维石膏板的抗弯强度和弹性模量均高于纸面石膏板，主要用于非承重内隔墙、天花板、内墙贴面等。

图 4-6 纤维石膏板

4)石膏空心板

石膏空心板(见图 4-7)是以石膏为胶凝材料，加入适量轻质材料(如膨胀珍珠岩等)和改性材料(如水泥、石灰、粉煤灰、外加剂等)，经搅拌、成型、抽芯、干燥等工序制成的。石膏空心板的尺寸规格为：长度，2500～3000 mm；宽度，500～600 mm；厚度，60～90 mm。石膏空心板的表观密度为 600～900 kg/m^3，导热系数为 0.22 W/(m·K)，隔声指数大于 30 dB，抗折强度为 2～30 MPa，耐火极限为 1～2.5 h。石膏空心板加工性好，质量轻，颜色洁白，表面平整光滑，适用于非承重内隔墙；用于较潮湿环境中，表面须做防水处理。

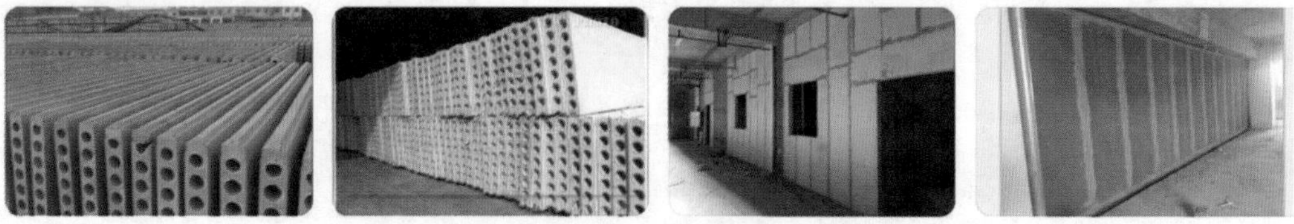

图 4-7 石膏空心板

5)雕花石膏板

雕花石膏板(见图 4-8)采用环保材料高强度天然白石膏粉加水通过水化反应成型，可设计出各种花式图案，产品美观大方。

图 4-8 雕花石膏板

4.2 石灰

石灰(见图 4-9)是一种传统的建筑材料,生产工艺简单,成本低,使用方便,因此被广泛应用。

4.2.1 石灰的生产

图 4-9 石灰

生产石灰的原料主要是石灰石(又称石灰岩)。石灰石的主要成分是碳酸钙($CaCO_3$)、少量的碳酸镁($MgCO_3$)和黏土杂质。按照成品加工方法的不同,建筑工程中常用的石灰类型主要有:

(1)块状生石灰:由原料煅烧直接而成的原产品,主要成分为 CaO。

(2)生石灰粉:块状生石灰经磨细而成的粉状产品,其主要成分也为 CaO,如图 4-10 所示。

(3)消石灰粉:将生石灰用适量的水消化而成的粉末,也称熟石灰粉,其主要成分为 $Ca(OH)_2$。

(4)石灰膏(浆):将生石灰加入体积为其 3～4 倍的水中消化而成。如果水加得多,得到白色悬浮液,称为石灰浆(或石灰乳)。石灰浆在储灰坑中沉淀,并除去上层水后,得到石灰膏。

图 4-10 生石灰粉

4.2.2 石灰的熟化与硬化

1. 石灰的熟化

生石灰与水发生反应生成熟石灰的过程,称为石灰的熟化(又称消解或消化)。熟化后的石灰称为熟石灰,其主要成分为 $Ca(OH)_2$。

在建筑工程中,生石灰必须经充分熟化后方可使用。

熟 化

在工地上将块状生石灰放在化灰池内,加水,经过两周以上时间的消化,这个过程称为生石灰的熟化处理,又称陈伏。在陈伏期间,石灰浆表面应保持有一层水覆盖,使其与空气隔绝,避免碳化。

2. 石灰的硬化

石灰浆体的硬化包含干燥、结晶和碳化三个交错进行的过程。在石灰浆体中,多余水分的蒸发会使 $Ca(OH)_2$ 的浓度增加,获得一定的强度。石灰浆体硬化速度慢,硬化后强度低,耐水性差。

4.2.3 石灰的技术标准

根据建材标准《建筑生石灰》(JC/T 479—2013)、《建筑消石灰》(JC/T 481—2013)的规定,将生石灰分为钙质石灰和镁质石灰。建筑生石灰的技术指标见表4-1。

表4-1 建筑生石灰的技术指标

化学成分	钙质石灰			镁质石灰	
	CL90	CL80	CL75	ML95	ML80
(CaO+MgO)含量/%	≥90	≥85	≥75	≥85	≥80
MgO/%	≤5	≤5	≤5	>5	>5
CO_2/%	≤4	≤7	≤12	≤7	≤7
SO_3/%	≤2	≤2	≤2	≤2	≤2

4.2.4 石灰的性质

1. 可塑性、保水性好

生石灰熟化为石灰浆时,氢氧化钙颗粒极其微小,且颗粒间水膜较厚,颗粒间的滑移较易进行,故可塑性、保水性好。用石灰调成的石灰砂浆具有良好的可塑性,在水泥砂浆中加入石灰膏,可显著提高砂浆的可塑性(和易性)。

2. 强度低,耐水性差

石灰浆的凝结硬化缓慢,且硬化后的强度低,如1∶3的石灰砂浆28 d的抗压强度通常只有0.2~0.5 MPa;受潮后石灰溶解,强度更低。石灰硬化后的主要成分为氢氧化钙,易溶于水,故石灰的耐水性差,不宜用于潮湿环境和水中。

3. 体积收缩大

在石灰浆硬化过程中,由于水分大量蒸发,石灰浆体产生显著的体积收缩而开裂,因此除粉刷外石灰不宜单独使用,常掺入砂子、纸筋等混合使用。

4. 吸湿性强

生石灰吸湿性强,是传统的干燥剂。

4.2.5 石灰的应用

石灰在建筑工程中主要应用于以下几个方面。

1. 石灰乳涂料和砂浆

用消石灰粉或熟化好的石灰膏加水稀释可制成石灰乳涂料,用于内墙和天棚粉刷;用石灰膏或生石灰粉配制的石灰砂浆或水泥石灰混合砂浆,可用来砌筑墙体,也可用于墙面、柱面、顶棚等的抹灰。

2. 灰土和三合土

消石灰粉和黏土按一定比例配合成灰土,再加入炉渣、砂、石等填料,即成三合土。灰土和三合土经夯实后强度高,耐水性好,且操作简单、价格低廉,广泛应用于制作建筑物、道路等的垫层和基础。

3. 硅酸盐制品

将磨细的生石灰或消石灰粉与硅质材料(如粉煤灰、火山灰、炉渣等)按一定比例配合,经成型、养护等工序制造的人造材料,称为硅酸盐制品。常用的硅酸盐制品有粉煤灰砖、粉煤灰砌块、灰砂砖、加气混凝土砌块等。

4.2.6　石灰的储运和码放

石灰在运输和储存时要防止受潮，且储存时间不宜过长，否则生石灰会吸收空气中的水分自行消化成消石灰粉，然后与二氧化碳作用形成碳化层，失去胶凝能力。石灰的码放如图 4-11 所示。

图 4-11　石灰的码放

4.3　水泥

水泥呈粉末状，是一种水硬性胶凝材料。水泥与水混合后成为可塑性浆体，经一系列物理化学作用变成坚硬的石状固体，并能胶结散粒或块状材料而成为整体。水泥是重要的建筑材料之一，广泛应用于房建工程、道路工程、桥梁工程、水利工程、国防工程等。水泥施工过程如图 4-12 所示。

图 4-12　水泥施工过程

4.3.1　水泥分类

1. 按水硬性物质分

水泥按水硬性物质可分为硅酸盐水泥（生产量最大，应用最为广泛）、铝酸盐水泥、硫铝酸盐水泥、铁铝酸盐水泥等。硅酸盐水泥由以硅酸钙为主要成分的水泥熟料、一定量的混合材料和适量石膏共同磨细制成。

2. 按水泥性能和用途分

水泥按水泥性能和用途可分为通用水泥（用于一般土木建筑工程中的水泥，如硅酸盐水泥、矿渣硅酸盐水泥等）、专用水泥（具有专门用途的水泥，如中热水泥、低热水泥、道路水泥等）和特性水泥（某种性能比较突出的水泥，如快硬硅酸盐水泥、抗硫酸盐水泥等）。

4.3.2 水泥的凝结和硬化

1. 水泥的凝结和硬化特征

水泥的凝结和硬化是同一过程中的不同阶段，凝结标志着水泥浆体失去流动性而具有一定的塑性强度，硬化则表示水泥浆体固化后形成的结构具有一定的机械强度。石膏是用作调节水泥的凝结时间的组分。

水泥的凝结时间是指水泥从加水至水泥浆失去可塑性所需的时间。凝结时间分初凝时间和终凝时间，如图 4-13 所示。初凝时间是指从水泥加水至水泥浆开始失去可塑性所经历的时间；终凝时间是指从水泥加水至水泥浆完全失去可塑性所经历的时间。国家标准规定，硅酸盐水泥初凝不得早于 45 min，终凝不得迟于 390 min。

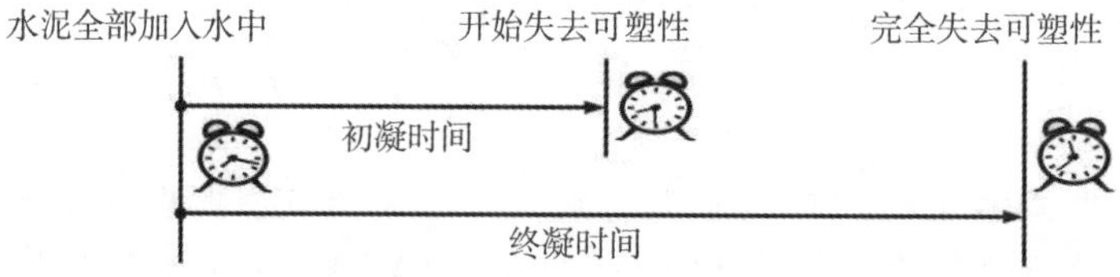

图 4-13　水泥的凝结时间

2. 影响水泥凝结硬化的因素

影响水泥凝结硬化的因素主要有以下五个。

①水泥熟料的矿物组成和细度。

水泥熟料中各种矿物组成的凝结硬化速度不同，当各矿物的相对含量不同时，水泥的凝结硬化速度就不同。当水泥熟料中硅酸三钙、铝酸三钙相对含量较高时，水泥的水化反应速率快，凝结硬化速度也快。水泥颗粒越细，水化时与水接触的表面积越大，水化反应速度和凝结硬化越快，早期强度越高。

②水泥浆的水灰比。

水泥浆的水灰比是指水泥浆中水与水泥的质量之比。当水灰比较大时，水泥浆的塑性好，水泥的初期水化反应得以充分进行。但当水灰比过大时，由于水泥颗粒间被水隔开的距离较远，颗粒间相互连接形成骨架结构所需的凝结时间长，因此水泥浆凝结较慢；而且水泥浆中多余水分蒸发后形成的孔隙较多，造成水泥石的强度较低。

③环境的温度和湿度。

温度越高，水泥凝结硬化速度越快；温度降低，凝结硬化速度减慢。因此，混凝土工程冬季施工要采取一定的保温措施。水是水泥水化、硬化的必要条件，因此，混凝土工程在浇筑后 2～3 周内要洒水养护，以保证水化时所必需的水分。

④龄期水泥水化。

龄期水泥水化是由表及里逐步深入进行的。随着时间的延续，水泥的水化程度不断增加。因此，龄期越长，水泥的强度越高。

⑤石膏掺量。

在硅酸盐水泥生产中掺入适量的石膏会起到良好的缓凝作用，同时由于钙矾石的生成，该做法还能改善水泥石的早期强度。

4.3.3 水泥的腐蚀及预防

已经硬化的水泥制品，在一般条件下具有良好的耐久性，但在某些腐蚀性液体和气体(统称侵蚀介质)的作用下，有时也会逐渐遭到破坏，引起强度降低甚至造成建筑物结构破坏，这样的现象叫作侵蚀或对水泥的腐蚀。

根据产生腐蚀的原因可采取下列预防措施：根据水泥施工所处的环境，选用适当的水泥；提高水泥制品本身的密实度，减少侵蚀介质的渗透；当侵蚀作用很强时，在水泥结构物表面加做防护层，如涂刷沥青、粘贴瓷砖等。

4.3.4　水泥的储存和运输

水泥在储存和运输时不得受潮和混入杂质。储存时间不宜过长，一般不超过三个月。即使储存条件良好，水泥存放三个月后强度也会明显降低。储存期超过三个月的水泥为过期水泥，过期水泥和受潮结块的水泥，均应重新检测其强度后才能决定如何使用。

不同品种、强度等级、出厂日期的水泥应分开存放，并标志清楚；袋装水泥堆放（见图 4-14）每堆一般不超过 10 袋，散装水泥应分库存放。应注意先到先用，避免积压过期。不同品种、标号、批次的水泥由于矿物组成不同，凝结时间不同，严禁混杂使用。

水泥很容易吸收空气中的水分，发生水化作用，凝结成块状，从而失去胶结能力，因此，水泥保管应特别注意防水、防潮。

工地储存水泥应有专用仓库，库房要干燥。存放袋装水泥时，地面垫板要离地 30 cm，四周离墙 30 cm。

图 4-14　袋装水泥堆放

4.3.5　水泥的特性和使用范围

普通水泥的特性和使用范围见表 4-2。

表 4-2　普通水泥的特性和使用范围

水泥品种	特性		使用范围	
	优点	缺点	适用于	不适用于
普通水泥	1. 早期强度高 2. 凝结硬化快 3. 抗冻性好	1. 水化热高 2. 抗水性差 3. 耐酸碱和硫酸盐类化学侵蚀能力差	1. 一般地上工程和不受侵蚀作用的地下工程，以及不受水压作用的工程 2. 无腐蚀性水的受冻工程 3. 对早期强度要求较高的工程 4. 在低温条件下需要强度发展较快的工程（但每日平均气温在 4 ℃以下或最低气温在 −3 ℃以下时，应按冬季施工规定办理）	1. 水利工程的水中部分 2. 大体积混凝土工程 3. 受化学侵蚀的工程

4.3.6　硅酸盐水泥

1. 硅酸盐水泥介绍

硅酸盐类水泥属于通用水泥，是以熟料、0～5％的石灰石或粒化高炉矿渣、适量的石膏磨细制成的水硬性胶凝材料，即国际上统称的波特兰水泥。

硅酸盐水泥分两种型号：

(1) Ⅰ型硅酸盐水泥，代号 P·Ⅰ，不掺加混合材料。

(2)Ⅱ型硅酸盐水泥,代号 P·Ⅱ,掺加不超过水泥质量 5%的石灰石或粒化高炉矿渣混合材料。

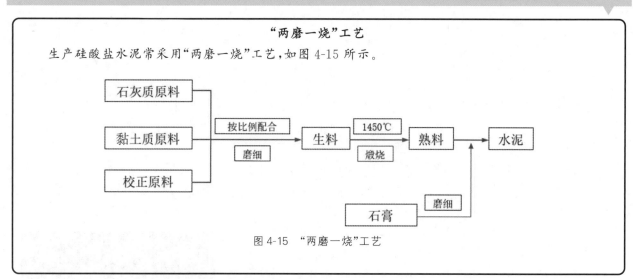

"两磨一烧"工艺

生产硅酸盐水泥常采用"两磨一烧"工艺,如图 4-15 所示。

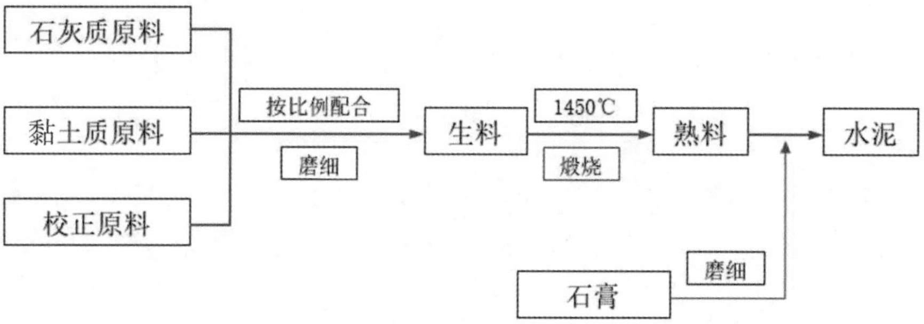

图 4-15 "两磨一烧"工艺

2. 硅酸盐水泥的特性和应用

①强度高 硅酸盐水泥凝结硬化速度快,早期和后期强度都较高,适用于对早期强度有较高要求的工程,也适用于重要结构的高强度混凝土工程和预应力混凝土工程。

②水化热大、抗冻性好 硅酸盐水泥中硫酸三钙和铝酸三钙的含量高,水化时放出的热量大,有利于冬季施工,但不宜用于大体积混凝土工程。硅酸盐水泥硬化后的水泥石结构密实,抗冻性好,适用于严寒地区遭受反复冻融的工程和对抗冻性要求高的工程,如大坝溢流面建设等。

③干缩小、耐磨性好 硅酸盐水泥硬化时干缩小,不易产生干缩裂缝,可用于干燥环境工程。由于干缩小,表面不易起粉尘,因此耐磨性好,可用于道路工程。

④耐腐蚀性差 硅酸盐水泥石中有较多的氢氧化钙,耐软水和耐化学腐蚀性差。因此,硅酸盐水泥不宜用于经常与流动的淡水接触和存在压力水作用的工程;也不适用于受海水、矿物水等作用的工程。

⑤耐热性差 在温度超过 250 ℃时,硅酸盐水泥石水化产物开始脱水,体积产生收缩,强度开始下降。当受热温度超过 600 ℃时,水泥石由于体积膨胀而造成破坏。因此,硅酸盐水泥不宜用于耐热要求高的工程,如工业窑炉、高炉基础等,也不宜用来配制耐热混凝土。

3. 白色硅酸盐水泥和彩色硅酸盐水泥

1)白色硅酸盐水泥

白色硅酸盐水泥简称白水泥,是以硅酸钙为主要成分,严格控制水泥中氧化铁含量,加入适量石膏磨细制成的水硬性胶凝材料。白水泥的生产、矿物组成、性能和普通硅酸盐水泥基本相同,只是氧化铁的含量是普通硅酸盐水泥的 1/10。

白水泥根据白度分为特级、一级、二级、三级,如表 4-3 所示,具有洁白的外观和硅酸盐水泥的特点,在建筑装饰工程中已得到广泛应用,主要用于以下方面:

(1)用于镶贴浅色陶瓷面砖、白色饰面石材等和卫生器具安装时的嵌缝等局部处理,如图 4-16 所示;

(2)用于建筑物室内外表面腻子或刷浆,进行白色表面处理;

(3)制作白色仿石装饰构件,如白色栏杆、柱、雕塑等;

(4)制作彩色水泥、彩色水磨石、人造大理石、彩色混凝土以及硅酸盐装饰制品等。

表 4-3 白水泥白度等级

等级	特级	一级	二级	三级
白度/%	≥86	≥84	≥80	≥75

图 4-16　白水泥嵌缝

2)彩色硅酸盐水泥

彩色硅酸盐水泥简称彩色水泥,是除了白色和灰色以外的其他颜色水泥。常用彩色水泥的颜色有红、黄、蓝、绿、紫、黑等。彩色水泥的着色方法有染色法和直接烧成法。彩色水泥主要用于制作彩色水泥浆、彩色砂浆和彩色混凝土,用于建筑物的内外粉刷、抹灰、面层处理等,也可用来生产人造大理石、人造水磨石、人造花岗岩、装饰砌块等。(见图 4-17)

图 4-17　彩色水泥的应用

4.4　混凝土

混凝土是由胶凝材料(水泥)、水和粗骨料、细骨料按适当比例配合,拌制成拌合物,经一定时间硬化而成的人造石材。混凝土具有抗压强度高、可塑性好、耐久性好、原材料丰富、价格低廉、可用钢筋来加强等优点,广泛应用于房建工程、水利工程、道路工程、地下工程、国防工程等。(见图 4-18)

图 4-18　混凝土施工

4.4.1　普通混凝土

普通混凝土是由水泥、砂石和水按适当比例配合,拌制成拌合物,经一定时间硬化而成的人造石材。

1.提高混凝土强度的主要措施

措施有:选用高强度等级水泥和低水灰比;选用级配良好的骨料,提高混凝土的密实度;选用合适的外加剂(如掺入减水剂,可在保证和易性不变的情况下减少用水量,提高混凝土强度;掺入早强剂,可提高混凝土的早期强度);改善施工质量,加强养护(可采用机械搅拌和振捣,采用蒸汽养护、蒸压养护等)。

2.混凝土的变形性能

混凝土在硬化期间和使用过程中,会受到各种因素作用而产生变形。混凝土的变形直接影响到混凝土的强度和耐久性,特别是对裂缝的产生有直接影响。引起混凝土变形的因素很多,归纳起来可分为两大类,即非荷载作用下的变形和荷载作用下的变形。

1)非荷载作用下的变形

①化学收缩。

一般水泥水化生成物的体积比水化反应前物质的总体积要小,因此会导致水化过程的体积收缩,这种收缩称为化学收缩。化学收缩随混凝土硬化龄期的延长而增加,在混凝土中可产生微细裂缝。

②干湿变形。

干湿变形取决于周围环境的湿度变化。干缩变形对混凝土危害较大,干缩可能使混凝土表面受到拉应力而开裂,严重影响混凝土的耐久性。

2)荷载作用下的变形

混凝土是由水泥石、砂石等组成的不均匀复合材料,是一种弹塑性体。混凝土结构在荷载长期作用下会降低承载能力。

3.混凝土的耐久性

在建筑工程中,混凝土不仅要具有足够的强度来安全地承受荷载,还要具有与环境相适应的耐久性来延长建筑物的使用寿命。混凝土的耐久性是一项综合技术指标,包括抗渗性、抗冻性、抗侵蚀性及抗碳化性等。

4.4.2 装饰混凝土

装饰混凝土是一种新兴的装饰方法,它可集结构与装饰于一体,将构件的制作和装饰处理同时进行,可简化施工工序,缩短施工周期,具有良好的经济效益。(见图 4-19)

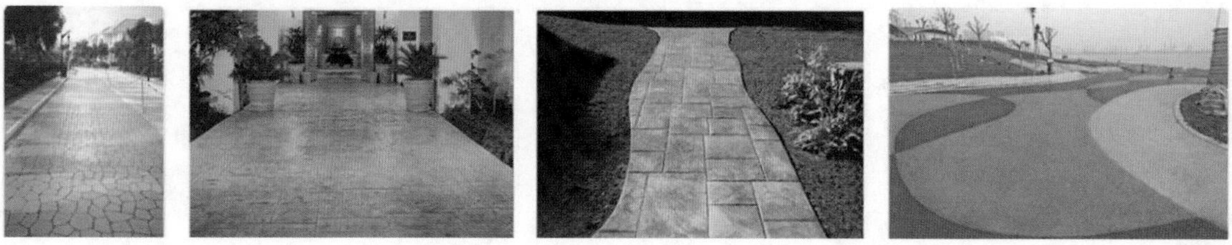

图 4-19 装饰混凝土的应用效果

1.清水装饰混凝土

清水装饰混凝土的基层和装饰面层使用相同材料,一次加工成型。它是在成型时利用模板等在构件表面做出各种线形、图案、凸凹层次等,使立面质感更加丰富而获得装饰效果的。

2.彩色混凝土

彩色混凝土是通过使用彩色水泥或白水泥,或掺加颜料,或选用彩色骨料,在一定的工艺条件下制得的混凝土。彩色混凝土不仅装饰效果好,而且色彩耐久性好,能抵抗大气环境的各种腐蚀作用。

彩色混凝土分为整体着色混凝土和表面着色混凝土。整体着色混凝土是用无机颜料混入拌合物中,使水泥、骨料全部着色的混凝土;表面着色混凝土是在普通混凝土基材表面加做彩色饰面层。整体着色混凝土应用较少,通常是在混凝土表面做彩色面层。

彩色混凝土常用来制作路面砖、花格砖、砌块、板材等预制构件制品,也可现浇成墙面、地面等,还可制作白色混凝土墙面、栏杆、雕塑等。尤其是彩色混凝土路面砖,它有多种色彩、线条和图案,可根据周围环境选择色彩组成最适合的图案,且原材料广泛,铺设简单,防滑性好,有普通路面砖、透水性路面砖、防滑性路面砖、导盲块、植草性路面砖、路缘石等多种类型,广泛应用于城市的人行道、广场等,有助于美化和改善城市环境。

3.露骨料混凝土

露骨料混凝土是在混凝土硬化前或硬化后,通过一定工艺手段使混凝土骨料适当外露,以骨料的天然色泽和不同排列组合造型,达到自然、古朴的装饰效果。

4.5 建筑砂浆

建筑砂浆是由胶凝材料、细骨料和水（也可根据需要掺入外加剂或掺合料）按适当比例拌和成拌合物，再经一定时间硬化而成的人工材料，如图 4-20 所示。

图 4-20 建筑砂浆

4.5.1 建筑砂浆的用途

建筑砂浆种类较多，按功能和用途不同，分为砌筑砂浆、抹面砂浆和特种砂浆（如装饰砂浆、防水砂浆、保温砂浆、吸音砂浆等）；按砂浆中所用胶凝材料不同，分为水泥砂浆、石灰砂浆、混合砂浆（如水泥石灰砂浆、石灰黏土砂浆、水泥黏土砂浆）等。

建筑砂浆的用途：将砖、石材、砌块等块状材料胶结成砌体；用于建筑物室内外的墙面、地面、梁、柱、顶棚等构件的表面抹灰；镶贴大理石、陶瓷墙砖、地砖等各类装饰板材；用于装配式结构中墙板、混凝土楼板等各种构件的接缝；制成各类具有特殊功能的砂浆，如装饰砂浆、保温砂浆、防水砂浆等。

4.5.2 建筑砂浆的组成材料

1. 胶凝材料

建筑砂浆常用的胶凝材料有水泥、石灰、石膏等。

2. 细骨料（砂子）

用于砌筑石材的砂浆，砂子的粒径不应大于砂浆层厚度的 1/5～1/4；砌砖所用的砂浆，宜采用中砂或细砂，且砂子的粒径不应大于 2.5 mm；用于各种构件表面的抹面砂浆及勾缝砂浆，宜采用细砂，且砂子的粒径不应大于 1.2 mm。

3. 水

砂浆拌和用水与混凝土用水的质量要求相同。

4. 掺合料

在砂浆中掺入掺合料可改善砂浆的和易性，节约水泥，降低成本。常用的掺合料有石灰、石膏、粉煤灰、黏土等。为了保证砂浆的质量，生石灰应充分熟化成石灰膏后再掺入砂浆中。

4.5.3 砌筑砂浆

用于砌筑砖、砌块、石材等各种块材的砂浆称为砌筑砂浆，如图 4-21 所示。砌筑砂浆起着胶结块材、传递荷载的作用，同时还起着填实块材缝隙，提高砌体绝热、隔声等性能的作用。砌筑砂浆要具有良好的和易性和一定的强度，应进行配合比设计来保证工程质量。

图 4-21　砌筑砂浆

常用砌筑砂浆的类型如下。

1. 水泥砂浆

水泥砂浆由水泥、砂子和水组成。水泥砂浆和易性较差，但强度较高，适用于潮湿环境、水中以及对砂浆强度等级要求较高的工程。

2. 石灰砂浆

石灰砂浆由石灰、砂子和水组成。石灰砂浆和易性较好，但强度很低，又由于石灰是气硬性胶凝材料，故石灰砂浆不宜用于潮湿环境和水中。石灰砂浆一般用于地上的、强度要求不高的低层建筑或临时性建筑。

3. 水泥石灰混合砂浆

水泥石灰混合砂浆由水泥、石灰、砂子和水组成，其强度、和易性、耐水性介于水泥砂浆和石灰砂浆之间，一般用于地面以上的工程。

图 4-22　楼梯水泥砂浆抹面

4.5.4　抹面砂浆

抹面砂浆又称抹灰砂浆，是指涂抹在建筑物或建筑构件表面的砂浆。室外、潮湿环境或易碰撞等部位，如外墙、地面、楼梯踢脚、水池、墙裙、窗台等，必须采用水泥砂浆抹面。（见图 4-22）

4.5.5　装饰砂浆

装饰砂浆是指涂抹在建筑物内、外表面，主要起装饰作用的砂浆。装饰砂浆分为灰浆类装饰砂浆和石碴类装饰砂浆两种。

1. 灰浆类装饰砂浆

灰浆类装饰砂浆是通过砂浆的着色或水泥砂浆表面形态的艺术加工，获得一定线条、色彩和纹理质感，从而起到装饰作用。

2. 石碴类装饰砂浆

石碴类装饰砂浆是在水泥砂浆中掺入各种彩色石碴骨料，抹于墙体基层表面，然后用水磨、水洗、斧剁等手段去除表面水泥浆皮，露出石碴的颜色、质感，从而起到装饰作用。

水磨石的制作方式

水磨石（见图 4-23）是由水泥、白色或彩色大理石碴、水按适当比例配合，需要时可掺入适量颜料，经拌匀、浇筑捣实、养护、研磨、抛光等工序制作而成。

水磨石可现场浇筑，也可在工厂预制，广泛应用于建筑物的地面、墙面、台面、墙裙等。现场制作水磨石饰面，可分为以下五道工序。

①打底子 在基层上铺抹水泥砂浆底灰。底灰一般用 1：3 的水泥砂浆，厚度为 15～20 mm，用木抹子搓实，24 h 后洒水养护。

②镶分格条 先按设计要求弹分格线，再把分格条用素水泥浆固定就位。分格条有玻璃条、铜条、不锈钢条、塑料条、铝条等，其中铜分隔条装饰效果最好，有豪华感。

图 4-23 水磨石

③罩面层 将水泥石碴浆拌和均匀，平整地浇筑在底灰上，并高出分格条 1～2 mm。饰面层浇筑完毕后，应在面层均匀洒一层石碴，用钢抹子将石碴拍入水泥石碴浆中，再用滚筒压至表面出浆，用钢抹子压平。

④水磨 当饰面层石碴浆硬化至一定强度时，用打磨机将表面的水泥浆和石碴的棱角磨去，露出大量的石碴剖面。一般地面采用机器磨，墙面、台面、楼梯等采用手工磨。

⑤洗草酸及打蜡 将水磨石用清水冲洗干净后洒上草酸以清除水磨石面上的所有污垢。待水磨石面层干燥发白后，擦上地板蜡，打亮至产生镜面光泽，此时便可清晰露出各色石子的美丽颜色。

4.5.6 防水砂浆

防水砂浆是指用于防水层的砂浆。防水砂浆层又称刚性防水层，适用于不受振动和具有一定刚度的混凝土或砖石砌体表面。防水砂浆可用普通水泥砂浆制作，也可在水泥砂浆中掺入适量防水剂制成。目前应用较广泛的是在水泥砂浆中掺入适量防水剂制成的防水砂浆。防水剂的掺量一般为水泥质量的 3%～5%，常用的防水剂有硅酸钠类、金属皂类、有机硅类等。

4.6 墙体材料

墙体是房屋建筑的重要组成部分，在建筑物中主要起承重、围护和分隔空间的作用。常用的墙体形式有砌体结构墙体和墙板结构墙体，其中，构成砌体结构墙体所用的块状材料主要有砖和砌块，构成墙板结构墙体的主要是各类板材。

4.6.1 砌墙砖

砌墙所用砖的类型很多，按生产工艺不同可分为烧结砖（经焙烧工艺制成）和非烧结砖（通常经蒸汽养护或蒸压养护制成）。砌墙砖（见图 4-24）按孔洞率不同分为普通砖、多孔砖和空心砖等。

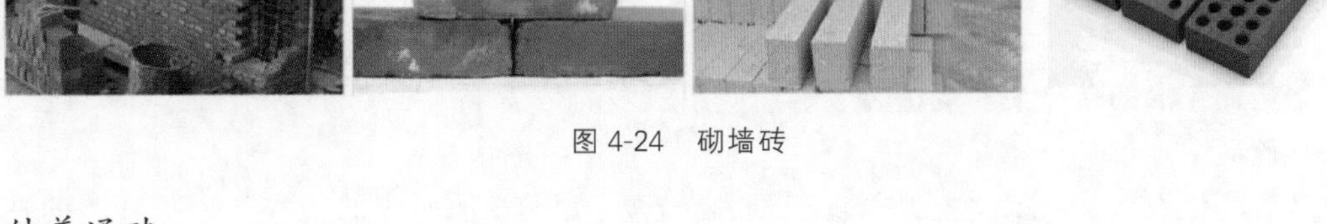

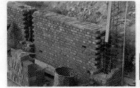

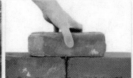

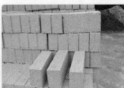

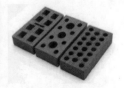

图 4-24 砌墙砖

1. 烧结普通砖

以黏土、页岩、粉煤灰、煤矸石等为原料，经成型、焙烧制得的无孔洞或孔洞率小于 15%的砖，称为烧结普通砖。烧结普通砖按主要制作原料分为烧结黏土砖、烧结页岩砖、烧结粉煤灰砖、烧结煤矸石砖等。烧结普通砖的形状为直角六面体，标准尺寸为 240 mm×115 mm×53 mm。通常将 240 mm×115 mm 的面称为大面，将 240 mm×53 mm 的面称为条面，将 115 mm×53 mm 的面称为顶面。4 块砖长、8 块砖宽、16 块砖厚加上砂浆灰缝的厚度(约 10 mm)均为 1 m，因此 1 m^3 砖砌体理论用砖 512 块。

烧结普通砖具有一定的强度和保温隔热性，耐久性好，生产工艺简单，价格低廉，在建筑工程中主要用来砌筑承重墙体，也可用来砌筑砖柱、拱、烟囱、基础等。在砖砌体中配制适当的钢筋或钢筋网形成配筋砌体，可代替钢筋混凝土过梁或柱。

2. 烧结多孔砖和空心砖

在建筑工程中用烧结多孔砖和空心砖代替普通砖，可使建筑物自重降低 30%左右，节约黏土 20%～30%，节省燃料 10%～20%，施工工效提高 40%，并能改善墙体的保温隔热、隔声性能。

1)烧结多孔砖

烧结多孔砖一般指含有较多小孔、孔洞率大于 15%的烧结砖。烧结多孔砖的形状为直角六面体，主要规格尺寸有 190 mm×190 mm×90 mm(M 型)和 240 mm×115 mm×90 mm(P 型)两种，如图 4-25 所示。烧结多孔砖的孔洞尺寸为：圆孔直径常为 22 mm，非圆孔内切圆直径常为 15 mm。

烧结多孔砖的单孔尺寸小，孔洞分布均匀，具有较高的强度，在建筑工程中可代替普通砖，主要用于六层以下的承重墙体。用烧结多孔砖砌筑墙体时，砖的孔洞多与承压面垂直。

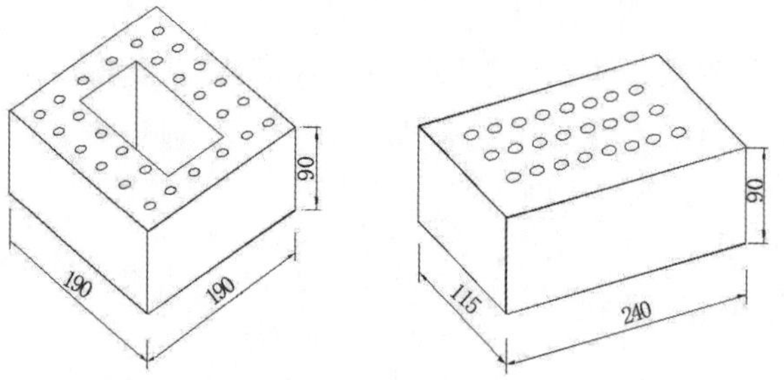

图 4-25　烧结多孔砖尺寸(单位：mm)

2)烧结空心砖

烧结空心砖一般指孔洞率为 35%、孔的尺寸大而数量少的烧结砖，如图 4-26 所示。常用烧结空心砖的长为 290 mm、240 mm 等，宽为 240 mm、190 mm、180 mm、140 mm、115 mm 等，高度为 115 mm、90 mm 等。烧结空心砖的壁厚应大于 10 mm，肋厚应大于 7 mm。

烧结空心砖孔洞尺寸大，孔洞率高，具有良好的保温隔热性能，但强度较低，在建筑工程中主要用于砌筑框架结构的填充墙或非承重墙。用烧结空心砖砌筑墙体时，砖的孔洞多与承压面平行。

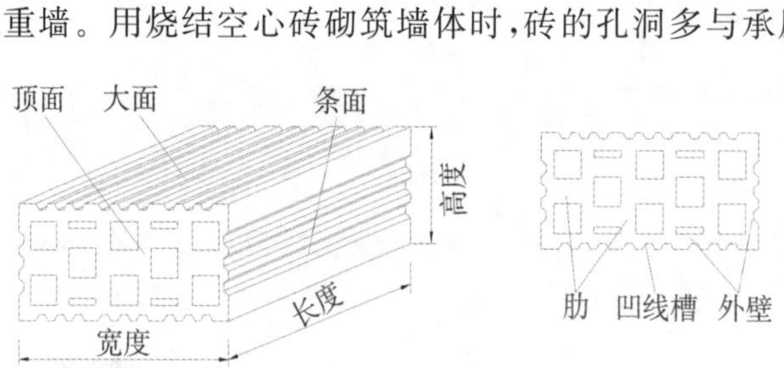

图 4-26　烧结空心砖构造

3. 非烧结砖

不经过焙烧而制成的砖称为非烧结砖。目前应用较多的是蒸压灰砂砖和蒸压粉煤灰砖。

1)蒸压灰砂砖

蒸压灰砂砖是以石灰、砂子为主要原料，经配料、成型、蒸压养护而成的实心砖。灰砂砖的外形尺寸与烧结普通砖相同，主要用于建筑物的墙体、基础等承重部位。由于灰砂砖中的一些水化产物(氢氧化钙、碳酸钙)不耐酸、不耐热、易溶于水，因此，灰砂砖不能用于长期受热高、受急冷急热作用的部位和有酸性介质侵蚀的建筑部位,也不得用于受流水冲刷的部位。

2)蒸压粉煤灰砖

蒸压粉煤灰砖是以粉煤灰、石灰为主要原料,加入适量石膏和炉渣,经制坯、成型、高压或常压蒸汽养护而成的实心砖。蒸压粉煤灰砖主要用于建筑物的墙体和基础。

4.6.2 墙用砌块

砌块是指比砖尺寸大的块材,如图 4-27 所示。在建筑工程中多采用高度为 180～350 mm 的小型砌块。生产砌块多采用地方材料和工农业废料,材料来源广,可节约黏土资源,并且制作、使用方便。由于砌块的尺寸比砖大,故用砌块来砌筑墙体还可提高施工速度,改善墙体的功能。

图 4-27　砌块

1. 蒸压加气混凝土砌块

蒸压加气混凝土砌块是以钙质材料(水泥、石灰等)、硅质材料(砂、粉煤灰、粒化高炉矿渣等)和水按一定比例配合,加入少量发气剂(铝粉)和外加剂,经搅拌、浇筑、切割、蒸压养护等工序制成的一种轻质、多孔墙体材料。蒸压加气混凝土砌块具有质量轻(约为普通黏土砖的 1/3)、保温隔热性好、易加工、施工方便等优点,在建筑物中主要用于低层建筑的承重墙、钢筋混凝土框架结构的填充墙以及其他非承重墙。在无可靠的防护措施时,加气混凝土砌块不得用于水中或高湿度环境、有侵蚀作用的环境和长期处于高温环境中的建筑物。

2. 普通混凝土小型空心砌块

普通混凝土小型空心砌块是以水泥、砂子、水为原料,经搅拌、成型、养护而成的空心砌块。砌块的空心率不小于 25%,主规格为 390 mm×190 mm×190 mm,配以多种辅助规格,即可组成墙用砌块基本系列,如图 4-28 所示。

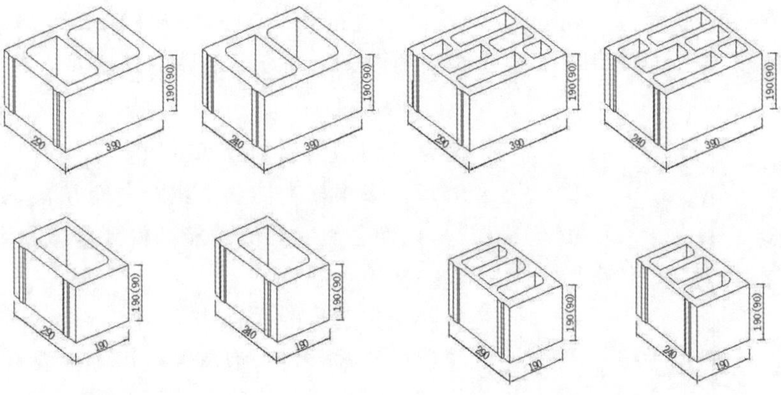

图 4-28　普通混凝土小型空心砌块墙用系列辅助规格(单位:mm)

3. 粉煤灰砌块

粉煤灰砌块是以粉煤灰、石灰、石膏和骨料等为原料,加水搅拌、振动成型、蒸汽养护而成的。粉煤灰砌块的形状为直角六面体,主要规格尺寸为 880 mm×380 mm×240 mm 和 880 mm×430 mm×240 mm。粉煤灰砌块适用于一般建筑物的墙体和基础。但由于粉煤灰砌块的干缩值较大，变形大于同标号的水泥混凝土制品，因此不宜用于长期受高温影响的承重墙，也不宜用于有酸性介质侵蚀的部位。

4.6.3 墙用板材

随着建筑工业化和建筑结构体系的发展，各种轻质墙板、复合板材也迅速兴起。以板材作为围护墙体的建筑体系具有节能、质轻、开间布置灵活、使用面积大、施工方便快捷等特点，具有广阔的发展前景。（见图 4-29）

图 4-29 墙用板材

1. 水泥类板材

水泥类墙用板材具有较好的力学性能和耐久性，主要用于承重墙、外墙和复合外墙的外层面。

1）预应力混凝土空心墙板

预应力混凝土空心墙板是以高强度的预应力钢绞线用先张法制成的混凝土墙板。该墙板可根据需要增设保温层、防水层、外饰面层等，取消了湿作业。预应力混凝土空心墙板规格尺寸为：长度为 1000～1900 mm，宽度为 600～1200 mm，总厚度为 200～480 mm。预应力混凝土空心墙板可用于承重或非承重的内外墙板、楼面板、屋面板、阳台板、雨篷等。

2）蒸压加气混凝土板

蒸压加气混凝土板是以钙质材料（水泥、石灰等）、硅质材料（砂、粉煤灰、粒化高炉矿渣等）和水按一定比例配合，加入少量发气剂（铝粉）和外加剂，经搅拌、浇筑、成型、蒸压养护等工序制成的一种轻质板材。蒸压加气混凝土板可用于一般建筑物的内外墙和屋面。

3）GRC 空心轻质墙板

GRC 空心轻质墙板是以低碱性水泥为胶结材料，膨胀珍珠岩、炉渣等为骨料，抗碱玻璃纤维为增强材料，再加入适量发泡剂和防水剂，经搅拌、成型、脱水、养护制成的一种轻质墙板。其规格尺寸为：长度为 3000 mm，宽度为 600 mm，厚度为 60 mm、90 mm、120 mm 等。GRC 空心轻质墙板具有质量轻、强度高、隔热、隔声、不燃、加工方便等优点，可用于一般建筑物的内隔墙和复合墙体的外墙面。

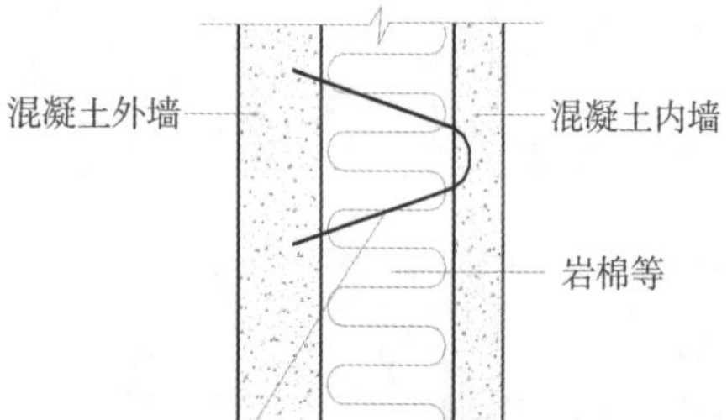

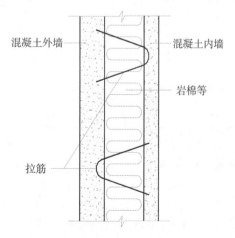

图 4-30 混凝土夹芯板构造

2. 复合墙板

复合墙板是由两种或两种以上不同材料结合在一起的墙板。复合墙板可以根据功能要求组合各个层次，如结构层、保温层、饰面层等，以使各类材料的功能都得到合理利用。

1）混凝土夹芯板

混凝土夹芯板的内外表面用 20～30 mm 厚的钢筋混凝土，中间填以矿渣棉、岩棉、泡沫混凝土等保温材料，内外两层面板用钢筋拉结，如图 4-30 所示。

2）钢丝网水泥夹芯复合板材

钢丝网水泥夹芯复合板材是将泡沫塑料、岩棉、玻璃棉等轻质芯材夹在中间，两片钢丝网之间用“之”字形钢丝相互连接，形成稳定的三维网架结构，然后用水泥砂浆在两侧抹面，或进行其他饰面装饰。钢丝网水泥夹芯复合板材具有自重轻、保温隔热性好、隔声性好、抗冻性能好、抗震能力强等优点，适当加钢筋后具有一定的承载能力，在建筑物中可用作墙板、屋面板和各种保温板。

3)彩钢夹芯板材

彩钢夹芯板材是以硬质泡沫塑料或结构岩棉、玻璃棉为芯材，在两侧粘上彩色压型(或平面)镀锌钢板。外露的彩色钢板表面一般涂以高级彩色塑料涂层，使其具有良好的抗腐蚀能力和耐候性。

彩钢夹芯板材重量轻，约为 15～25 kg/m^2；导热系数低，约为 0.01～0.30 W/(m・K)；具有良好的保温隔热性、密封性能和隔音效果，还具有良好的防水、防潮、防结露和装饰效果，并且安装、移动容易，可多次重复使用。彩钢夹芯板材适用于各类建筑物的墙体、天棚和屋面等。

清 水 墙

清水墙(见图 4-31)是砌筑后不抹灰、不贴面，表现砌体本身质感的墙体；反之，墙面抹灰的墙体叫混水墙。黏土砖清水墙要求砌筑平整，灰缝平直、均匀，向外部分应光洁，对砖的标号要求较高。

图 4-31 清水墙

清水墙分为清水砖墙和清水混凝土墙。

清水砌筑砖墙，对砖的要求极高，并要求勾缝。首先，砖的大小要均匀，棱角要分明，要有质感。这种砖要定制，价钱是普通砖的 5～10 倍。其次，砌筑工艺十分讲究，灰缝要一致，阴阳角要锯砖磨边，接槎要严密和美观，门窗洞口要用拱、花等工艺。

4.7 绝热材料

4.7.1 膨胀珍珠岩及其制品

膨胀珍珠岩是以天然珍珠岩颗粒为原料，经加热后使其自身膨胀而成的多孔轻质颗粒，如图 4-32 所示。膨胀珍珠岩保温性好，化学稳定性好，不燃烧、耐腐蚀，是良好的保温、吸音与防火材料。膨胀珍珠岩除可用作填充材料外，还可与水泥、水玻璃、沥青等结合制成膨胀珍珠岩绝热制品，广泛应用于屋面、墙体、管道及设备的保温工程中。

4.7.2　膨胀蛭石及其制品

天然蛭石是含水的矿物，经过晾干、破碎、煅烧可产生 5～10 倍的膨胀，从而形成蜂窝状的内部结构，成为膨胀蛭石，如图 4-33 所示。膨胀蛭石保温性、耐火性好，耐碱但不耐酸，电绝缘性差，吸水性较强。在屋面保温工程中常常用散粒状膨胀蛭石；在墙体、楼板和地面保温工程中常采用水泥或水玻璃粘结的各种膨胀蛭石制品，还可制成膨胀蛭石轻骨料混凝土墙板等轻质构件应用于建筑工程中。

图 4-32　膨胀珍珠岩

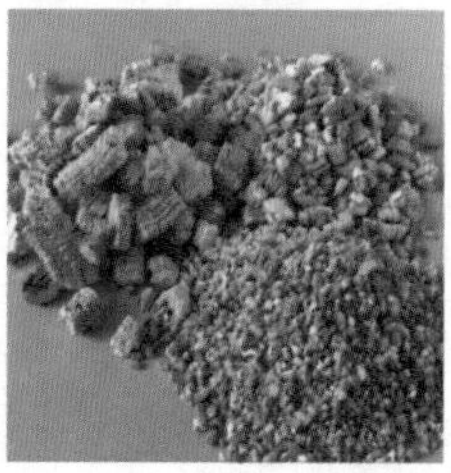

图 4-33　膨胀蛭石

4.7.3　矿物棉及其制品

矿物棉是以无机矿物（矿渣、岩石、砂等）和辅助材料为主要原料，经高温熔融成为液体，再经高速离心或喷吹等工艺制成的棉丝状无机纤维，如图 4-34 所示。其中以工业废料矿渣为主要原料生产的矿物棉称为矿渣棉（简称矿棉），以玄武岩、辉绿岩等天然岩石为主要原料生产的矿物棉称为岩棉。矿物棉质量轻，耐高温，防蛀，耐腐蚀性好，具有良好的保温、吸声、防火性能，可制作各种板材、毡、管、壳等，如装饰吸音板、防火保温板、防水卷材、管道保温毡、屋面保温层、隔音防火门等，广泛应用于建筑物墙体和屋面的保温隔热与设备、管道的保温隔热等。

4.7.4　玻璃棉及其制品

玻璃棉（见图 4-35）是玻璃纤维的特例，它是利用玻璃液吹制或甩制成的絮状短粗纤维，使其相互缠绕、交叉，形成整体状态下的均匀微细多孔材料。玻璃棉是一种质量很轻的保温、隔声和吸声材料，主要应用于对保温、隔声和吸声效果要求较高的天棚、墙体等，也可用于管道绝热和低温保冷工程。

图 4-34　矿物棉

图 4-35　玻璃棉

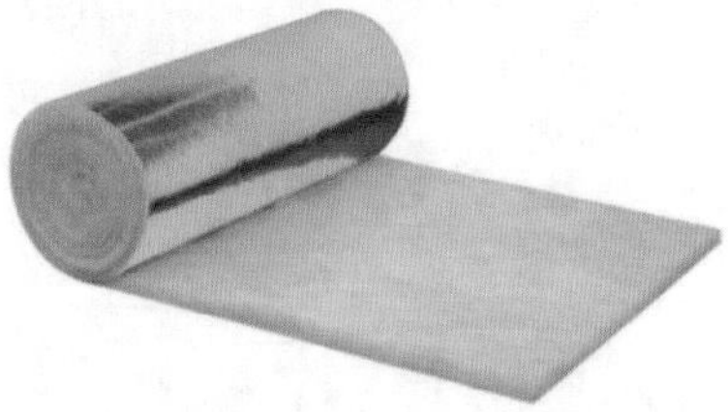

图 4-36　泡沫塑料

4.7.5　泡沫塑料保温材料

泡沫塑料（见图 4-36）是以各种有机树脂为主要原料生产的超轻质高强保温材料，建筑工程中常用的有聚苯乙烯泡沫塑料、聚氯乙烯泡沫塑料、聚乙烯泡沫塑料、脲醛泡沫塑料、聚酯泡沫塑料、环氧泡沫塑料等。

泡沫塑料保温材料的特点是质量轻，绝热性好，耐低温性好，吸水率小，可加工性好。但泡沫塑料的强度较低，使用温度也不能过高，一般在 70 ℃以下。泡沫塑料在建筑工程中主要用于制作保温墙体、保温管材或板材的夹心层、水泥泡沫塑料复合板材或保温砖等。

图 4-37 加气混凝土

4.7.6 加气混凝土

加气混凝土(见图 4-37)是以钙质材料(水泥、石灰等)、硅质材料(砂、粉煤灰、粒化高炉矿渣等)、发气剂(铝粉)以及其他辅助材料生产的多孔材料。

加气混凝土保温性好，适合于大多数情况下的保温工程，并且加工方便，可锯、可钉、可刨。此外，加气混凝土的原材料来源广泛，成本低，因此在建筑物墙体和屋面工程中广泛应用。

建筑工程中生产的加气混凝土产品有各种砌块、墙板、屋面板等，主要用于砌筑有保温性要求的墙体和进行墙体保温填充或粘贴，也可用作屋面保温板或屋面保温块等。

4.8 建筑龙骨材料

在建筑装饰工程中，用来承受墙、柱、地面、门窗、顶棚等饰面材料的受力架，称为骨架，又称为龙骨。龙骨主要起固定、支撑和承重的作用。常见的是隔墙龙骨和吊顶龙骨。龙骨材料一般有木骨架材料、轻钢龙骨材料和铝合金龙骨材料等。

4.8.1 木骨架材料

木骨架分为内木骨架和外木骨架两种。内木骨架是指用于顶棚、隔墙、木地板搁栅等的骨架，多选用材质松软、干缩小、不易开裂、不易变形的树种；外木骨架是指用于高级门窗、扶手、栏杆、踢脚板等外露式栅架，多选用木质较软、纹理清晰美观的树种。

1. 吊顶木骨架

吊顶木骨架也叫吊顶木龙骨，分为主龙骨和次龙骨。主龙骨的间距一般为 1.2～1.5 m，断面尺寸一般为 50 mm×(60～80) mm，大断面为 80 mm×100 mm；次龙骨的间距一般为 0.4～0.6 m，断面尺寸为 40 mm×40 mm 或 50 mm×50 mm。主、次龙骨间用边长为 30 mm 的小木方和铁钉连接。主、次龙骨一般组成方格。(见图 4-38)

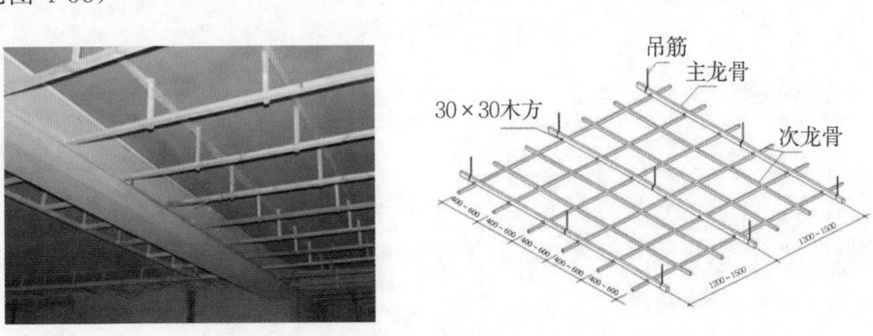

图 4-38 吊顶木骨架安装定位(单位：mm)

2. 隔墙木骨架

隔墙木骨架有单层木骨架和双层木骨架两种结构形式。单层隔墙木骨架以单层木方为骨架，其墙厚一般小于 100 mm。双层隔墙木骨架以两层木方组合成骨架，骨架之间用横杆连接，其墙厚一般为 120～150 mm。单、双层隔墙木骨架断面如图 4-39 所示。在木骨架的一面或两面钉以胶合板、纤维板或石膏板等即可形成隔墙。

隔墙木骨架通常采用方格结构，方格结构的尺寸根据面层材料的规格确定。通常隔墙木骨架方格结构的尺寸为 300 mm×300 mm 和 400 mm×400 mm 两种。单层隔墙木骨架常用的断面尺寸有 30 mm×45 mm 和 40 mm×55 mm 两种；双层隔墙木骨架常用的断面尺寸为 25 mm×35 mm。

3. 墙面木骨架

在建筑内墙面做木护壁板、安装玻璃等装饰时，通常需要先在墙面上做木骨架，如图 4-40 所示，以满足调整墙面平整度、做防潮层等的要求。墙面木骨架常用的结构形式有方格结构和长方结构。方格结构尺寸一般为 300 mm×300 mm，长方结构尺寸一般为 300 mm×400 mm。墙面木骨架的断面尺寸一般为 25 mm×30 mm、25 mm×40 mm、25 mm×50 mm 和 30 mm×40 mm 等几种。

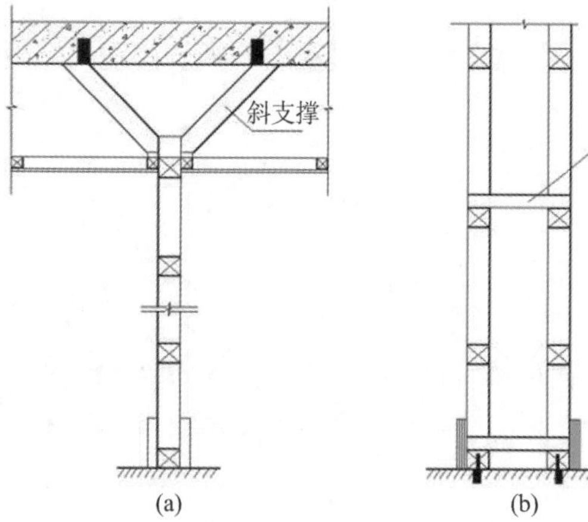

图 4-39 单、双层隔墙木骨架断面

(a)单层；(b)双层

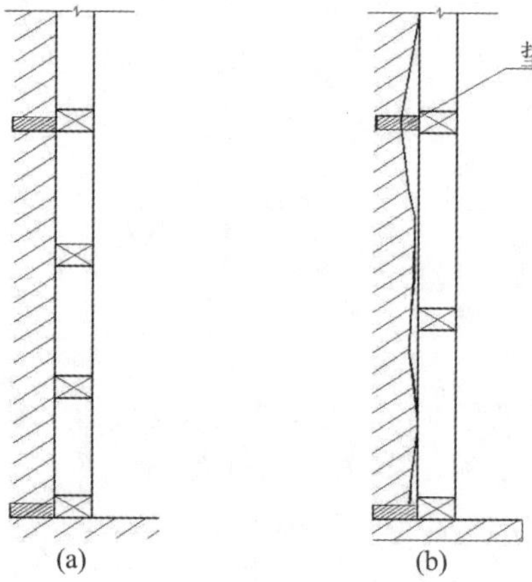

图 4-40 木骨架与墙身的固定

(a)墙体较平整；(b)墙体不平整

4. 其他木骨架

其他木骨架如门窗框料、楼梯木扶手等均应根据设计要求确定其截面尺寸。通常门窗框料截面尺寸选择 75 mm×100 mm、100 mm×150 mm 等。

木地面装饰中，木地板面层下通常做木搁栅，木搁栅纵、横间距一般为 400 mm，搁栅的常用断面尺寸有 50 mm×50 mm、50 mm×70 mm 和 70 mm×70 mm 等。

在实际应用中，木骨架材料具有使用方便、造型丰富、造价低廉的特点，但木材易干缩、易出现裂缝，防火、防腐性差，必须进行防火、防腐处理。在现代装饰工程中，吊顶和隔墙的木龙骨已逐渐被轻钢龙骨所代替。

4.8.2 轻钢龙骨材料

轻钢龙骨是以冷轧钢板、镀锌钢板、彩色喷塑钢板等为原料，采用冷加工工艺生产的薄壁型材，经组合装配而成的一种金属骨架。轻钢龙骨具有自重轻、刚度大、防火性好、抗震和抗冲击性好、加工和安装方便等特点，可装配各种类型的石膏板、吸音板等，广泛应用于建筑物的隔墙和吊顶骨架。

1. 隔墙轻钢龙骨

隔墙轻钢龙骨代号为 Q，按用途分一般有沿顶龙骨、沿地龙骨、竖向龙骨、加强龙骨、通贯横撑龙骨和配件；按形状分有 U 形龙骨和 C 形龙骨两种。(见图 4-41)

图 4-41　隔墙轻钢龙骨

2. 吊顶轻钢龙骨

吊顶轻钢龙骨代号为 D，按用途分为主龙骨（大龙骨，又称承载龙骨）、次龙骨（中、小龙骨，又称覆面龙骨）及连接件；按型材断面分有 U 形龙骨、C 形龙骨和 L 形龙骨。（见图 4-42）

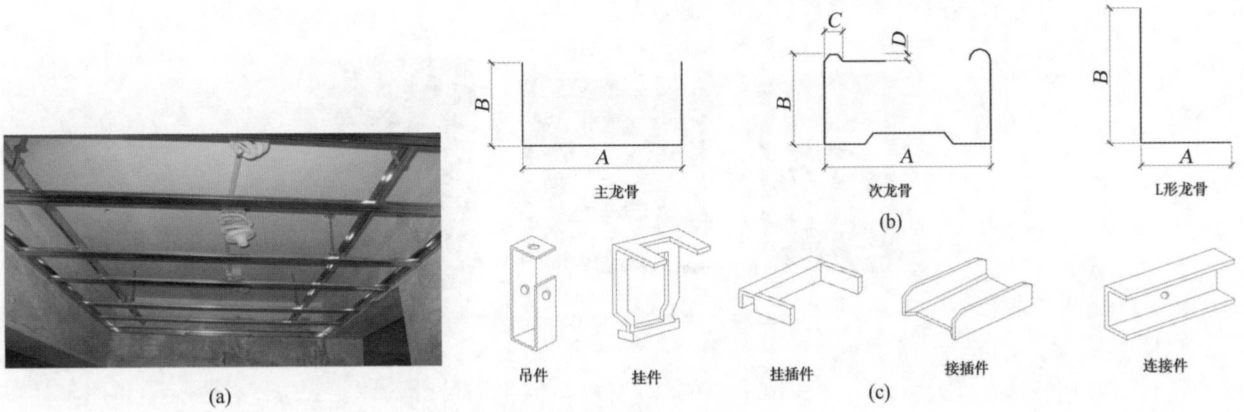

图 4-42　吊顶轻钢龙骨

(a)实物图；(b)龙骨断面形状；(c)龙骨配件

4.8.3　铝合金龙骨材料

铝合金龙骨有质轻、不锈、防火、抗震、安装方便等特点，特别适合用于室内吊顶装饰。铝合金吊顶龙骨有主龙骨（大龙骨）、次龙骨（中、小龙骨）、边龙骨及吊挂件。主、次龙骨与板材组成 450 mm×450 mm、500 mm×500 mm 和 600 mm×600 mm 的方格。铝合金吊顶龙骨不需要大尺寸的吊顶板材，可灵活选用小规格材料。铝合金材料经过电氧化处理后，具有光亮、色调柔和的特点，故此种吊顶龙骨通常外露，做成明龙骨吊顶，美观大方。铝合金吊顶龙骨的规格和性能如表 4-4 所示。

表 4-4　铝合金吊顶龙骨的规格和性能

名称	铝合金中龙骨	铝合金小龙骨	铝合金边龙骨	大龙骨（轻钢）	配件（龙骨等的连接件）
断面及规格/mm	32 22 壁厚 1.3	32 22 壁厚 1.3	32 22 壁厚 1.3	32 22 壁厚 1.3	—
截面面积/cm^2	0.775	0.555	0.555	0.97	—
单位质量/(kg/m)	0.21	0.15	0.15	0.77	—
长度/m	3 或 0.6 的倍数	—	3 或 0.6 的倍数	2	—
力学性能	抗拉强度为 210 MPa，伸长率为 8%				

4.9 涂料工程常用腻子

4.9.1 腻子粉基础知识

腻子在涂料工程中主要用以嵌填饰面基层的缝隙、孔眼和凹坑等，使基层表面平整，方便涂饰并保证涂饰质量。市面上有各种品牌的腻子粉，如图 4-43 所示。

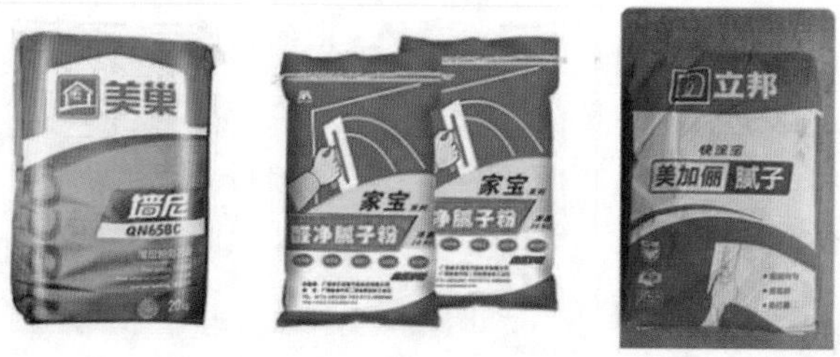

图 4-43　市面上各种品牌的腻子粉

腻子按其干燥速度可分为快干型和慢干型两种；按粘结剂不同可分为水性腻子、油性腻子和挥发性腻子三种；按装饰效果可分为透明腻子和不透明腻子。

腻子的基本要求是应具有塑性和易涂性，干燥后应坚固，并应与底漆、面漆配套使用。腻子一般由体质颜料、粘结剂、着色颜料、水或其他溶剂、催干剂等组成。常用的体质颜料有碳酸钙(大白粉)、硫酸钙(石膏粉)、硅酸盐(滑石粉)等；粘结剂常采用熟桐油、清漆、合成树脂溶液、乳液等。

4.9.2 腻子粉的应用

在实际施工中，腻子应分遍嵌填，并且必须等头遍腻子干燥打磨平整后再嵌填下一道腻子或涂刷底漆和面漆，否则会影响涂层的附着力。腻子嵌填的要点是实、平、光，腻子应与基层接触紧密、粘结牢固，表面平整光洁，从而减少打磨工序的工作量并节省涂料，确保涂饰质量。刮腻子多用于在不透明涂饰中打底，常采用基层满刮，如抹灰面或石膏板面刷涂料、木质基层刷混色油漆时，多采用满刮腻子的做法。在木质基层上涂刷本色油漆时，可用虫胶漆或清漆加入适量体质颜料和着色颜料作为腻子满刮。

“刮大白”

刷浆施工前，常将基层表面满刮腻子，俗称“刮大白”。抹灰墙面常采用大白粉或滑石粉作为体质颜料，加入适量的纤维素、107 胶等作为粘结材料，以增强腻子的强度。石膏板基层刷涂料时，一般采用石膏腻子填补钉眼、板缝，再用大白粉或滑石粉作为体质颜料，加入适量的纤维素、107 胶等作为粘结材料，加水搅拌成黏糊状，满刮于石膏板基层表面。刮腻子施工如图 4-44 所示。

图 4-44　刮腻子施工

课后思考与练习

想一想

在住宅装修时，哪个施工阶段会用到本章所学建筑装饰基本材料？

作 业

任务：完成建筑装饰基本材料调查表，如表4-5所示。

调查方式：综合运用电商购物平台等获取信息。

表 4-5 建筑装饰基本材料调查表

材料名称	品牌	规格	用途	价格	效果图
石膏线					
纸面石膏板					
石灰					
硅酸盐水泥					
黄沙					
烧结多孔砖					
砌块					
木龙骨					
轻钢龙骨					
腻子粉					

第五章

建筑装饰石材

JIANZHU ZHUANGSHI SHICAI

天然石材是古老的建筑材料之一，世界上许多的古建筑都是由天然石材建造而成的。如埃及人用石头堆砌出无与伦比的金字塔、太阳神神庙；意大利著名的比萨斜塔全是由石材（大理石）建成的；古希腊人用石材建造出雅典卫城等。我国在战国时代就有石基、石阶，东汉时有全石建筑，隋唐时代有石窟、石塔、石墓，宋代用石材建造城墙、桥梁，明、清的宫殿基座、栏杆都是用汉白玉大理石建造的，如图5-1所示。在现代建筑中，北京的人民英雄纪念碑、人民大会堂、毛主席纪念堂、北京火车站等都是大量使用石材的建筑典范。在当代，很多建筑创造性地使用石材，取得了独特的效果。

图5-1 北京故宫汉白玉雕基座

5.1 岩石的基本知识

岩石是由造岩矿物（具有一定化学成分和一定结构特征的天然化合物和单质的总称，如硅酸盐、碳酸盐矿物）组成，是矿物的集合体。建筑工程中常用岩石的造岩矿物有石英、长石、云母、方解石和白云石等，每种造岩矿物具有不同的颜色和特性。绝大多数岩石是由多种造岩矿物组成的，比如花岗岩是由长石、石英、云母及某些暗色矿物组成的，因此颜色多样；而白色大理石是由方解石或白云石组成的，通常呈现白色。由此可见，作为矿物集合体的岩石并无确定的化学成分和物理性质，即同种岩石，由于产地不同，其矿物组成和结构均会有差异，因而岩石的颜色、强度等性能也会有差异。主要造岩矿物的组成与特征如表5-1所示。

表5-1 主要造岩矿物的组成与特征

矿物	主要成分	密度/(g/cm^3)	莫氏硬度	颜色	其他特性
石英	结晶 SiO_2	2.60	7	无色透明至乳白色	坚硬、耐久，具有贝状断口，有玻璃光泽
长石	铝硅酸盐	2.0～2.7	6	白、灰、红、青等	耐久性不如石英，在大气中长期风化后成为高岭土，解理完全，性脆
云母	含水的钾镁铁铝硅酸盐	2.7～3.1	2～3	无色透明至黑色	解理极完全，易分裂成薄片，影响岩石的耐久性和磨光性，黑云母风化后形成蛭石
橄榄石	铁镁硅酸盐	3～4	5～7	色暗（统称暗色矿物）	坚硬，强度高，韧性大，耐久
方解石	结晶 $CaCO_3$	2.7	3	通常呈白色	硬度不大，强度高，遇酸分解，晶形呈菱面体，解理完全
白云石	$CaCO_3$、$MgCO_3$	2.9	4	通常呈白色至灰色	与方解石相似，遇热、遇酸分解
黄铁矿	FeS_2	5	6～6.5	黄色	条痕绿黑色，无解理，在空气中会生成氧化铁和硫酸污染岩石，是岩石中的有害物质

由于不同地质条件的作用，各种造岩矿物可形成不同类型的岩石，这些岩石通常可分为三大类，即岩浆岩、沉积岩和变质岩，如图5-2所示。

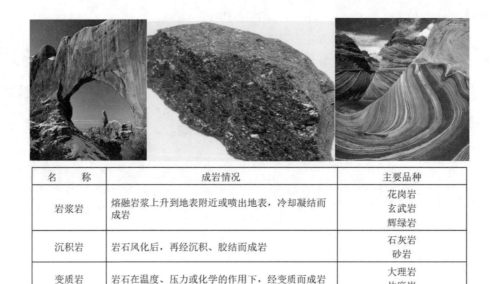

名　　称	成岩情况	主要品种
岩浆岩	熔融岩浆上升到地表附近或喷出地表，冷却凝结而成岩	花岗岩 玄武岩 辉绿岩
沉积岩	岩石风化后，再经沉积、胶结而成岩	石灰岩 砂岩
变质岩	岩石在温度、压力或化学的作用下，经变质而成岩	大理岩 片麻岩

图 5-2　岩石的形成与分类

5.1.1　岩浆岩

岩浆岩是因地壳变动，熔融的岩浆在地壳内部上升后冷却而形成的。岩浆岩是组成地壳的主要岩石，占地壳总质量的 98%。岩浆岩根据冷却条件的不同，又分为深成岩、喷出岩和火山岩三种。

1. 深成岩

深成岩是地壳深处的岩浆在很大的覆盖压力下缓慢冷却形成的岩石。深成岩构造致密，表观密度大，抗压强度高，耐磨性好，吸水率小，抗冻性、耐水性和耐久性好。天然石材中的花岗岩属于典型的深成岩。

2. 喷出岩

喷出岩是熔融的岩浆喷出地表后，在压力降低并迅速冷却的条件下形成的岩石。当喷出岩形成较厚的岩层时，其性质类似深成岩；当喷出岩形成的岩层较薄时，则形成的岩石常呈多孔结构，性质近似于火山岩。建筑上常用的喷出岩有玄武岩、安山岩等。

3. 火山岩

火山岩是火山爆发时的岩浆被喷到空中，经急速冷却后落下而形成的碎屑岩石，如火山灰、浮石等。火山岩都是轻质多孔结构的材料，其中火山灰被大量用作水泥的混合料，而浮石可用作轻质骨料来配制轻骨料混凝土。

5.1.2　沉积岩

沉积岩又叫水成岩，它是由露出地表的岩石（母岩）风化后，经过风力搬迁、流水冲移而沉淀堆积，在离地表不太深处形成的岩石。沉积岩为层状结构，各层的成分、结构、颜色、层厚等均不相同。与岩浆岩相比，沉积岩结构密实性较差，孔隙率大，表观密度小，吸水率大，抗压强度较低，耐久性也较差。

沉积岩在建筑工程中用途广泛，最重要的是石灰岩。石灰岩是烧制石灰和水泥的主要原料，更是配制普通混凝土的重要材料。石灰岩还可用来修筑堤坝、铺筑道路。结构致密的石灰岩经切割、打磨、抛光后，还可代替大理石板材使用。

5.1.3 变质岩

变质岩是由原生的岩浆岩或沉积岩，经过地壳内部高温、高压作用而形成的岩石。通常沉积岩变质后，性能变好，结构变得致密，更耐用，比如沉积岩中石灰岩变质为大理岩；而岩浆岩变质后，性能反而变差，如花岗岩（深成岩）变质为片麻岩，易产生分层剥落，耐久性差。

5.2 石材的分类

石材分天然石材和人造石材。建筑中常用天然石材品种有砌筑用石材、拌和混凝土用石材及装饰用石材。具有一定物理、化学性能，可用作建筑材料的岩石，称为砌筑用石材。具有装饰性能、加工后可供建筑装饰用的建筑石材称为装饰用石材。

5.2.1 砌筑用石材

常见砌筑用石材包括毛石与料石，如图 5-3 所示。

（1）毛石：山体爆破直接得到的石块。

（2）料石：具有较规则六面体形的石块。

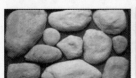

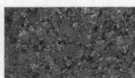

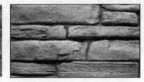

图 5-3 毛石与料石

5.2.2 饰面石材

饰面石材（见图 5-4）是指用于建筑物表面装饰的石材。饰面板材是指用饰面石材加工成的板材，用作建筑物的内外墙面、地面、柱面、台面等。

饰面石材分天然饰面石材和人造饰面石材。天然饰面石材主要有大理石、花岗石、青石等。

图 5-4 饰面石材

5.3 天然石材

天然石材是对开采来的岩石在形状、尺寸和质量三方面进行加工处理后得到的材料。这种材料重量大，抗拉和抗弯强度小，连接困难，具有较高的强度、耐磨性、耐久性等，通过表面处理可获得优良的装饰效果。天然石材的主要品种有天然大理石、天然花岗岩和石灰岩，其作用分为砌筑和装饰。（见图 5-5）

5.3.1 天然石材的主要技术性能

1. 表观密度

天然石材按其表观密度分为重石和轻石两类。表观密度大于 1800 kg/m^3 为重石，主要用于建筑物的基础、墙体、地面、路面、桥梁以及水上建筑物等；表观密度小于或等于 1800 kg/m^3 为轻石，可用来砌筑保暖房屋的墙体。

图 5-5 天然石材的拼花装饰

天然石材的表观密度与其矿物组成、孔隙率、含水率等有关。致密的石材，如花岗岩、大理石等，其表观密度接近于其密度，约为 2500～3100 kg/m^3；而孔隙率大的火山灰、浮石等，其表观密度约为 500～1700 kg/m^3。石材表观密度越大，结构越致密，抗压强度越高，吸水率越小，耐久性越好，导热性也越好。

2. 抗压强度

石材的抗压强度是以尺寸为 70 mm×70 mm×70 mm 的立方体试件用标准试验方法测得的，以 MPa 表示。石材的抗压强度是划分其强度等级的依据。根据《砌体结构设计规范》（GB 50003—2011）的规定，石材按抗压强度分为 MU100、MU80、MU60、MU50、MU40、MU30、MU20 七个强度等级。如 MU60 表示石材的抗压强度为 60 MPa。

3. 抗冻性

石材的抗冻性用冻融循环次数表示。石材在吸水饱和状态下，经过规定次数的反复冻融循环，若无贯穿裂纹，且质量损失不超过 5%，强度损失不大于 25%，则为抗冻性合格。根据能经受的冻融循环次数，可将石材分为 5、10、15、25、50、100 及 200 等标号。吸水率低于 0.5%的石材，其抗冻性较高，无须进行抗冻性试验。

4. 耐水性

石材的耐水性用软化系数 K 表示。软化系数是指石材在吸水饱和条件下的抗压强度与干燥条件下的抗压强度之比，反映了石材的耐水性能。石材的耐水性分为高、中、低三等。$K>0.90$ 的石材称为高耐水性石材，$K=0.70\sim0.90$ 的为耐水性石材，$K=0.60\sim0.70$ 的为低耐水性石材。一般 $K<0.80$ 的石材，不允许用于重要建筑中。

5. 风化作用

天然石材在使用环境中会受到雨水、环境水、温度和湿度变化、阳光、冻融循环、外力等一系列作用，还会受到空气中的二氧化碳、二氧化硫、三氧化硫的侵蚀及其形成的酸雨的侵蚀作用等，这些作用会使石材发生断裂、破碎、剥蚀、粉化等破坏，这种破坏称为石材的风化作用。粉化后形成的沙砾，若被风卷起，则会对石材建筑形成更为猛烈的侵蚀和破坏，如埃及金字塔及其旁边的狮身人面像，正面临着这种侵蚀。

6. 硬度和耐磨性

岩石的硬度以莫氏或肖氏硬度表示，它取决于岩石组成矿物的硬度与构造。凡由致密、坚硬矿物组成的石材，其硬度就高。石材的硬度与抗压强度有很好的相关性，一般抗压强度高的硬度也大。石材的硬度越大，其耐磨性和抗刻刮性能越好，但表面加工越困难。

耐磨性是指石材在使用过程中抵抗摩擦、边缘剪切以及冲击等复杂作用的性质。石材的耐磨性以单位面积磨耗量表示。石材的耐磨性与其组成矿物的硬度、结构、构造特征以及石材的抗压强度和冲击韧性等有关。对建筑物中铺地饰面的石材，要求其耐磨性好。

5.3.2　天然大理石

天然大理石(见图 5-6)是石灰岩或白云石经过地壳高温、高压作用形成的一种变质岩，通常为层状结构，具有明显的结晶和纹理，主要造岩矿物为方解石和白云石。

大理石的颜色与其组分有关，白色含碳酸钙和碳酸镁，紫色含锰，黄色含铬化物，红褐色、紫红色、棕黄色含锰及氧化铁水化物。许多大理石都是由多种化学成分混杂而成的，因此，大理石的颜色变化多端，纹理错综复杂、深浅不一，光泽度也差异很大。质地纯正的大理石为白色，俗称汉白玉，是大理石中的珍品，如图 5-7 所示。如果变质过程中混入了其他杂质，大理石就会出现各种色彩或斑纹，从而产生众多的品种，如丹东绿、雪浪、秋景、艾叶青、雪花白、彩云、桃红、墨玉等。斑斓的色彩和石材本身的质地使大理石成为古今中外的高级建筑装饰材料。

图 5-6　天然大理石

图 5-7　汉白玉楼梯

1. 天然大理石的性能特点和应用

天然大理石结构致密，抗压强度高，吸水率小，硬度不大，既具有良好的耐磨性，又易于加工，耐腐蚀、耐久性好，变形小，易于清洁。经过锯切、磨光后的天然大理石板材光洁细腻，如脂如玉，纹理自然，花色品种可达上百种，美不胜收。浅色大理石的装饰效果为庄重而清雅，深色大理石的装饰效果则显得华丽而高贵。

天然大理石的性能指标如表 5-2 所示。

表 5-2　天然大理石的性能指标

项　目	指　标　值
表观密度/(kg/m^3)	2500～2700
抗压强度/MPa	47～140
平均重量磨耗率/%	12
吸水率/%	<1
膨胀系数/(10^{-6}/℃)	9.02～11.2
耐用年限/年	20 以上

天然大理石的主要缺点有两个：一是硬度较低，如用大理石铺设地面，磨光面容易损坏，其耐用年限一

般在 30～80 年；二是抗风化能力较差，除个别品种（如汉白玉等）外，一般不宜用于室外装饰。大理石中的主要成分为碳酸钙，碳酸钙与硫酸反应生成微溶于水的硫酸钙，使表面失去光泽，变得粗糙多孔而降低装饰效果。公共卫生间等经常使用水冲刷和用酸性材料洗涤处，也不宜用大理石做地面材料。

图 5-8　人民大会堂云南厅的大屏风

大理石由于抗风化性能较差，在建筑装饰中主要用于室内饰面，如建筑物的墙面、地面、柱面、服务台面、窗台、踢脚线以及高级卫生间的洗漱台面等处，也可加工成大理石工艺品、壁画、生活用品等。如人民大会堂云南厅的大屏风上，镶嵌着一块呈现山河云海图的彩色大理石，气势雄伟，十分壮观，这是大理人民借大自然的神笔描绘出的歌颂祖国大好河山的画卷，如图 5-8 所示。

此外，用大理石边角料做成碎拼大理石墙面或地面，格调优美，乱中有序，别有风韵。大理石边角余料可加工成规则的正方形、长方形，也可不经锯割而呈不规则的形状。碎拼大理石可用来点缀高级建筑的庭院、走廊等部位，为建筑物增添色彩。（见图 5-9）

图 5-9　碎拼大理石墙面、地面

2. 天然大理石板材的规格尺寸

天然大理石板材按形状不同，分为普型板材（N）和异型板材（S）两大类。普型板材是指正方形或长方形的板材，异型板材是指其他形状的板材。常用天然大理石板材产品规格如表 5-3 所示。

表 5-3　常用天然大理石板材产品规格

类型编号	长/mm	宽/mm	厚/mm	类型编号	长/mm	宽/mm	厚/mm
1	300	150	20	9	1200	900	20
2	300	300	20	10	305	152	20
3	400	200	20	11	305	305	20
4	400	400	20	12	610	305	20
5	600	300	20	13	610	610	20
6	600	600	20	14	915	610	20
7	900	600	20	15	1070	750	20
8	1200	600	20				

3. 天然大理石板材的质量技术要求

根据《天然大理石建筑板材》（GB/T 19766—2016）的规定，天然大理石按照尺寸允许偏差、平面允许极限偏差、角度允许极限公差和外观缺陷要求，分为 A、B、C 三个等级，并要求同一批板材的花纹色调应基本一致，不可以与标准样板有明显差异。

4. 天然大理石板材的命名

天然大理石板材的命名顺序为：荒料产地名称、花纹色调特征名称、大理石（M）。标记顺序为：命名、分类、规格尺寸、等级、标准号等。例如，A 级北京房山白色大理石荒料，尺寸为 600 mm×600 mm×20 mm，标注为房山汉白玉（M）N60060020A。

5.3.3　天然花岗岩

天然花岗岩(见图 5-10)是典型的深成岩，主要成分是石英、长石及少量云母和暗色矿物(橄榄石类、辉石类、角闪石类及黑云母等)，岩质坚硬密实，属于硬石材。花岗岩构造密实，呈整体均匀粒状结构，花纹特征是晶粒细小，并分布着繁星般的云母黑点和闪闪发光的石英结晶。花岗岩矿体开采出来的块状石料称为花岗岩荒料，花岗岩装饰板材是由矿山开采出来的花岗岩荒料经锯切、研磨、抛光形成的具有一定规格的装饰板材。

图 5-10　天然花岗岩

1. 天然花岗岩的性能特点和应用

天然花岗岩结构致密，质地坚硬，抗压强度高，吸水率小，耐磨性、耐腐蚀性、抗冻性好，耐久性好，耐久年限可达 200 年，经加工的板材呈现出各种斑点状花纹，具有良好的装饰性。

天然花岗岩的性能指标如表 5-4 所示。

表 5-4　天然花岗岩的性能指标

项　　目	指 标 值
表观密度/(kg/m^3)	2500～2700
抗压强度/MPa	120～250
平均重量磨耗率/%	12
吸水率/%	<1
膨胀系数/(10^{-6}/℃)	5.6～7.34
耐用年限/年	75～200

天然花岗岩的缺点主要有：自重大，用于房屋建筑会增加建筑物的自重；花岗岩的硬度大，开采加工较困难；花岗岩质脆，耐火性差(当花岗岩受热温度超过 800 ℃时，花岗岩中的石英晶态转变造成体积膨胀，从而导致石材爆裂，失去强度)；某些花岗岩含有微量放射性元素，对人体有害。

天然石材的放射性

经检验，绝大多数天然石材中所含放射性物质的剂量很小，一般不会危及人体健康。但有部分花岗岩产品的放射性物质超标，长期使用会影响人体健康、污染环境，因此有必要加以控制。

天然石材中含有的放射性物质主要有镭、钍、钾-40 等，这些放射性元素在衰变过程中生成放射性气体氡。氡气无色、无味，人不易觉察到。如果人长期生活在氡浓度过高的环境中，氡气会通过人的呼吸道沉积在肺部，尤其是气管、支气管内，并放出大量放射线，从而导致肺癌或其他呼吸道疾病，在通风不良的地方危害更大。根据国家标准《建筑材料放射性核素限量》(GB 6566—2010)的规定，所有石材均应提供放射性物质含量检测证明，并将天然石材按照放射性物质的比活度分为 A、B、C 三个类别。

A类：装饰装修材料中天然放射性核素镭-226、钍-232、钾-40的放射性比活度同时满足 $I_{Ra}\leqslant1.0$ 和 $I_r\leqslant1.3$ 要求，不会对人健康造成危害，可用于一切场合。A类装饰装修材料产销与使用范围不受限制。

B类：不满足A类装饰装修材料要求但同时满足 $I_{Ra}\leqslant1.3$ 和 $I_r\leqslant1.9$ 要求，用于宽敞高大且通风良好的空间，不可用于Ⅰ类民用建筑的内饰面，但可用于Ⅱ类民用建筑物、工业建筑内饰面及其他一切建筑的外饰面。

C类：不满足A、B类装饰装修材料要求但满足 $I_r\leqslant2.8$ 要求，只可用于建筑物的外饰面及室外其他用途。

因此，家居装修时应选用A类产品，而不能用B类、C类。

2. 天然花岗岩板材的规格尺寸

天然花岗岩板材按形状分为普型板材(N)和异型板材(S)两种，普型板材为正方形或长方形，异型板材为其他形状；按表面加工程度不同又分为细面板材(RB，表面平整光滑)、镜面板材(PL，表面平整，常指具有镜面光泽)和粗面板材(RU，表面粗糙平整，常指具有较规则加工条纹的机刨板、锤击板等)。

3. 天然花岗岩板材的质量技术要求

为了确保装饰效果，用于同一工程的天然花岗岩板材的外观质量和花纹应基本一致，相同尺寸规格板材间的尺寸偏差不得明显。但是，由于材质和加工水平等方面的差异，花岗岩板材的外观质量有可能产生较大差别，从而造成装饰效果和施工操作等方面的缺陷。因此，国家规定了天然花岗岩板材的质量标准。根据《天然花岗石建筑板材》(GB/T 18601—2009)的规定，天然花岗岩按照尺寸允许偏差、平整度允许极限偏差、角度允许极限公差和外观缺陷要求，分为优等品(A)、一等品(B)、合格品(C)三个等级。

4. 天然花岗岩板材的命名

天然花岗岩板材的命名顺序为：荒料产地名称、花纹色调特征名称、花岗岩(G)。标记顺序为：命名、分类、规格尺寸、等级、标准号等。例如，济南青色花岗岩荒料生产的尺寸为400 mm×600 mm×20 mm的B级板材，可标记为济南青(G)NPL40060020B。

5.3.4 石灰岩

石灰岩俗称“青石”或“灰岩”，属于沉积岩。它是露出地表的各种岩石在外力和地质作用下，在地表或地下不太深的地方形成的岩石。石灰岩的造岩矿物以方解石为主，化学成分主要是碳酸钙，通常为灰白色、浅灰色，有时因含有杂质而呈现灰黑、深灰、浅红、浅黄等颜色。

石灰岩的主要特征是呈层状结构，外观多层理和含有动物化石。致密石灰岩的表观密度为2000～2600 kg/m^3，抗压强度为20～120 MPa，吸水率为2%～10%，具有较高的耐水性和抗冻性，有一定的强度和耐久性。石灰岩的缺点是材质软、易风化，其风化程度随岩体埋藏深度差异很大。埋藏深度较浅或处于地表的岩石风化较严重，岩石呈片状，可直接用于建筑。埋藏较深的石灰岩，其板块厚，抗压强度及耐久性均较理想，可加工成所需要的装饰板材。

在建筑装饰工程中多使用的是石灰岩装饰板材。石灰岩板材根据表面加工形式的不同，分为毛面板和光面板两大类。毛面板是人用工具按自然纹理劈开石灰岩制成的，表面不经修磨，利用石灰岩本身固有的不同颜色，搭配混合使用时，可形成粗犷的质感和丰富的色彩，具有一定的自然风格，主要用于地面及室内墙面的装饰。光面板是一种珍贵的饰面材料，主要用于建筑物墙面、柱面等部位的装饰。

5.3.5 进口天然石材

不同的地域和不同的地质条件，可形成不同质地的岩石。进口石材因其特殊的地理形成条件，无论在天然纹路、质地还是色泽上，都与国产石材有明显区别。另外，国外采用的先进的加工技术，也使得进口石材从整体外观与性能上都略优于国产石材。现今，我国一些公共建筑、星级宾馆、高档会所等装饰都大面积选用进口石材。进口石材多为浅色系列。（见图 5-11）

常见进口花岗岩、大理石的装饰性能和物理性能如表 5-5 所示。

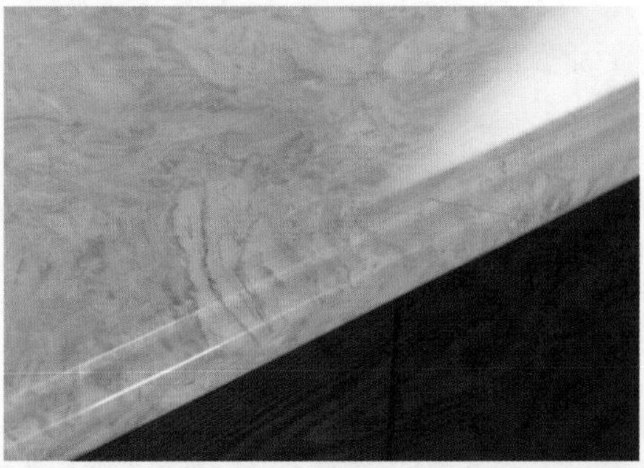

图 5-11　进口石材

表 5-5　常见进口花岗岩、大理石的装饰性能和物理性能

石材类型	产出国家	品　种	装饰性能	物理性能			
				吸水率/%	孔隙率/%	热膨胀系数/(/℃)	磨损抗力/(kg/cm³)
花岗岩	印度	蒙地卡罗蓝	中细粒，浅红，似流动状相间	0.23	0.63	31.22	4.17
		将军红	杏红、杏黄色，呈片麻状	0.15	0.55	10.00	39.99
		吉利红	紫红色，较纯中粒	0.17	0.34	10.60	39.15
		印度红	浅红色，粗料，质均匀	0.08	0.34	13.10	46.20
	挪威	银珍珠	暗紫色，间有银白色闪光的拉长石	0.08	0.48	12.10	41.57
		黑珍珠	黝黑色，间有很少量银白色长石	0.16	0.60	9.80	31.89
	加拿大	加拿大白	灰白色，中细料结构	0.22	0.67	11.70	70.53
	墨西哥	摩卡绿	棕色，中粗粒结构	0.09	0.69	13.40	31.08
	巴西	圣罗蓝	灰蓝色，中细粒间嵌布着粉黄色粗粒长石晶体	0.09	0.70	10.30	46.65
		蒙娜丽莎	草绿色	0.08	0.31	10.50	29.26
大理石	西班牙	象牙白	米黄色	0.65	2.26	5.80	25.15
		西班牙红	红色间有乳白色方解石脉	0.54	1.27	5.20	21.63
		希腊黑	墨绿色	0.08	0.20	4.80	22.93
	意大利	新米黄	米黄色	0.11	0.42	14.20	35.82
		木纹石	玫瑰黄色，细小的生物化石碎屑密布（呈平行状分布）	5.27	11.52	5.10	5.43
	挪威	挪威红	肉红色，间有白色不规则条带	0.07	0.25	19.70	13.84

天然装饰石材的选用原则

天然装饰石材具有良好的技术性能和装饰性，在永久性建筑和高档建筑装修时，经常采用天然石材作为装饰材料。但是天然石材也具有成本高、自重大、运输不方便、部分使用性能较差等方面的缺陷。在选用天然石材时应考虑以下几个方面。

1. 经济性

从经济性方面考虑，尽量就地取材，缩短石材的运输距离，减轻劳动强度，降低产品成本。另外，还要考虑一次性投资与长期维护费用、当地材料价格、施工成本等方面对装饰工程造价的影响。

2. 强度与耐久性

石材的强度与其耐久性、耐磨性等性能有着密切的关系，因此应根据建筑物的重要性和建筑物所处的环境，选用足够强度的石材，以保证建筑物的耐久性。

3. 装饰性

在装饰性方面，应注意石材的色彩、纹理、表面质感、光泽等与建筑物周围环境的协调性，充分体现建筑物的艺术美，达到理想的装饰效果。

①石材的外观色调应基本调和，大理石要纹理清晰，花岗岩的彩色斑点应分布均匀，有光泽。

②石材的矿物颗粒越细越好。颗粒越细，石材结构越致密，强度越高，越坚固。

③严格控制石材的尺寸公差、表面平整度、光泽度和外观缺陷。

5.4 人造石材

人造石材（见图 5-12）是以水泥或不饱和聚酯、普通树脂为粘结剂，以天然大理石、花岗岩碎料或方解石、白云石、石英砂、玻璃粉等无机矿物为骨料，加入适量的阻燃剂、稳定剂、颜料等，经过拌和、浇注、加压成型、打磨抛光以及切割等工序制成的板材。

5.4.1 人造石材的特点

常见的人造石材有聚酯型人造大理石、人造花岗岩、微晶玻璃装饰板和水磨石板材，以其强度大、质量轻、强度高、色泽均匀、耐腐蚀、耐污染、品种多样、装饰性能好、便于施工、价格低等优点，应用于建筑室内装饰、卫生器具制作等，还可加工成艺术品进行装潢和陈列。

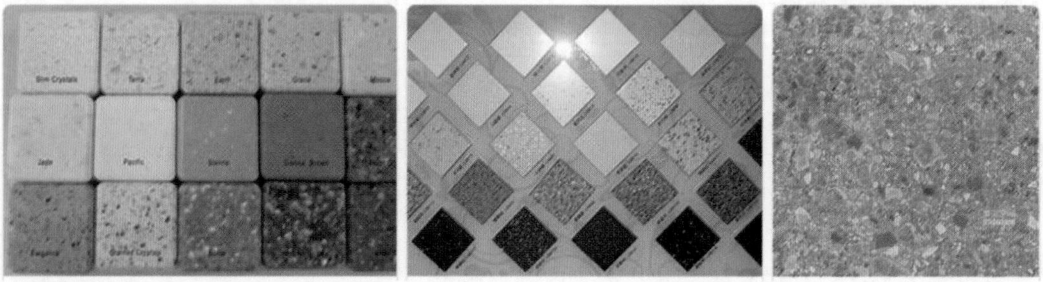

图 5-12 人造石材

5.4.2　人造石材的分类

人造石材根据生产所用的材料或工艺可分为以下四类。

1. 树脂型人造石材

树脂型人造石材是以不饱和聚酯、普通树脂为粘结剂，将天然大理石、花岗岩、方解石及其他无机填料按一定的比例配合，再加入固化剂、催化剂、颜料等，经搅拌、成型、抛光等工序加工而成。树脂型人造石材光泽好，色彩鲜艳丰富，可加工性强，装饰效果好，是目前国内外主要使用的人造石材。人造大理石、人造花岗岩、微晶玻璃均属于此类石材。

2. 水泥型人造石材

水泥型人造石材是以各类水泥为胶结材料，天然大理石、花岗岩碎料等为粗骨料，砂为细骨料，经搅拌、成型、养护、磨光抛光等工序制成。若在配制过程中加入色料，便可制成彩色水泥石。水泥型人造石材取材方便，价格低廉，但装饰性较差。水磨石和各类花阶砖均属于此类石材。

3. 复合型人造石材

复合型人造石材是指采用的胶结材料中，既有无机胶凝材料（如水泥），又有有机高分子材料（树脂）。它是先用无机胶凝材料将碎石、石粉等基料胶结成型并硬化，再将硬化体浸渍在有机单体中，使其在一定条件下聚合而成。对于板材，底层可采用性能稳定而价格低廉的无机材料制成，面层采用聚酯和大理石粉制作。复合型人造石材的造价较低，装饰效果好，但受温差影响后聚酯面容易产生剥落和开裂。

4. 烧结型人造石材

烧结型人造石材是以长石、石英石、方解石粉和赤铁粉及部分高岭土混合，用泥浆法制坯，采用半干压法成型后，在窑炉中高温焙烧而成。烧结型人造石材装饰性好，性能稳定，但经高温焙烧能耗大，产品破碎率高，因而造价高。

5.4.3　聚酯型人造大理石、人造花岗岩

聚酯型人造大理石、人造花岗岩是以不饱和聚酯树脂为粘结剂，以天然石碴和石粉为填料，加入适量的固化剂、稳定剂、颜料等，经磨制、固化成型、加工制成的人造石材，统称为聚酯型人造石。

1. 聚酯型人造石的性能与特点

聚酯型人造石与天然石材相比，表观密度小，强度高。其中，聚酯型人造大理石的物理力学性能如表 5-6 所示。

表 5-6　聚酯型人造大理石的物理力学性能

指标项目	抗压强度 /MPa	抗折强度 /MPa	表观密度 /(g/cm^3)	抗冲击韧性 /(J/cm^2)	表面硬度 (HRC)	吸水率 /%	表面光泽度 /光泽单位	线膨胀系数 /(10^{-3}/℃)
指标值	80～110	25～40	2100～2300	15 左右	50～60	＜0.1	60～90	2～3

聚酯型人造石的特点如下。

①装饰性好　聚酯型人造石的装饰图案、花纹、色彩可根据需要人为地控制，厂商可根据市场需求生产出各式各样的颜色及图案组合，这是天然石材所不能及的。另外，聚酯型人造石的仿真性好，其质感和装饰效果完全可以达到天然石材的质感和装饰效果。

②强度高，耐磨性好　聚酯型人造石的强度高，可以制成薄板（多数为 12 mm 厚），规格尺寸最大可达

1200 mm×300 mm。同时，硬度较高，耐磨性较好。

③耐腐蚀性、耐污染性好　由于聚酯型人造石采用不饱和聚酯树脂为胶凝材料，其具有良好的耐酸性、耐碱性和耐污染性。

④生产工艺简单，可加工性好　聚酯型人造石生产工艺及设备简单，可根据要求生产出各种形状、尺寸和光泽度的制品，且制品较天然石材更易于切割、钻孔。

⑤耐热性、耐酸性较差　不饱和聚酯树脂的耐热性较差，使用温度不宜过高。此外，树脂在大气中光、热、电的作用下会产生老化，使产品表面逐渐失去光泽，出现变暗、翘曲等质量问题，降低装饰效果，故聚酯型人造石一般应用于室内。

2. 聚酯型人造石的种类与用途

聚酯型人造石由于生产时采用的天然石料的种类、粒度和纯度不同，加入的颜料不同，以及加工工艺不同，所制成的人造石的花纹、图案、色彩和质感也不同，通常可以仿制成天然大理石、花岗岩或玛瑙石、玉石等的装饰效果，故制品被称为人造大理石、人造花岗岩和人造玛瑙石、人造玉石等。其中，人造玉石色泽透明，可惟妙惟肖地仿造出彩翠、紫晶、芙蓉石等名贵玉石产品效果，甚至可以达到以假乱真的程度。

人造大理石和人造花岗岩可用作室内墙面、柱面等处装饰，如壁画、建筑浮雕等，也可用于制作卫生器具，如浴缸、洗面盆、坐便器等。人造玛瑙石和人造玉石可用于制作工艺壁画、立体雕塑等各种工艺品。

5.4.4　微晶玻璃装饰板

微晶玻璃又称微晶石材，它是以石英砂、石灰石、萤石、工业废渣为原料，在助剂的作用下高温熔融形成微小的玻璃结晶体，再按要求高温晶化处理后磨制而成的仿石材料。微晶玻璃可以是晶莹剔透，类似无色水晶的外观，也可以是五彩斑斓的，经切割和表面加工后，可呈现出大理石或花岗岩的表面花纹，具有良好的装饰性。

微晶玻璃装饰板是应用受控晶化高新技术而得到的多晶体，其特点是结构密实、高强、耐磨、耐腐蚀，外观上纹理清晰、色泽鲜艳、无色差。微晶玻璃装饰板除了比天然石材具有更高的强度、耐腐蚀性外，还具有吸水率小（0～1%）、无放射性污染、颜色可调整、规格大小可控制等优点。微晶玻璃装饰板作为新型高档装饰材料，目前多用于墙面、地面、柱面、楼梯（踏步）等处装饰。（见图 5-13）

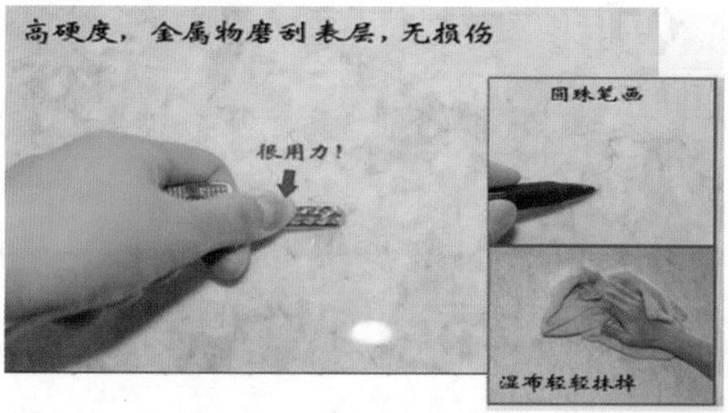

图 5-13　微晶玻璃装饰板

微晶玻璃除了可在建筑行业作为优良的装饰材料外，在机械、化工、航空等行业均有很好的应用前景，是发展智能建筑材料的主要方向之一。

课后思考与练习

想一想

在住宅装修施工过程中，天然大理石、天然花岗岩、人造石材都会用于哪些地方？试以图 5-14 所示的户型为例进行分析。

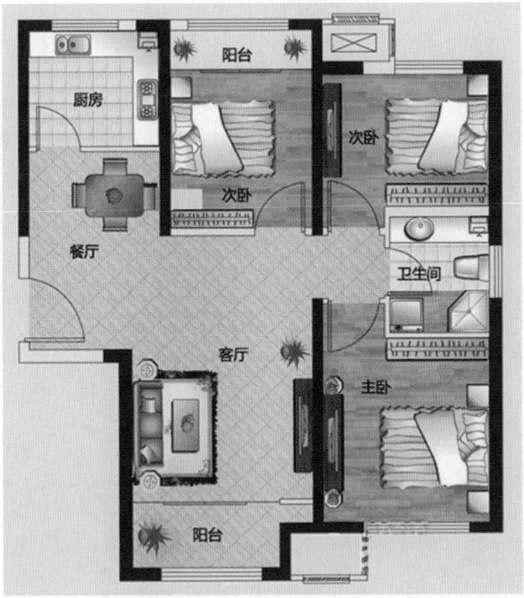

图 5-14 户型图

作 业

任务：完成建筑装饰石材调查表，如表 5-7 所示。

调查方式：综合运用电商购物平台等获取信息。

表 5-7 建筑装饰石材调查表

石料类型		品牌	规格	价格	产地	效果图
天然石材	天然石材 1					
	天然石材 2					
	天然石材 3					
	天然石材 4					
	天然石材 5					
人造石材	人造石材 1					
	人造石材 2					
	人造石材 3					
	人造石材 4					
	人造石材 5					

第六章

建筑装饰陶瓷

JIANZHU ZHUANGSHI TAOCI

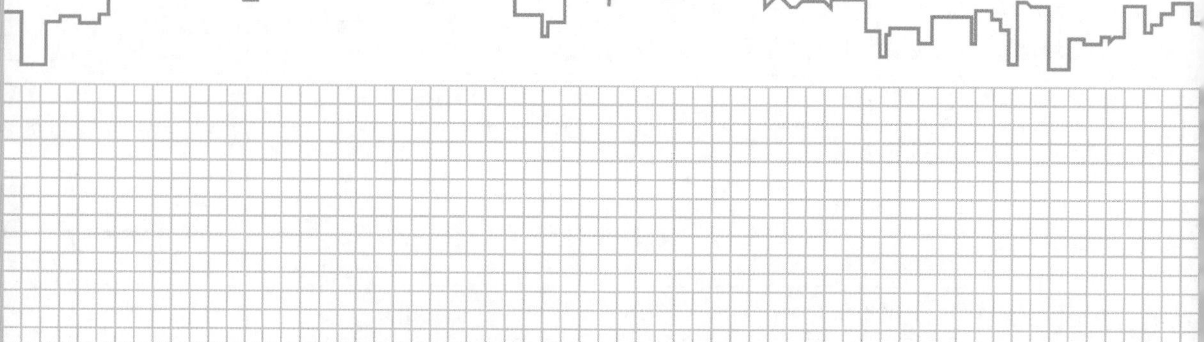

用于建筑工程的陶瓷制品，称为建筑陶瓷。建筑陶瓷包括墙地砖、陶瓷锦砖、釉面砖、洁具和琉璃瓦等，以成本低廉、施工简易、外形美观和容易清洁等特点，体现出建筑装饰设计所追求的“实用、经济、美观”的基本原则。

6.1 陶瓷的分类

陶瓷是陶器、瓷器和炻器的总称。从陶器、炻器到瓷器，其原料从粗到精，烧成温度由低到高，坯体结构由多孔到致密。陶瓷的类型、特点见表 6-1。

表 6-1 陶瓷的类型、特点

类　型	特　点	应用举例
陶质	多孔结构；吸水率大；断面粗糙无光；敲击声哑	卫生陶瓷
瓷质	结构致密；基本不吸水；色洁白；表面常施釉	日常餐茶具
炻质	性能界于前两者之间，也叫半瓷	化工瓷器

6.1.1 陶质制品(陶器)

陶器通常为多孔结构，吸水率较大，断面粗糙无光，不透明，敲之声音喑哑，有的无釉，有的施釉。陶质制品主要以陶土、沙土为原料，配以少量的瓷土或熟料等，经 1000 ℃左右的温度烧制而成。

陶质制品可分为粗陶和精陶两种。

1. 粗陶

粗陶坯料一般由一种或多种含杂质较多的黏土组成，有时还需要掺瘠性原料或熟料以减少收缩。建筑上使用的常见砖、瓦、陶管、盆、罐等都属此类。

2. 精陶

精陶是指坯体呈白色或象牙色的多孔性陶制品，其制品的选料要比粗陶精细，多以可塑性黏土、高岭土、长石、石英为原料。精陶的外表大多数都施釉，饰釉通常要经过素烧和釉烧两次烧成，其中素烧的温度在 1250～1280 ℃之间。精陶的吸水率一般在 9%～12%之间，最大不应超过 17%。通常建筑上所用的各种釉面内墙砖均属此类。

釉面砖生产工艺如图 6-1 所示。

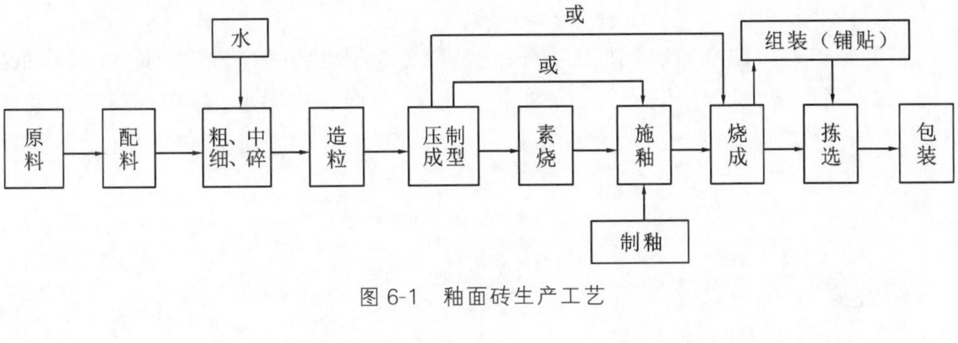

图 6-1 釉面砖生产工艺

6.1.2 瓷质制品（瓷器）

瓷质制品是以岩石粉（如瓷土粉、长石粉、石英粉等）为主要原料，经 1300～1400 ℃高温烧制而成。其结构致密，吸水率极小，色彩洁白，具有一定的半透明性，其表面施有釉层。瓷质制品按其原料的化学成分与加工工艺的不同，又分为粗瓷和细瓷两种。

6.1.3 炻器

炻器结构比陶质致密、略低于瓷质，一般吸水率较小，其坯体多数带有颜色而且呈半透明状。炻器按其坯体的致密性、均匀性以及粗糙程度分为粗炻器和细炻器两大类。建筑装饰上用的外墙砖、地砖以及耐酸化工陶瓷均属于粗炻器。日用炻器和工艺陈设品属于细炻器。中国的细炻器中不乏名品，享誉世界的江苏宜兴紫砂陶就是一种不施釉的有色细炻器。

6.1.4 各部位陶瓷砖的定义

常用的建筑装饰陶瓷制品有釉面内墙砖、陶瓷墙地砖、陶瓷锦砖和建筑琉璃制品等。各部位陶瓷砖的定义见表 6-2。

表 6-2 各部位陶瓷砖的定义

名 称	定 义
内墙砖	用于装饰与保护建筑物内墙的陶瓷砖
外墙砖	用于装饰与保护建筑物外墙的陶瓷砖
室内地砖	用于装饰与保护建筑物内部地面的陶瓷砖
室外地砖	用于装饰与保护建筑物外部地面的陶瓷砖
广场地砖	用于铺砌广场及道路的陶瓷砖
配件砖	用于铺砌建筑物墙脚、拐角等特殊装修部位的陶瓷砖

6.2 陶瓷的主要生产原料

陶瓷坯体的主要原料有可塑性原料（黏土原料，它是陶瓷坯体的主体）、瘠性原料（可降低黏土的塑性，减少坯体的收缩，防止高温烧成时坯体变形）、熔剂原料（能够降低烧成温度，有些石英颗粒及高岭土的分解产物能被其溶解，常用的熔剂原料有长石、滑石等）三大类。部分陶器表面会施釉，因此釉料也是陶瓷的主要生产原料之一。

6.2.1 可塑性原料——黏土

1. 黏土的定义

黏土是由天然岩石经过长期风化、沉积而成，是多种微细矿物的混合体。黏土的种类和性能好坏对陶瓷制品质量有着重要影响。

黏土赋予原料可塑性、结合性与稳定性，从而使坯料具有良好的成型性以及具有一定的干燥强度。黏土是形成陶器主体结构和炻器、陶器中晶体的主要来源，可使陶瓷具有高的耐急冷急热性、机械强度和其他优良性能。

2. 黏土的分类

①按地质构造分，黏土可分为残留黏土和沉积黏土。

②按构成黏土的主要矿物可分为高岭石类、水云母类、蒙脱石类、叶蜡石类和水铝英石类。

③按其耐火度不同，可分为耐火黏土(耐火度 1580 ℃以上)、难熔黏土(耐火度 1350～1358 ℃)和易熔黏土(耐火度 1350 ℃以下)。

④按习惯分类法，可分为高岭土、黏性土、瘠性黏土和页岩。

⑤按黏土杂质含量的高低、耐火度和可制作陶瓷的类别等，可将黏土分为瓷土、陶土、砖土和耐火黏土四类，其中陶土是制造建筑陶瓷的主要原料。

3. 黏土的工艺特性

1)可塑性

可塑性是指，黏土加适量水搅拌之后，在外力作用下能获得任意形状而不发生裂纹和破裂，在外力作用停止后，仍能保持该形状的特殊性能。利用黏土的可塑性，可将其塑造成各种形状和尺寸的坯体，而不发生裂纹或破损。可塑性是黏土制品所必须具备的一项关键性技术指标，黏土可塑性的优劣受很多原因的影响，但主要取决于黏土组成的矿物成分及含量，颗粒形状、细度与级配，以及拌和加水量的多少等因素。

2)收缩性

黏土在干燥过程中由于水分的减少，以及煅烧过程中的物理、化学变化都会产生收缩。黏土加水调和后，经过塑制成型获得坯体，坯体在干燥和焙烧过程中通常会产生体积收缩。这种体积收缩可分为干燥收缩(称为干缩)和焙烧收缩(称为烧缩)，其中干缩比烧缩大得多。收缩可用干燥收缩率、烧成收缩率和总收缩率来衡量。

3)烧结性

黏土的烧结程度随焙烧温度的升高而增加，温度越高，形成的熔融物越多、制品的强度越高、密实度越大、吸水率越小。当焙烧温度高至某一值时，黏土中未熔化颗粒间的空隙基本上被熔融物充满，即达到完全烧结，这时的温度称为烧结极限温度。此外，黏土的稀释性能、耐火度都会影响其工艺性质。

6.2.2 瘠性原料

瘠性原料主要包括石英、熟料和废砖粉。石英是自然界分布很广的矿物，其主要成分是 SiO_2。一般作为瘠性原料的有脉石英、石英岩、石英砂岩和硅砂四种。

6.2.3 熔剂原料

陶瓷熔剂原料的主要用途是降低坯、釉烧成温度，促进陶瓷制品的烧结。陶瓷工业中常用的天然矿物熔剂原料主要有长石、方解石、白云石、滑石等，萤石、硅灰石、透辉石等近年来也被广泛应用于建筑卫生陶瓷的配制中。为了与常规使用的长石等熔剂原料区别，常将萤石等熔剂原料称为特殊陶瓷熔剂原料。

6.2.4 釉料

1. 釉的组成和性质

釉是指附着于陶瓷坯体表面的连续玻璃质层。它与玻璃有很多相类似的物理与化学性质。釉具有均质玻璃体所具有的很多性质，如没有固定熔点而只有熔融范围、具有亮丽的光泽、透明感好等。

施釉的目的

对陶瓷施釉可提高陶瓷制品的力学强度和改善坯体的表面性能。通常疏松多孔的陶瓷坯体表面粗糙，即使坯体烧结后孔隙率接近于零，但由于它的玻璃相中含有晶体，因此坯体表面仍然粗糙无光，易于沾污和吸湿，影响美观、卫生及机械和电学性能。施釉后的制品在很多方面的性能都获得了很大的提高，其表面变得平整光滑、色泽亮丽，不吸湿、不透气。在釉下装饰工艺中，釉层能够有效保护画面，防止彩料中有毒元素溶出；作为装饰用产品，还能增加制品的装饰性，掩盖坯体的不良颜色和某些缺陷。

釉料应当具备以下性质：

①釉层质地必须较为坚硬，使之不易磕碰或磨损。

②釉料的组成要选择适当，使釉层不易发生破裂或剥离的现象。

③釉料必须在坯体的烧成温度下成熟。为了让釉在坯体上铺展顺利，要求釉的成熟温度接近并略低于坯体的烧成温度。

④釉料在高温熔化后，要具有适当的黏度和表面张力，以在冷却后能形成优质的釉面。

2. 釉的分类

釉按化学组成可分为以下几种：

①长石釉、石灰釉　长石釉、石灰釉是使用最广泛的两种釉料。它们具有强度高、透光性好、与坯体结合良好的特点。

②滑石釉　滑石釉与上述两釉的区别是，在原有基础上加入了滑石粉。

③混合釉　混合釉是在传统的釉料中加入多种助熔剂组成的釉料。现代釉料的发展，均趋向于多熔剂的组成。根据各种熔剂的不同特性进行配制，可以获得很多单一溶剂无法达到的良好效果。

④食盐釉　当制品焙烧至接近止火温度时，把食盐投入燃烧室中，在高温和烟气中水蒸气的作用下，被分解的食盐以气体状态均匀地分布在窑内，并作用于以黏土制作的坯体表面，形成一种薄薄的玻璃质层。食盐釉的特点是釉层厚度比喷涂的釉层要小很多，仅 0.0025 mm 左右，但与坯体结合良好，并且坚固结实、不易脱落和开裂，还具有热稳定性好、耐酸性强的优点。

⑤土釉、铅釉、硼釉、铅硼釉等。

釉按照烧成温度可分为易熔釉(1100 ℃以下)、中温釉(1100～1250 ℃)和高温釉(1250 ℃以上)；釉按照制备方法分类可分为生料釉、熔块釉；釉按照外表特征分类可分为光亮釉、乳浊釉、砂金釉、碎纹釉、珠光釉、花釉、流动釉、有色釉、透明釉、无光釉、结晶釉等。

6.3 陶瓷表面装饰

陶瓷的表面装饰能够大大提高制品的外观效果，同时很多装饰手段对制品也有保护的作用，从而有效地把产品的实用性和艺术性有机地结合起来。陶瓷制品的装饰方法有很多种，较为常见的是施釉、彩绘和用贵金属装饰。

6.3.1 施釉

施釉是对陶瓷制品进行表面装饰的主要方法之一，也是最常用的方法。烧结的坯体表面一般粗糙无光，多孔结构的陶坯更是如此，这不仅影响产品装饰性和力学性能，而且这样的产品也容易被沾污和吸湿。对坯体表面采用施釉工艺之后，其产品表面会变得平滑光亮、不吸水、不透气，并能够大大地提高产品的机械强度和装饰效果。（见图 6-2）

陶瓷制品的表面釉层又称瓷釉，是指附着于陶瓷坯体表面的连续的玻璃质层。它是将釉料喷涂于坯体表面，经高温焙烧后产生的。在高温焙烧时釉料能与坯体表面之间发生相互反应，熔融后形成玻璃质层。使用不同的釉料，会产生不同颜色和装饰效果。

图 6-2 施釉后的陶瓷

6.3.2 彩绘

彩绘在建筑装饰中使用广泛，如图 6-3 所示；用在陶瓷装饰上也能获得较好的装饰效果。陶瓷彩绘可分为釉下彩绘和釉上彩绘两种。

图 6-3 建筑彩绘

1. 釉下彩绘

釉下彩绘是在生坯上进行彩绘，然后喷涂上一层透明釉料，再经釉烧而成。釉下彩绘的特征在于彩绘画面是在釉层以下，受到釉层的保护，从而不易被磨损，使得画面效果能得到较长时间的保持。釉下彩绘常常采用手工绘制，生产效率低，价格昂贵，所以应用不太广泛。

2. 釉上彩绘

釉上彩绘是在已经釉烧的陶瓷釉面上，使用低温材料进行彩绘，再在 600～900 ℃的温度下经彩烧而成。由于釉上彩的彩烧温度低，陶瓷颜料的选择性大大提高，可以使用很多釉下彩绘不能使用的原料，这使彩绘色调十分丰富、绚烂多彩。

6.3.3 贵金属装饰

高级贵重的陶瓷制品，常常采用金、铂、钯、银等贵金属对陶瓷进行装饰加工，这种陶瓷表面装饰方法被称为贵金属装饰。其中最为常见的是以黄金为原料进行表面装饰，如加金边、图画描金装饰等。贵金属装饰的瓷器，成本高昂，做工精细，制品雍容华贵、光泽闪闪动人，常常作为高档的室内陈设用品，营造室内高雅华贵的空间氛围。

6.4 釉面内墙砖

6.4.1 釉面内墙砖的定义和分类

釉面内墙砖(见图 6-4)是用于建筑物内墙面装饰的薄板精陶制品，又称内墙面砖。它表面施釉，制品经烧成后表面平滑、光亮，颜色丰富多彩，图案多样，是一种高级内墙装饰材料。釉面内墙砖除装饰功能外，还具有防水、耐火、抗腐蚀、热稳定性良好、易清洗等特点。

图 6-4 釉面内墙砖

釉面内墙砖的种类和特点如表 6-3 所示。

表 6-3 釉面内墙砖的种类和特点

种类		代号	特点说明
白色釉面砖		FJ	色纯白，釉面光亮，清洁大方
彩色釉面砖	有光彩色釉面砖	YG	釉面光亮晶莹，色彩丰富雅致
	无光彩色釉面砖	SHG	釉面无光，不晃眼，色泽一致、柔和
装饰釉面砖	花釉砖	HY	在同一砖上施以多种彩釉，经高温烧成，色釉互相渗透，花纹千姿百态，有良好的装饰效果
	结晶釉砖	JJ	晶花辉映，纹理多姿
	斑纹釉砖	BW	斑纹釉面，丰富多彩
	大理石釉砖	LSH	具有天然大理石花纹，颜色丰富，美观大方
图案砖	白地图案砖	BT	在白色釉面砖上装饰各种图案，经高温烧成。纹样清晰，色彩明朗，清洁优美
	色地图案砖	YGT、SHGT	在有光(YG)或无光(SHG)彩色釉面砖上装饰各种图案，经高温烧成。产生浮雕、缎光、绒毛、彩漆等效果，可做内墙饰面
瓷砖画		D-YGT	以各种釉面砖拼成各种瓷砖画，或根据已有画稿烧制成釉面砖，拼装成各种瓷砖画，清洁优美，永不褪色
色釉陶瓷字砖		GSGT	以各种色釉、瓷土烧制而成，色彩丰富，光亮美观，永不褪色

釉面内墙砖按釉面颜色分为单色(含白色)、花色和图案砖;按形状分为正方形、长方形和异形配件砖。异形配件砖(见图 6-5)有阴角、阳角、压顶条、腰线砖、阴三角、阳三角、阴角座、阳角座等,起配合建筑物内墙阴、阳角等处镶贴釉面砖的作用。

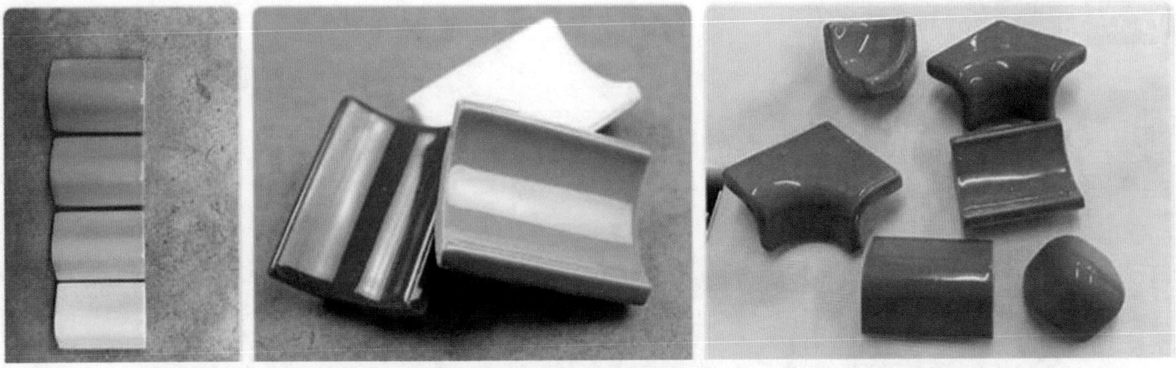

图 6-5 异形配件砖

6.4.2 釉面内墙砖的物理力学性质

1. 吸水率

釉面内墙砖的吸水率较大,但不应大于 21%。

2. 釉面抗化学腐蚀性能

釉面抗化学腐蚀,需要时应由釉面内墙砖供需双方商定级别。

3. 弯曲强度

釉面内墙砖的弯曲强度平均值不小于 16 MPa。当厚度大于或等于 7.5 mm 时,弯曲强度平均值不小于 13 MPa。

4. 抗龟裂性能

釉面内墙砖均应经抗龟裂性能试验,釉面无裂纹。

5. 耐急冷急热性能

釉面内墙砖均应经急冷急热性能试验,釉面无裂纹。

6.4.3 釉面内墙砖的应用

釉面内墙砖耐污性好,便于清洗,美观,耐久性好,常被用在对卫生要求较高的室内环境中,如厨房、卫生间、实验室、精密仪器车间及医院等处。由于釉面砖的花色品种很多、装饰性较好和易清洗的特点,现在一些室内台面、墙面的装饰也会使用一些花色品种好的高档釉面砖。

釉面砖不能用于室外

釉面砖为多孔坯体,吸水率较大,会产生湿胀现象,而其表面釉层的吸水率和湿胀性又很小,再加上冻胀现象的影响,会在坯体和釉层之间产生应力。当坯体内产生的胀应力超过釉层本身的抗拉强度时,釉层就会开裂或脱落,严重影响饰面效果。因此,釉面砖不能用在室外。

6.5 陶瓷墙地砖

陶瓷墙地砖(见图 6-6)是外墙面砖和地面砖的统称。陶瓷墙地砖属炻质或瓷质陶瓷制品,是以优质陶土为主要原料,加入其他辅助材料配成生料,经半干压后在温度为 1100 ℃左右的环境中焙烧而成的。

图 6-6 陶瓷墙地砖

6.5.1 陶瓷墙地砖的种类划分

1.按配料和制作工艺分类

陶瓷墙地砖通过改变配料和制作工艺,可制成平面、麻面、毛面、磨光面、金属光泽釉面、抛光面、玻化瓷质面、纹点面、压花浮雕表面、仿大理石表面、仿花岗石表面、防滑面,以及丝网印刷、套花、渗花等许多不同面层的品种。其中抛光砖以其光洁华美的质感和优良的物理化学性能占据了广泛的市场,也成为发展最快的一种陶瓷墙地砖。

2.按表面装饰分类

陶瓷墙地砖按其表面是否施釉分为无釉墙地砖和彩釉砖。陶瓷墙地砖颜色众多。对于一次烧成的无釉墙地砖,通常是利用其原料中含有的天然矿物(如赤铁矿)等进行自然着色,也可在泥料中加入各种金属氧化物进行人工着色,如米黄色、紫红色等。对于彩釉砖,则是通过添加各种不同的色釉进行着色处理。

3.按所使用位置分类

按所使用位置分类,可分为外墙面砖、通用墙地砖、线角砖、地面砖等。

6.5.2 陶瓷墙地砖的规格尺寸

陶瓷墙地砖主要是正方形和长方形的,其厚度以满足使用强度要求为原则,由生产厂商自定(通常为 8～10 mm)。从普遍情况看,地面用砖尺寸要比墙面用砖尺寸略大。

6.6 陶瓷锦砖(马赛克)

陶瓷锦砖俗称马赛克,是以优质瓷土烧制成的、长边小于 50 mm 的小块瓷砖。陶瓷锦砖属瓷质或细炻质制品，按尺寸允许偏差和外观质量可分为优等品和合格品两个等级。陶瓷锦砖特点与应用如表 6-4 所示。

表 6-4 陶瓷锦砖特点与应用

常见陶瓷制品	特 点	应 用
陶瓷锦砖(俗称马赛克)	采用优质瓷土烧制而成，具有多种色彩且色泽明净； 抗压强度大，耐腐蚀，耐磨，耐水、耐火、抗冻，不吸水，不滑，易清洗；坚固耐用、价格低	室内外墙面装饰； 餐厅、厨房的地面铺装

陶瓷锦砖按尺寸允许偏差和外观质量可分为优等品和合格品两个等级。陶瓷锦砖具有美观、不吸水、防滑、耐磨、耐酸、耐火以及抗冻性好等性能。陶瓷锦砖由于块小，不易踩碎，因此可用于室内地面装饰，如厨房、卫生间等环境的地面工程。陶瓷锦砖也可用于内、外墙饰面，并可镶拼成有较高艺术价值的陶瓷壁画，提高其装饰效果并增强建筑物的耐久性。常见陶瓷锦砖拼花图案如图 6-7 所示。

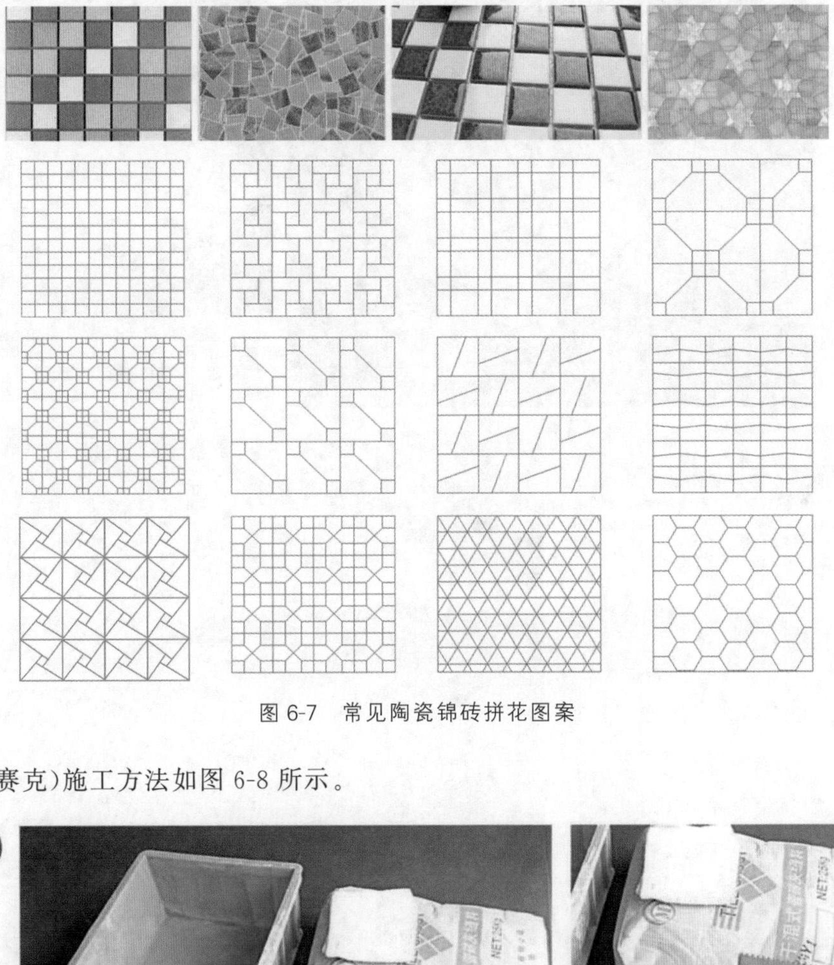

图 6-7 常见陶瓷锦砖拼花图案

陶瓷锦砖(马赛克)施工方法如图 6-8 所示。

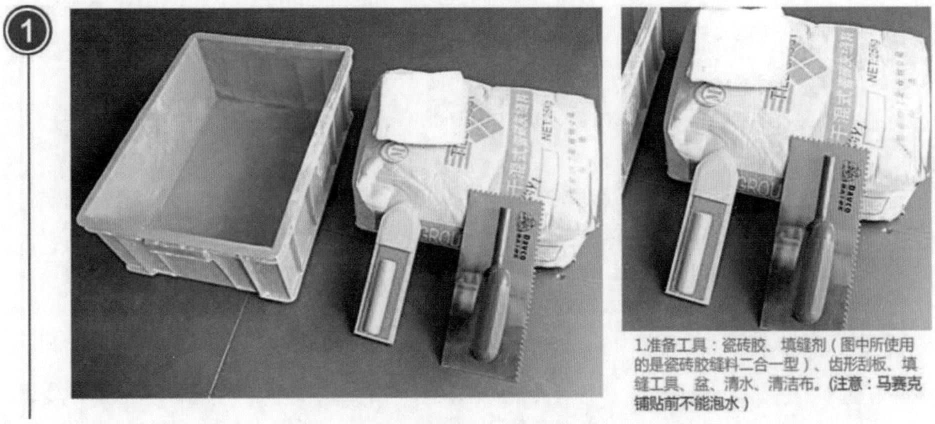

1
1.准备工具：瓷砖胶、填缝剂（图中所使用的是瓷砖胶缝料二合一型）、齿形刮板、填缝工具、盆、清水、清洁布。(注意：马赛克铺贴前不能泡水）

图 6-8 陶瓷锦砖(马赛克)施工方法

2

2.检查材料：注意一下产品的包装、型号、面积、颜色等数据 .首先量出马赛克的所需用量，然后再按 建筑的情况，而裁剪出所需的片数和形状。 **（马赛克是可以裁剪的）**

3

3.搅和瓷砖胶：先计算所需要铺贴的面积，再计算所要用瓷砖胶的用量。根据工程具体情况而用量有所不同。**(基面越平整，浆料用量越少）**

4

4.打基础：墙面的基础批荡是很重要的，**用齿形刮板将瓷砖胶或白水泥在墙壁上批荡至平整**，打好基地，并且保证温度介于5摄氏度到39摄氏度之间。荡平后的墙面必须是平滑及同一颜色的。**（注意：镜面系列和电镀系列不能使用水泥）**

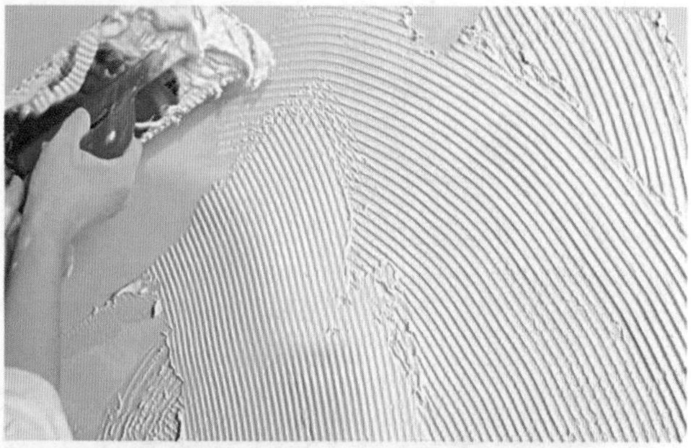

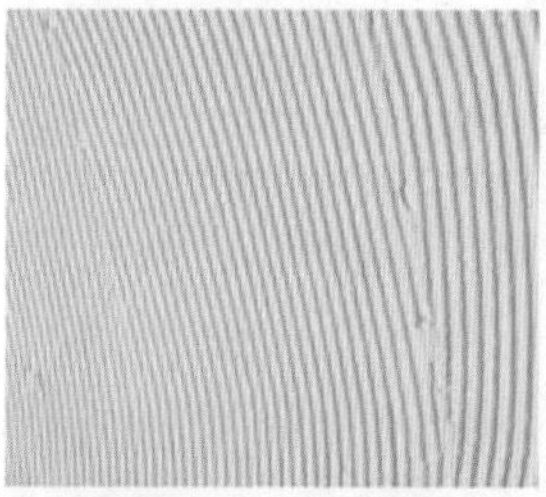

5

5.铺贴：如果马赛克都是用网贴底的，可以直接地应用于已涂有瓷砖胶的墙面上或地面上，将马赛克整齐地铺贴。（注意：片与片的间隙一定要一致对齐。）

续图 6-8

6

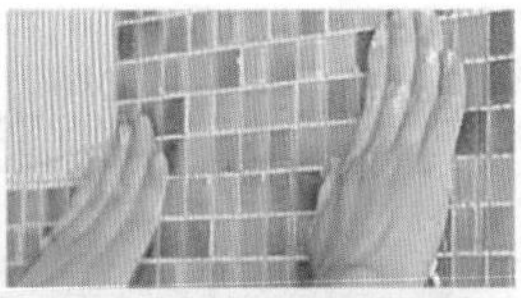

6.确保间距一致:**马赛克与马赛克 的间隙必须确定为统一间距**。这是在铺贴马赛克过程中最考验耐心的一个过程，但却是铺贴工作最重要的环节。铺贴不好可能影响整体效果。

7

7.加固：贴完马赛克之后，都要用**填缝工具揉压牢固**，保证每处都均匀地压实并与胶合剂充分结合。每张马赛克铺贴后必须等待其表面干燥稳固才能进行下一步骤。

8

8.搅和填缝剂：先计算所需要铺贴的面积，再计算所需填缝剂的用量。将填缝剂慢慢倒入水中并**细心搅拌至均匀无沙**。

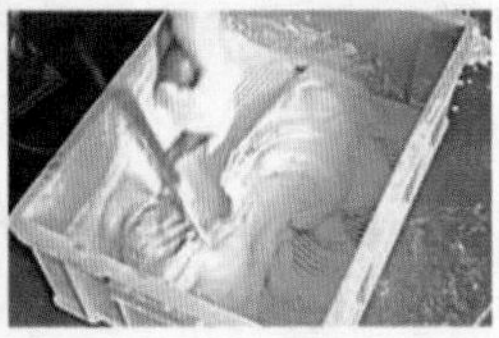

9

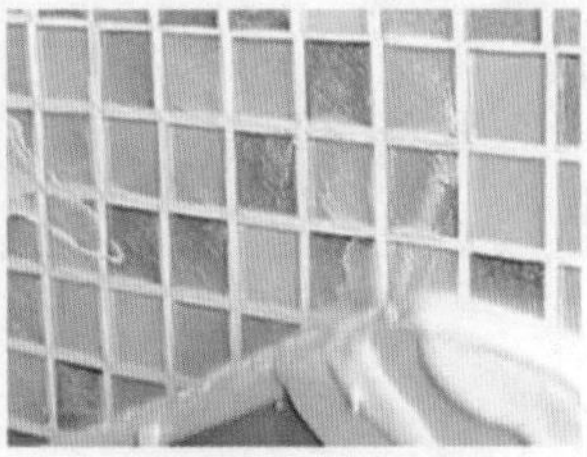

9.填缝：用填缝工具将填缝剂批在马赛克上，均匀涂于马赛克表面，填缝工具要对角移动，先由下到上，再由上至下，**确保所有的缝隙能够完全填满并且没有多余的残留**。马赛克缝隙没有填满很容易积聚尘埃，带来日后清洁困难。（提示：接缝的最终凝结时间为28天后,所以在此期间请避免使用易脏物）

续图 6-8

10
10.清洁：在填缝剂干透之前，大约1小时（所需时间仅供参考，具体时间根据当日温度计算）开始清洁马赛克表面 。 准备一桶干净水，用毛巾或柔软物擦掉马赛克表面的多余的填缝剂。最后，再一次用毛巾擦表面直至干净为止。
11
11.日常保洁：可以用清水擦拭马赛克作为日常普通保洁。如果在一定情况下遇到顽固污渍可用石材清洁剂,但请注意清洁过后必须及时用大量清水进行清洗。

续图 6-8

各种陶瓷面砖的相互比较如表 6-5 所示。

表 6-5　各种陶瓷面砖的相互比较

比 较 内 容	内墙砖	外墙砖	地砖	陶瓷锦砖
陶瓷类别	陶质	炻质	炻质	瓷质
砖体厚度/mm	5～7	8～10	8～12	3～4.5
一般吸水率/%	20	1～8	1～6	0.2
抗弯强度/MPa	不小于 17	不小于 24.5	一般大于 30	—
其他受力	较小	较强	强	强
抗冻性能	不抗冻	抗冻	抗冻	抗冻

6.7　建筑琉璃制品

建筑琉璃制品是一种具有中华民族文化特色和风格的传统建筑材料，以难熔黏土为原料，经配料、成型、干燥、素烧、表面涂以琉璃釉料后，再经烧制而成。琉璃制品属于精陶瓷制品，其特点是质地致密、表面

光滑、不易脏污，坚实耐久，色彩绚丽，造型古朴。常用颜色有金黄、翠绿、宝蓝、青、黑、紫色。（见图 6-9）

图 6-9　琉璃屋顶

琉璃制品表面光滑、色彩绚丽、造型古朴、坚实耐用，富有民族特色，可分为三类：瓦类（板瓦、筒瓦、沟头瓦）、脊类和饰件类（博古、兽等）。其彩釉不易剥落，装饰耐久性好，比瓷质饰面材料容易加工，且花色品种很多，主要用于具有民族特色的宫殿式建筑以及少数纪念性建筑物上，此外还用于建造园林的亭、台、楼阁、围墙等。

琉璃瓦是我国仿古建筑常用的一种高级屋面琉璃制品材料，如图 6-10 所示。

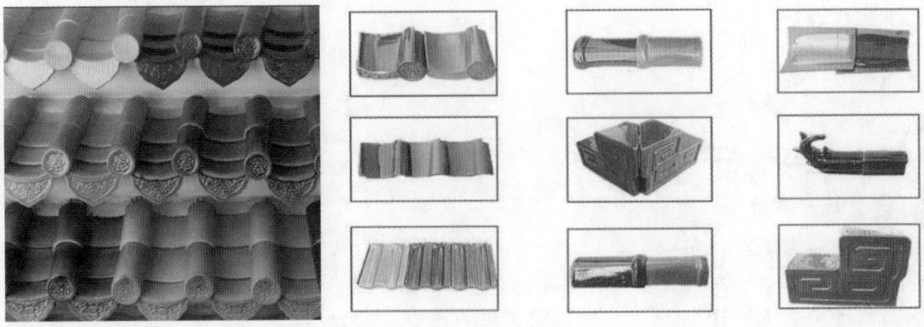

图 6-10　琉璃瓦

6.8 劈离砖

劈离砖（见图 6-11）是一种炻质墙地通用饰面砖，以软质黏土、页岩、耐火土和熟料为主要原料，再加入色料等，经配料、混合细碎、脱水练泥、真空挤压成型、干燥、高温焙烧而成。由于其成型时为双砖背连坯体，烧成后再劈裂成两块砖，故称为劈离砖。

劈离砖的主要规格有 240 mm×52 mm×11 mm、240 mm×115 mm×11 mm、194 mm×94 mm×11 mm、190 mm×190 mm×13 mm、240 mm×115 mm×13 mm、194 mm×94 mm×13 mm 等。劈离砖烧成阶段的坯体总表面积仅为成品坯体总表面积的一半，大大增加了窑内放置坯体的数量，提高了生产效率。与传统方法生产的墙地砖相比，它具有强度高、耐酸碱性强等优点。劈离砖的生产工艺简单，效率高，原料来源广泛，节能经济，且装饰效果优良，适用于各类建筑物外墙装饰，也适合用作楼堂馆所、车站、餐厅等处室内地面铺设。较厚的劈离砖适合在广场、公园、停车场、走廊、人行道等露天地面铺设，也可作为游泳池、浴池池底和池沿的贴面材料。

图 6-11 劈离砖

6.9 玻化砖

图 6-12 玻化砖

玻化砖(见图 6-12)也称为瓷质玻化砖、瓷质彩胎砖,是在 1230 ℃以上的高温下,使砖坯料中的熔融成分呈玻璃态,具有玻璃般亮丽质感的一种新型高级铺地砖。玻化砖的表面有平面、浮雕两种,又有无光与磨光、抛光之分。

玻化砖的主要规格有边长 200 mm、300 mm、400 mm、500 mm、600 mm 等的正方形砖和部分长方形砖,最小尺寸为 95 mm×95 mm,最大尺寸为 600 mm×900 mm,厚度为 8～10 mm。色彩多为浅色的红、黄、蓝、灰、绿、棕等基础色,柔和莹润,纹理细腻,质朴高雅。玻化砖的吸水率小于 1%,抗折强度大于 27 MPa,具有耐腐蚀、耐酸碱、耐冷热、抗冻等特性,广泛地用于各类建筑的地面及外墙装饰,是适用于多种位置的优质墙地砖。

6.10 陶瓷麻面砖

陶瓷麻面砖(见图 6-13)的表面酷似人工修凿过的天然岩石,它表面粗糙,纹理质朴自然,有白、黄等多种颜色。它的抗折强度大于 20 MPa,抗压强度大于 250 MPa,吸水率小于 1%,防滑性能良好,坚硬耐磨。薄型砖适用于外墙饰面,厚型砖适用于广场、停车场、人行道等地面铺设。

图 6-13 陶瓷麻面砖

6.11 陶瓷壁画、壁雕

陶瓷壁画、壁雕，是以凹凸的粗细线条、变幻的造型、丰富的色调，表现出浮雕式样的瓷砖，如图 6-14 所示。陶瓷壁画、壁雕可用于宾馆、会议厅等公共场合的墙壁装饰，也可用于公园、广场、庭院等室外环境的墙壁装饰。

图 6-14 陶瓷壁画、壁雕

同一样式的壁画、壁雕砖可批量生产，使用时与配套的平板墙面组合拼贴，在光线的照射下，形成浮雕图案效果。当然，使用前应根据整体的艺术设计，选用合适的壁画、壁雕砖和平板陶瓷砖，进行合理的拼装和排列，来体现原有的艺术构思。

由于壁画、壁雕砖铺贴时需要按编号粘贴瓷砖，才能形成一幅完整的壁画，因此要求粘贴必须严密、均匀一致。每块壁画、壁雕砖在制作、运输、储存各个环节均不得损坏，否则造成画面缺损，将很难补救。

6.12 金属釉面砖

金属釉面砖（见图 6-15）是运用金属釉料等特种原料烧制而成的，是当今国内市场的领先产品。金属釉面砖具有光泽耐久、质地坚韧、网纹淳朴等优点，能赋予墙面装饰动态的美，还具有良好的热稳定性、耐酸碱性，易于清洁，装饰效果好。

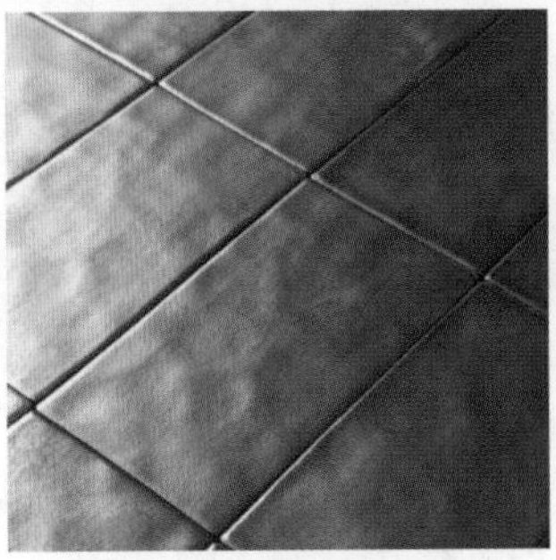

图 6-15 金属釉面砖

金属釉面砖是采用钛的化合物，以真空离子溅射法使釉面砖表面呈现金黄、银白、蓝、黑等多种色彩，光泽灿烂辉煌，给人以坚固豪华的感觉。这种砖耐腐蚀，抗风化能力强，耐久性好，适用于高级宾馆、饭店以及酒吧、咖啡厅等娱乐场所的墙面、柱面、门面的铺贴。

6.13 黑瓷钒钛装饰板

黑瓷钒钛装饰板（见图 6-16）是以稀土矿物为原料研制成功的一种高档墙地饰面板材。黑瓷钒钛装饰板是一种仿黑色花岗岩板材，具有比黑色花岗岩更黑、更硬、更亮的特点，其硬度、抗压强度、抗弯强度、吸水率均好于天然花岗岩，同时又弥补了天然花岗岩由于黑云母脱落造成的表面凹坑的缺憾。黑瓷钒钛装饰板规格有 400 mm×400 mm 和 500 mm×500 mm，厚度为 8 mm，适用于宾馆、饭店等大型建筑物的内、外墙面和地面装饰，也可用

图 6-16 黑瓷钒钛装饰板

作台面、铭牌等。

6.14 仿古砖

仿古砖本质上是一种釉面装饰砖。其表面一般采用亚光釉或无光釉，产品不磨边，砖面采用凹凸模具。仿古砖的生产流程与普通釉面砖相似，只是在施釉线上增加了一些设备。它适用于各类公共建筑室内外地面和墙面及现代住宅的室内地面和墙面的装饰。（见图 6-17）

图 6-17　仿古砖

6.15 陶瓷卫生器具

卫生器具是现代建筑中不可缺少的组成部分。常用的卫生器具主要为陶瓷材料的，也有采用其他材质的。

陶瓷卫生器具是以石英粉、长石粉、黏土等为主要原料，经过粉碎、研磨、烧结等工序制成的。陶瓷卫生器具具有色泽柔和、质地洁白、结构致密、吸水率小、强度较大、热稳定性好、耐酸腐蚀（氢氟酸除外）等特点，是传统的卫生器具，也是目前用量最大的卫生器具种类之一。陶瓷卫生器具按结构和用途分为陶瓷大便器、陶瓷小便器、陶瓷洗面盆等。

6.15.1 陶瓷大便器

陶瓷大便器分为坐式（见图 6-18）和蹲式两种。陶瓷大便器按冲刷排污方式又可分为冲落式和虹吸式两大类。冲落式陶瓷大便器在冲洗时噪声大，存水面小而浅，污物不易冲刷干净而产生臭气，卫生条件差，但构造简单，价格便宜，一般用于卫生要求不高的场所。虹吸式陶瓷大便器的排污能力强，存水面积大，噪声较小，尤其是近年来发展的喷射虹吸式和旋涡虹吸式两种陶瓷大便器噪声更低、更节水，进一步提高了排污能力和卫生条件。

6.15.2 陶瓷小便器

陶瓷小便器分为立式和挂式两种。挂式陶瓷小便器可配有自动冲洗装置，当人离开小便器后，定时定量冲水。按排污方式不同，陶瓷小便器又分墙排式和地排式，如图 6-19 所示。

6.15.3 陶瓷洗面盆

陶瓷洗面盆(见图 6-20)按造型形状有长方形、椭圆形等；按其基本结构和形式分为托架式洗面盆、壁挂式洗面盆、立柱式洗面盆、台式洗面盆等。

图 6-18 陶瓷坐式大便器

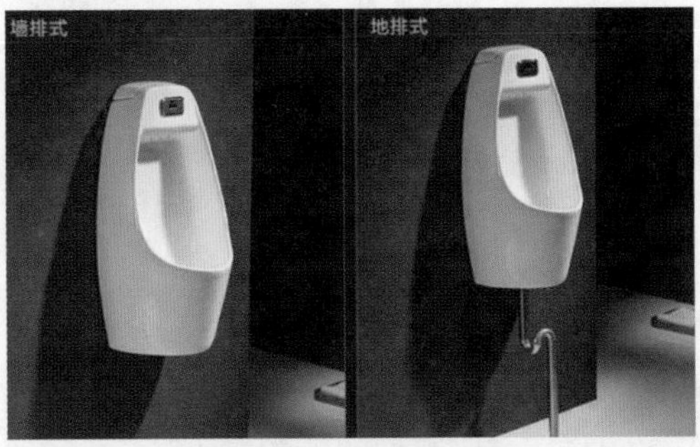

图 6-19 陶瓷小便器

图 6-20 陶瓷洗面盆

其他种类的卫生器具

1. 人造大理石卫生器具

人造大理石卫生器具质量轻、强度高、耐腐蚀、美观大方，其产品主要有人造大理石浴盆、人造大理石便器(坐便器、小便器等)、人造大理石面盆(台式、立式、挂式、梳妆式等)及人造大理石的肥皂盒、毛巾架等。(见图 6-21)

2. 人造玛瑙石卫生器具

人造玛瑙石卫生器具是以不饱和聚酯树脂为胶黏剂，以天然矿物为主要原料加工而制成的。人造玛瑙石卫生器具性能良好，并且光泽晶莹、质地如玉、花色繁多、美观大方，用作宾馆、饭店、住宅等卫生间的卫生设施，给人以优雅、舒适之感。主要产品有人造玛瑙石浴缸、人造玛瑙石面盆(见图 6-22)、人造玛瑙石坐便器等。

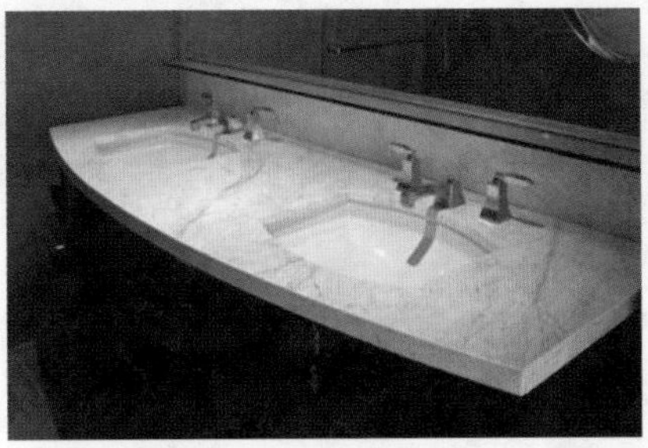

图 6-21 人造大理石面盆

图 6-22 人造玛瑙石面盆

3. 塑料卫生器具

塑料卫生器具是以各种塑料为主要原料,采用注塑、模压等成型工艺方法制成的。塑料卫生器具外形美观、表面平滑,具有耐刷洗、耐腐蚀等特点,其产品主要有塑料浴盆、塑料坐便器、塑料水箱等。

4. 玻璃钢卫生器具

玻璃钢卫生器具(见图 6-23)是以不饱和树脂为胶黏剂,以玻璃纤维及其织物为增强材料,采用手糊、喷射和模压成型方法而制成的。玻璃钢卫生器具产品主要有玻璃钢浴缸、玻璃钢便器、玻璃钢面盆、玻璃钢盒子卫生间(见图 6-24,包括整体式盒子卫生间、半壳式卫生间、组合式卫生间)等,适用于各类建筑的卫生间,也可用于车、船等的卫生间。

图 6-23 玻璃钢卫生器具

图 6-24 玻璃钢盒子卫生间

5. 铸铁搪瓷浴缸

铸铁搪瓷浴缸(见图 6-25)是将铸铁高温熔化后浇注制成坯体,然后在内表面涂裹优质瓷釉,经烧制而成的一种卫生器具。其特点是易清洗、寿命长、噪声小、瓷面光洁、色彩优雅、外形美观华丽,适合用作宾馆、饭店、民用住宅等的卫生配套设施。

图 6-25 铸铁搪瓷浴缸

图 6-26 钢板搪瓷浴缸

6. 钢板搪瓷浴缸

钢板搪瓷浴缸(见图 6-26)是以整张钢板一次拉伸模压制成坯体,然后在内表面涂裹优质瓷釉,经烧制而成的一种卫生器具。钢板搪瓷浴缸具有质量轻、强度高、耐冲击、耐磨、不易沾污、易清洁、安装方便等特点,并且瓷面光洁明亮,瓷质坚硬细腻,适用作宾馆、饭店、民用住宅等的卫生配套设施。

如何选购卫生器具

在具体选择购买洁具时应把产品的功能特点放在首位，了解高档洁具应具备的特点，即：排污彻底，冲刷面积大，噪声小，节水，表面性能优，吸水率低。

1. 便器类

首先，应该根据实际需求选购，比如是连体便器还是分体便器，加长型便器还是普通型便器；其次，应确认自己卫生间便器的排水位置，是下排入地还是横排入墙。其中：①当确认需要的是下排水便器时，一定要明确墙距（地面（便器）下水中心线距完成墙面的距离）的概念；②当确认需要的是横排水便器时，一定要明确地距（便器后排水口中心线距完成地面的距离）的概念。在选择好便器后，要将与其配套使用的水箱进水管及角阀一同配套购买。

2. 面盆类

1）面盆本体的购买

首先，应该根据自家卫生间面积的实际情况来选择面盆的规格和款式。如果面积较小，一般应该选择柱盆，因为在小面积的卫生间中使用柱盆可以增强卫生间的通气感；如果面积较大，则应该选择台盆，因为台盆可增强档次感，使用体验也更佳。其次，由于洁具产品的生产设计往往是系列化的，因此在选择面盆时一定要与已经选择了的便器归属在同样的系列，可以体现产品的档次和装修的特色。

2）面盆龙头的购买

龙头是面盆系列装修的亮点所在，而且经常被使用，在整个使用过程中会带给人直接的感受。龙头的购买一般应根据个人爱好、消费能力、成本要求等因素而定，原则上应该与已经选择的面盆在规格、款式、档次上相协调，这样方能体现出一种和谐的美感和品位。另外，在选择龙头时千万不要忘记对龙头阀芯的要求，这是龙头中的关键部位。

3）相关零配件的购买

（1）面盆下水返水弯：用于处理面盆下水和隔离异味的装置。在购买该产品时一定要注意分清楚自己的下水返水弯是入地返弯（S弯）还是入墙返弯（P弯）。

（2）面盆龙头上水管及角阀：其作用与水箱进水管及角阀的作用一样。

3. 浴缸类

1）浴缸本体的购买

浴缸一般包括有裙浴缸和无裙浴缸两大类。在购买无裙浴缸时要注意产品的具体规格；在购买有裙浴缸时则应该注意浴缸左右裙边的方向，也就是浴缸地面下水口的位置。当人面对安装浴缸临靠的墙面时，如果浴缸地面下水口在人的左侧，需要购买的有裙浴缸即为左裙，反之则为右裙。

2）浴缸龙头的购买

浴缸龙头的选择首先直接受已经选择的面盆龙头的影响，主要是在型号系列上。因为龙头产品一般是按系列生产的，不同的系列具有不同的风格。其次，浴缸龙头又有挂墙式和入墙式两种。

3）浴缸的配件的购买

与便器、面盆配件一样，不同的浴缸需要不同型号的配件装置，其作用不容忽略。

4. 淋浴设施类

1）淋浴房及盆的购买

淋浴房系列产品规格较多，莲蓬头主要分为方形和圆形两种。在购买过程中需要根据自家卫生间的实际情况和个人消费爱好等因素选择。

2）淋浴龙头的购买

淋浴龙头与浴缸龙头一样，在购买时主要注意其与其他相关产品的配套和谐，以此提高整体效果。

课后思考与练习

想一想

在住宅装修施工过程中，釉面砖、马赛克、玻化砖、劈离砖、卫生器具都会用于哪些地方？试以图 6-27 所示的户型为例进行分析。

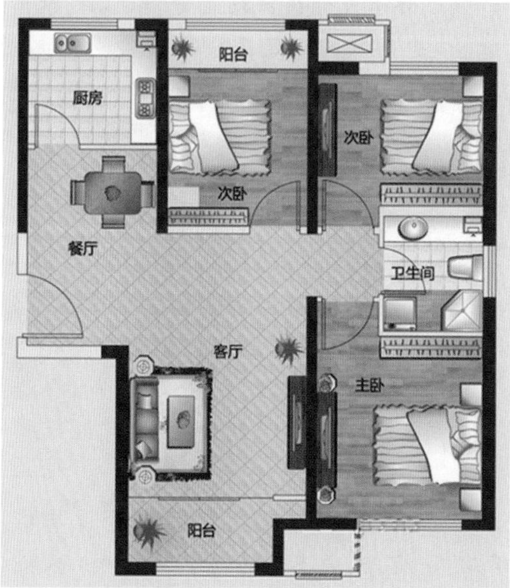

图 6-27 户型图

作 业

任务：完成建筑装饰陶瓷调查表，如表 6-6 所示。

调查方式：综合运用电商购物平台等获取信息。

表 6-6 建筑装饰陶瓷调查表

陶瓷类型			品牌	规格	价格	产地	效果图
瓷砖	瓷砖 1						
	瓷砖 2						
马赛克	马赛克 1						
	马赛克 2						
卫生器具	马桶	马桶 1					
		马桶 2					
	蹲便器	蹲便器 1					
		蹲便器 2					
	浴缸	浴缸 1					
		浴缸 2					
	面盆	面盆 1					
		面盆 2					
	淋浴莲蓬头	莲蓬头 1					
		莲蓬头 2					

第七章

建筑装饰玻璃

JIANZHU ZHUANGSHI BOLI

玻璃是一种具有无规则结构的非晶态固体。大多数玻璃都是由矿物原料和化工原料经高温熔融，然后急剧冷却而形成的。

世界上的经典玻璃建筑物

在巴黎市中心的塞纳河北岸，矗立着当今世界上最大的美术博物馆——罗浮宫，其入口设计成边长 35 m、高 21.6 m 的玻璃金字塔，如图 7-1 所示。金字塔形体简单突出，玻璃清明透亮，玻璃的自然折光可使罗浮宫全貌一览无余。

图 7-1 罗浮宫玻璃金字塔

7.1 建筑玻璃的基础知识

7.1.1 建筑玻璃的分类

1. 按生产方法和功能特性分

1）平板玻璃

平板玻璃包括透明玻璃、不透明玻璃、装饰玻璃（见图 7-2）、安全玻璃、镜面玻璃、节能玻璃等。

图 7-2 装饰玻璃

2）建筑艺术玻璃

建筑艺术玻璃包括用玻璃制成的极具建筑艺术性的屏风、花饰、扶栏、雕塑以及玻璃锦砖等。

3）玻璃建筑构件

玻璃建筑构件主要有空心玻璃砖、波形瓦、门、壁板等。

4）玻璃质绝热、隔声材料

玻璃质绝热、隔声材料主要有泡沫玻璃、玻璃棉毡、玻璃纤维等。

2. 按化学组成不同分

1)普通玻璃

普通玻璃由硫酸钠和纯碱组成，紫外线通过率低，力学性质、热工性质、光学性质和化学稳定性等均较差，软化点较低，易于熔制，成本低廉，是使用量最大的玻璃品种，多用于制造普通建筑玻璃和日用玻璃制品。

2)钾玻璃

钾玻璃又称硬玻璃，它坚硬而有光泽，被广泛用于制造化学仪器和用具以及高级玻璃制品等。

3)铝镁玻璃

铝镁玻璃也是在普通玻璃的基础上加工制作的。它具有软化点低、力学及化学稳定性高等特点，其光学性质较为突出，是一种高级建筑装饰玻璃。

4)铅玻璃

铅玻璃又称铅钾玻璃、重玻璃或晶质玻璃，质地较软，易于加工，光泽透明，化学稳定性高，光的折射和反射性能力优秀，因此常用于制造光学仪器和装饰品等。

5)硼硅玻璃

硼硅玻璃由于耐热性能优异，又称耐热玻璃。它具有较强的力学性能，较好的光泽和透明度，以及优良的耐热性、绝缘性和化学稳定性，用于制造高级化学仪器和绝缘材料。

6)石英玻璃

石英玻璃具有良好的力学性质和热工性质以及优良的光学性质和化学稳定性，能透过紫外线，可用于制造耐高温仪器等有特殊用途的设备。

7.1.2　玻璃的基本性质

玻璃的基本性质包括玻璃的热物理性质、化学性质、力学性质和光学性质等内容。

1. 玻璃的热物理性质

1)密度

普通玻璃的密度为 2450～2550 kg/m^3，孔隙率 $P\approx0$，可以认为玻璃是绝对密实的材料。玻璃密度会随温度的变化而改变。

2)导热性

玻璃的导热性很差，受颜色和化学成分的影响，并随着温度的升高而增大，在常温时其导热系数仅为铜的 1/400。

3)热膨胀性

玻璃热膨胀系数的大小，取决于组成玻璃的化学成分和纯度。玻璃的纯度越高，热膨胀系数越小。

4)热稳定性

玻璃的热稳定性决定了在温度急剧变化时玻璃抵抗破坏的能力。玻璃具有热胀冷缩性，急热时受热部位膨胀，使表面产生压应力；急冷时收缩，产生拉应力。由于玻璃的抗压强度远高于其抗拉强度，因此玻璃对急冷的稳定性比急热的稳定性差很多。

2. 玻璃的化学性质

玻璃具有较高的化学稳定性，这是玻璃组成物质的性质所决定的。在通常情况下玻璃对酸、碱、化学试剂或气体都具有较强的抵抗能力，能抵抗氢氟酸以外的各种酸类的侵蚀。玻璃内几乎无孔隙，属于致密材料。

3.玻璃的力学性质

1)抗压强度

玻璃的抗压强度较高，且随着化学组成的不同而有很大变化(600～1600 MPa)。玻璃承受荷载后，表面可能发生很细微的裂痕，裂痕随着荷载的次数加多而逐渐明显和加深。

2)抗拉强度

抗拉强度是决定玻璃品质的主要指标。玻璃的抗拉强度很小，一般为其抗压强度的1/15～1/14，约为40～120 MPa。因此，玻璃在冲击力的作用下极易破碎。

4.玻璃的光学性质

光线入射玻璃时可发生三种现象，即透射、吸收和反射，其能力大小分别用透射率、吸收率、反射率表示。透光率是玻璃的重要属性参数。一般清洁的普通玻璃透光率达85%～90%。玻璃对光的吸收率取决于玻璃的厚度和颜色。玻璃的反射率越高，玻璃越刺眼，越容易造成光污染。光线入射角越小，玻璃表面越光洁平整，光反射越强。

7.1.3 玻璃加工工艺

玻璃一般采用连续性的工艺过程，可分为配料、熔化和成型三个阶段。玻璃制品制造工艺如图7-3所示。

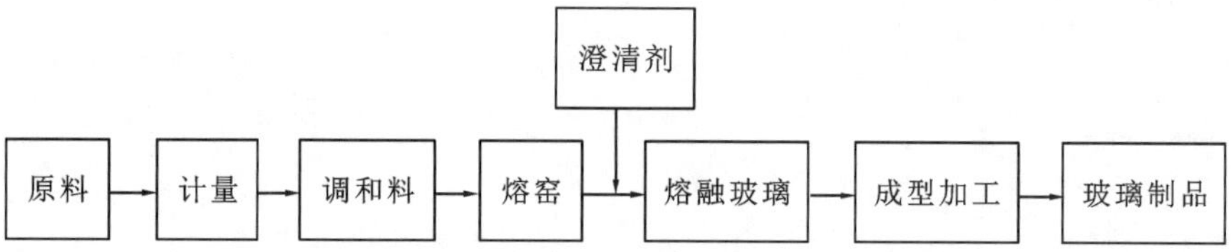

图7-3 玻璃制品制造工艺

7.1.4 玻璃的表面处理

玻璃是一种常用的装饰材料。有时为了提高装饰效果或达到特定的装饰效果，需对玻璃的表面进行处理。玻璃的表面处理主要分为化学刻蚀、化学抛光和表面金属涂层三种形式，有时也会采用表面着色处理。

1.玻璃的化学刻蚀

化学刻蚀是用氢氟酸溶解玻璃表层，破坏硅氧键，根据残留盐类溶解度的不同，从而得到有光泽的或无光泽的面层的过程。

2.玻璃的化学抛光

化学抛光效率高于机械抛光，有两种方式：一种是单纯的化学侵蚀作用，另一种是用化学侵蚀和机械研磨相结合。前者多用于玻璃器皿，后者用于平板玻璃。

3.玻璃的表面金属涂层

表面金属涂层是指在玻璃表面镀上的一层很薄的金属薄膜，多用于在热反射玻璃、玻璃装饰器具和玻璃装饰品等方面。

4.玻璃的表面着色处理

玻璃表面着色处理是指在高温下用含着色离子的金属、熔盐、其他盐类的糊膏涂抹在玻璃表面上，扩散到玻璃表层中使其表面着色。

7.2　平板玻璃

平板玻璃(见图 7-4)是指未经其他加工的平板状玻璃制品,又称白片玻璃、原片玻璃或净片玻璃,是玻璃中生产量最大、使用最多的一种。平板玻璃具有一定的机械强度,但质脆、紫外线通过率低,按生产方法不同,可分为普通平板玻璃和浮法玻璃。3～5 mm 厚的平板玻璃可用作一般工业与民用建筑的门窗玻璃,起透光(透光率达 85%～95%)、挡风雨、围护、保温、隔声等作用,也可作为钢化玻璃、夹层玻璃、镀膜玻璃、中空玻璃等深加工玻璃的原片。

图 7-4　平板玻璃

7.2.1　平板玻璃的生产方法及工艺

平板玻璃的生产主要由选料、混合、熔融、成型、退火等工序组成。平板玻璃的生产按照制造方法的不同分为垂直引上法、水平引拉法和浮法等。用浮法生产玻璃是当今较先进和较流行的生产工艺。

1. 垂直引上法

垂直引上法是传统的生产方法。根据玻璃液引上设备的不同,它又分有槽引上法和无槽引上法两种。

1)有槽引上法

有槽引上法是将一个槽子砖安装在玻璃液面上,玻璃液从熔窑中引出,经过槽子砖垂直向上引拉,从而以拉制的方法生产连续的玻璃平带,再通过引上冷却变硬而制成平板玻璃。

2)无槽引上法

无槽引上法与有槽引上法不同之处是以引砖代替槽子砖。引砖一般设置在玻璃液面下 70～150 mm 处,其作用是使冷却器能集中冷却在引砖之上、流向板根(即玻璃原板的起始线)的玻璃液层,使之迅速达到玻璃带的成型温度。

2. 水平引拉法

水平引拉法是在平板玻璃引上约 1 m 时,将原板通过转向轴改变为水平方向引拉,最后经退火冷却而成平板玻璃。因此,水平引拉法的最大优点是不需高大厂房便可进行大面积玻璃的切割。这种方法的缺点是玻璃的厚薄难以控制,产品质量一般。

3. 浮法工艺

浮法工艺(见图 7-5)是一种现代先进的生产玻璃的方法,目前我国大型玻璃生产线几乎全部采用浮法技术生产平板玻璃。浮法玻璃是采用海砂、硅砂、石英砂岩粉、纯碱、白云石等为原料,使原料在玻璃熔窑中经过 1500～1570 ℃高温熔化后,将熔液引成板状进入锡槽,再在纯锡液面上延伸进入退火窑,逐渐降温退火、切割而成。

浮法玻璃的特点是玻璃表面平整光洁、厚薄均匀,光学畸变极小,具有机械磨光玻璃的质量。同时,它还具有产量高、规模大、容易操作、劳动生产率高和经济效益好等优点,可用于高级建筑、交通车辆、制镜和

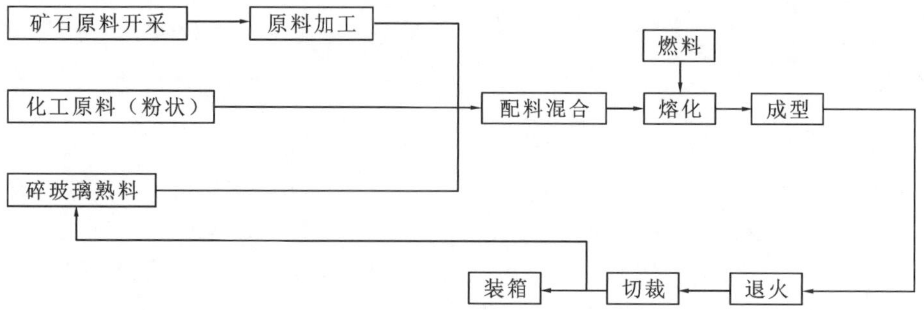

图 7-5　浮法工艺制造玻璃

各种加工玻璃。浮法玻璃的厚度有多种(0.55～25 m)，生产的玻璃宽度可达 2.4～4.6 m，能满足各种环境的使用要求。

7.2.2　平板玻璃的质量要求

1. 平板玻璃的外观质量

由于生产方法不同，平板玻璃在生产过程中会产生多种外观缺陷。这些缺陷对玻璃的外观质量和各种物理、化学性质都有很大的影响。常见的平板玻璃外观质量的缺陷主要有以下几种。

1)波筋

波筋又称水线，是一种光学畸变现象，是平板玻璃常见的外观质量缺陷。波筋的形成原因有两个方面：一是平板玻璃厚度不一致；二是玻璃局部范围内化学成分及物质密度等存在差异。

2)气泡

如果玻璃液中含有很多气体，玻璃在成型后就可能形成大量的气泡。气泡的存在会严重影响玻璃的透光度，降低玻璃的机械强度。气泡的存在也会影响玻璃的装饰效果。

3)线道

线道是指玻璃原板上出现的很细很亮、连续不断的条纹。线道严重影响了玻璃的装饰效果和力学性能。

4)疙瘩与砂粒

在有的平板玻璃中，原本应当光滑平整的表面会有凸出的颗粒物，大的称为疙瘩，小的称为砂粒。疙瘩与砂粒存在，不但使玻璃的光学性能受到很大影响，还会使玻璃裁切产生困难和错误，同时导致玻璃的力学性能严重下降。

玻璃的光学畸变

玻璃对光线有折射作用，光线通过有波筋缺陷的玻璃时，会产生不同角度的折射，形成光学畸变。当观察者的视线与玻璃平面成一定角度时，观察者将看到玻璃板面上有一条条类似波浪的纹路，使观察者产生视觉疲劳(人们通过这些纹路观察到的物像会发生较为明显的变形、扭曲，甚至产生跳动感)和身体不适。玻璃的光学畸变类型如图 7-6 所示。

图 7-6　玻璃的光学畸变类型

2. 平板玻璃的等级

依据国家标准《平板玻璃》(GB 11614—2009)中的相关规定，平板玻璃按照外观质量分为优等品、一等品和合格品三个等级，各等级的外观质量应符合表 7-1 至表 7-3 的规定。

表 7-1 平板玻璃优等品外观质量

缺陷种类	质量要求		
点状缺陷	尺寸(L)/mm	允许个数限度	
	$0.3 \leqslant L \leqslant 0.5$	$1 \times S$	
	$0.5 < L \leqslant 1.0$	$2 \times S$	
	$L > 1.0$	0	
点状缺陷密集度	尺寸≥0.3 mm 的点状缺陷最小间距不小于 300 mm;直径 100 mm 圆内尺寸≥0.1 mm 的点状缺陷不超过 3 个		
线道	不允许		
裂纹	不允许		
划伤	允许范围	允许条数限度	
	宽≤0.1 mm,长≤30 mm	$2 \times S$	
光学变形	公称厚度	无色透明平板玻璃	本体着色平板玻璃
	2 mm	≥50°	≥50°
	3 mm	≥55°	≥50°
	4～12 mm	≥60°	≥55°
	≥15 mm	≥55°	≥60°
断面缺陷	公称厚度不超过 8 mm 时,不超过玻璃板的厚度;8 mm 以上时,不超过 8 mm		

注:1. S 是以平方米为单位的玻璃板面积数值,按 GB/T 8170 修约,保留小数点后两位。点状缺陷的允许个数限度及划伤的允许条数限度为各系数与 S 相乘所得的数值,按 GB/T 8170 修约至整数。

2. 点状缺陷中不允许有光畸变点。

表 7-2 平板玻璃一等品外观质量

缺陷种类	质量要求	
点状缺陷	尺寸(L)/mm	允许个数限度
	$0.3 \leqslant L \leqslant 0.5$	$2 \times S$
	$0.5 < L \leqslant 1.0$	$0.5 \times S$
	$1.0 < L \leqslant 1.5$	$0.2 \times S$
	$L > 1.5$	0
点状缺陷密集度	尺寸≥0.3 mm 的点状缺陷最小间距不小于 300 mm;直径 100 mm 圆内尺寸≥0.2 mm 的点状缺陷不超过 3 个	
线道	不允许	
裂纹	不允许	
划伤	允许范围	允许条数限度
	宽≤0.2 mm,长≤40 mm	$2 \times S$

续表

缺陷种类	质量要求		
光学变形	公称厚度	无色透明平板玻璃	本体着色平板玻璃
	2 mm	≥50°	≥50°
	3 mm	≥55°	≥50°
	4～12 mm	≥60°	≥55°
	≥15 mm	≥55°	≥60°
断面缺陷	公称厚度不超过 8 mm 时，不超过玻璃板的厚度；8 mm 以上时，不超过 8 mm		

注：1. S 是以平方米为单位的玻璃板面积数值，按 GB/T 8170 修约，保留小数点后两位。点状缺陷的允许个数限度及划伤的允许条数限度为各系数与 S 相乘所得的数值，按 GB/T 8170 修约至整数。

2. 点状缺陷中不允许有光畸变点。

表 7-3 平板玻璃合格品外观质量

缺陷种类	质量要求		
点状缺陷	尺寸(L)/mm	允许个数限度	
	$0.5 \leqslant L \leqslant 1.0$	$2 \times S$	
	$1.0 < L \leqslant 2.0$	$1 \times S$	
	$2.0 < L \leqslant 3.0$	$0.5 \times S$	
	$L > 3.0$	0	
点状缺陷密集度	尺寸≥0.5 mm 的点状缺陷最小间距不小于 300 mm；直径 100 mm 圆内尺寸≥0.3 mm 的点状缺陷不超过 3 个		
线道	不允许		
裂纹	不允许		
划伤	允许范围	允许条数限度	
	宽≤0.5 mm，长≤60 mm	$3 \times S$	
光学变形	公称厚度	无色透明平板玻璃	本体着色平板玻璃
	2 mm	≥40°	≥40°
	3 mm	≥45°	≥40°
	≥4 mm	≥50°	≥45°
断面缺陷	公称厚度不超过 8 mm 时，不超过玻璃板的厚度；8 mm 以上时，不超过 8 mm		

注：1. S 是以平方米为单位的玻璃板面积数值，按 GB/T 8170 修约，保留小数点后两位。点状缺陷的允许个数限度及划伤的允许条数限度为各系数与 S 相乘所得的数值，按 GB/T 8170 修约至整数。

2. 光畸变点视为 0.5～1.0 mm 的点状缺陷。

7.2.3 平板玻璃的透光率

平板玻璃的透光率是衡量玻璃的透光能力的重要指标，它是光线透过玻璃后的光通量占透过前光通量的百分比。影响平板玻璃透光率的主要因素是原料成分及熔制工艺。

无色透明平板玻璃可见光透射比应不小于表 7-4 的规定。本体着色平板玻璃可见光透射比、太阳光直接透射比、太阳能总透射比偏差应不超过表 7-5 的规定。

表 7-4 无色透明平板玻璃可见光透射比最小值

公称厚度/mm	可见光透射比最小值/%	公称厚度/mm	可见光透射比最小值/%
2	89	10	81
3	88	12	79
4	87	15	76
5	86	19	72
6	85	22	69
8	83	25	67

表 7-5 本体着色平板玻璃透射比偏差

种 类	偏差/%
可见光(380～780 nm)透射比	2.0
太阳光(300～2500 nm)直接透射比	3.0
太阳能(300～2500 nm)总透射比	4.0

7.2.4 平板玻璃的应用

普通平板玻璃因其透光度高、价格低、易切割等优点,主要用于建筑物的门窗以及室内各种隔断、橱窗、柜台、展台、玻璃搁架及家具玻璃门等方面,也可作为钢化玻璃、夹丝玻璃、中空玻璃、热反射玻璃、磨光玻璃等的原片玻璃。

7.2.5 平板玻璃的普通加工制品

平板玻璃由于价格低廉,在建筑和装饰工程中被大量使用。很多其他的玻璃制品也是以平板玻璃为基础原料进行深加工获得的。

1. 镜面玻璃

镜面玻璃又称磨光玻璃,是用普通平板玻璃经过机械磨光、抛光而成的透明玻璃。镜面玻璃分单面磨光和双面磨光两种。对玻璃表面进行磨光,是为了消除由于表面不平而引起的筋缕或波纹缺陷,从而使透过玻璃的物像不变形。磨光后的镜面玻璃表面平整光滑,两面平行,物像透过不变形,透光率大于 84%,具有很好的光学性质,由于生产复杂,造价较高,常用于高级建筑门窗、橱窗或制镜。(见图 7-7)

图 7-7 镜面玻璃

2. 磨砂玻璃

磨砂玻璃又称毛玻璃,如图 7-8 所示。普通平板玻璃经研磨、喷砂或氢氟酸溶蚀等工艺加工之后,就会形成均匀粗糙表面,只有透光性而没有透视性,这种平板玻璃称为磨砂玻璃。表面粗糙的磨砂玻璃,使透过的光线产生漫射效果(透光不透视),很好地避免了视线干扰,加强了环境的隐私性,被广泛应用于卫生间、办公室、教室等的门、窗和隔断。

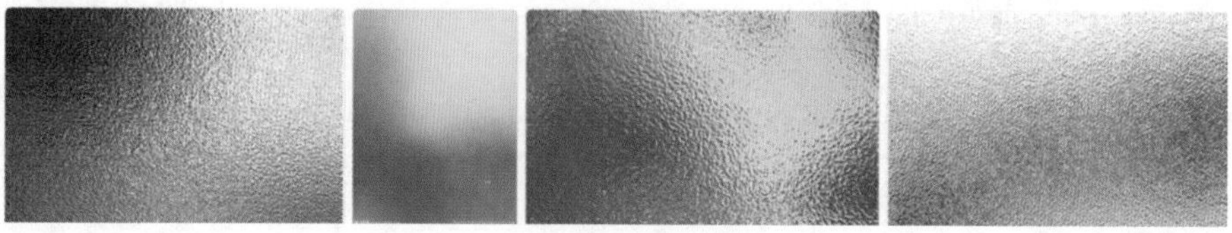

图 7-8　磨砂玻璃

3. 玻璃镜

玻璃镜(见图 7-9)是采用高质量平板玻璃(如磨光玻璃或茶色平板玻璃等)为基本的加工材料,采用镀银工艺,在玻璃的一面先均匀地覆盖一层银,然后再覆盖一层底漆,最后涂上保护面漆制成。玻璃镜只有光反射性而没有光透射性,被广泛用于住宅、商场、发廊等环境的室内装饰及日常生活中。

图 7-9　玻璃镜

图 7-10　彩色玻璃

4. 彩色玻璃

彩色玻璃(见图 7-10)分透明和不透明两种。透明彩色玻璃是在玻璃原料中加入一定的金属氧化物,使玻璃具有特定的色彩;不透明彩色玻璃是用 4～6 mm 厚的平板玻璃按照要求的尺寸切割,然后经过清洗、喷釉、烘烤、退火而制成,也可选用有机高分子涂料制成,是具有独特装饰效果的饰面玻璃。

5. 花纹玻璃

花纹玻璃(见图 7-11)是一种装饰性很强的玻璃产品,装饰功能的好坏是评价其质量的主要标准。它是将玻璃按照预先设计好的图形运用雕刻、印刻或喷砂等无彩处理方法,在玻璃表面获得丰富的美丽图形。依照加工方法的不同,花纹玻璃可分为压花玻璃、喷花玻璃、刻花玻璃三种。

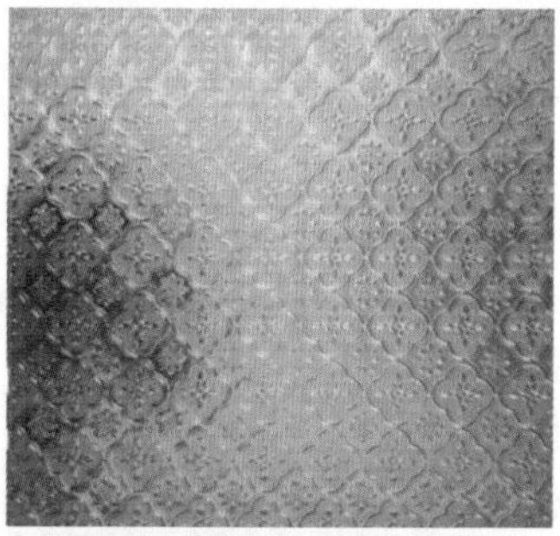

图 7-11　花纹玻璃

1)压花玻璃

压花玻璃又称滚花玻璃,透光率一般为 60%～70%,边长规格一般在 900～1600 mm。它是在熔融玻璃冷却硬化前,以刻有花纹的滚筒对辊压延,在玻璃单面或两面压出深浅不同的花纹图案而制成。压花玻璃图形丰富,造型优美,具有良好的装饰效果。花纹的凹凸变化可使光线产生不规则的漫射、折射和不完整的透视,起到视线干扰和保护私密性的作用。

2)喷花玻璃

喷花玻璃又称胶花玻璃,是以优质的平板玻璃为基础材料,在表面铺贴花纹图案,并有选择地涂抹面层,经喷砂处理而成。喷花玻璃由于可以选择图案,因此形式灵活,被广泛地应用在装饰工程之中。

3)刻花玻璃

刻花玻璃是由平板玻璃经涂漆、雕刻、酸蚀、研磨等制作而成。

6. 光致变色玻璃

光致变色玻璃是在普通玻璃中加入适量的卤化银、或直接在玻璃中加入钼和钨等感光化合物获得的,由于生产过程中需要消耗大量的银,因此造价很高。它最大的特点是具有光致变色功能:在受太阳光或其他光线照射时,玻璃颜色会随着光线的增强而逐渐变化,但当照射停止时又会逐渐恢复原来色彩。光致变色玻璃最早应用在变色眼镜的生产中,在建筑中主要用于需要避免眩光的环境。

7. 釉面玻璃

釉面玻璃是不透明彩色玻璃中较特殊的一种,是在一定尺寸的玻璃基体上涂覆一层彩色易熔的釉料,然后加热到彩釉的熔融温度，经退火或钢化热处理，使釉层与玻璃牢固结合而制成的具有美丽的色彩或图案的玻璃制品。玻璃基片可用普通平板玻璃、钢化玻璃、磨光玻璃等。目前生产的釉面玻璃最大规格为 3.2 m×1.2 m，厚度为 5～15 mm。

釉面玻璃的特点：耐酸、耐碱、耐磨和耐水，图案精美，不褪色，不掉色，可按用户的要求或艺术设计图案制作。釉面玻璃既有良好的化学稳定性和装饰性，可用作食品工业、化学工业、商业等行业场所的室内饰面层，一般建筑物房间、门厅、楼梯间的饰面层，以及建筑物的外饰面层，特别适用于防腐、防污要求较高部位的表面装饰。

7.3　中空玻璃

中空玻璃（见图 7-12）又称隔热玻璃，由两层或两层以上的平板玻璃组合在一起，四周以高强度、高气密性复合胶黏剂将玻璃、铝合金框架、橡胶条等粘结密封，同时在中间填充干燥的空气（空气层厚度为 6～12 mm）形成空腔。中空玻璃按玻璃层数，有双层和多层之分，一般是双层结构。

图 7-12　中空玻璃

7.3.1　中空玻璃的性能

中空玻璃的性能包括热工性能、光学性能、隔声性能、装饰性能、防结露功能等。

1. 热工性能

中空玻璃具有良好的隔热性能。

2. 光学性能

根据所选用玻璃原片的不同，中空玻璃可以具有各种不同的光学效果和装饰效果，起到调节室内光线、防眩光等作用。

3. 隔声性能

中空玻璃具有较好的隔声性能，一般可使噪声下降 30～40 dB，使建筑达到其所需要的安静程度。

4. 装饰性能

中空玻璃的装饰性能主要取决于其所采用的原片，不同的原片玻璃制得的中空玻璃具有不同的装饰效果。

5. 防结露功能

1）结露原因

建筑物外围护结构结露的原因一般是：在室内一定的湿度环境下，物体表面温度降到某一数值时，湿空气使其表面结露，直至结霜（表面温度在 0 ℃以下）。

2）防结露原理

中空玻璃内层接触湿度较高的室内空气，但玻璃表面温度也较高，外层玻璃的表面温度较低，但接触室外环境的湿度也低，所以不易于结露。使用中空玻璃可大大提高防结露能力。

图 7-13　中空玻璃的应用

7.3.2　中空玻璃的应用

中空玻璃具有较高的保温、隔热、隔声等功能，导热系数小，适用于对采光采暖、隔热保温、防噪声、控制结露、调节光照等要求较高的建筑场所的门窗、幕墙、隔断等，也可用于需要空调的车、船的门窗等处。（见图 7-13）

7.4　钢化玻璃

钢化玻璃（见图 7-14）又称强化玻璃，具有良好的机械性能和耐热抗震性能。钢化玻璃是普通平板玻璃通过物理钢化（淬火）和化学钢化处理，从而达到提高玻璃强度的目的。钢化玻璃是应用极广泛的安全玻璃之一。

图 7-14　钢化玻璃

7.4.1　钢化玻璃的生产原理

1. 物理钢化

物理钢化又称淬火钢化，是将普通平板玻璃在加热炉中加热到接近软化点温度（650 ℃左右），通过自身的形变来消除内部应力，然后移出加热炉，立即用多头喷嘴向玻璃两面喷吹冷空气，使其快速均匀地冷却。玻璃冷却到接近室温后，就形成了高强度的、安全性能良好的钢化玻璃。

2. 化学钢化

化学钢化是指以离子交换法进行钢化，其方法是将含碱金属离子钠(Na^+)或钾(K^+)的硅酸盐玻璃，浸入熔融状态的锂(Li^+)盐中，钠或钾离子在表面层发生离子交换，使表面层形成锂离子的交换层，提高玻璃的强度。

减小玻璃的脆性、提高使用强度的方法

方法有：①用退火法消除玻璃的内应力；②消除平板玻璃的表面缺陷；③通过物理钢化(淬火)和化学钢化而在玻璃中形成可缓解外力作用的均匀预应力；④采用夹丝或夹层处理。

7.4.2　钢化玻璃的特性

1. 安全性好

经过钢化处理的玻璃，其安全性质十分突出，主要是局部发生破损时会产生应力崩溃现象，玻璃将破裂成无数的玻璃小块，体积小而且没有尖锐棱角，所以不易对人身安全造成伤害，故钢化玻璃又称为安全玻璃。

2. 弹性好

钢化玻璃的弹性比普通玻璃大得多，一块1200 mm×350 mm×6 mm的钢化玻璃，受力后可发生达100 mm的弯曲挠度；当外力撤销后，仍能恢复原状。而同规格的普通平板玻璃弯曲变形只能有几毫米。良好的弹性也使钢化玻璃不易破碎，安全性得以进一步提高。

3. 热稳定性好

钢化玻璃的热稳定性要高于普通玻璃，有良好的耐热冲击性(最大安全工作温度为287.78 ℃)和耐热梯度(能承受204 ℃的温差变化)。在急冷急热作用时，玻璃不易发生炸裂，这是因为其表面的预应力可抵消一部分因急冷急热产生的拉应力。

4. 机械强度高

钢化玻璃的抗折强度、抗冲击强度都较高，为普通玻璃的4～5倍。钢化玻璃的缺点是不能任意切割、磨削，这使它的使用方便性大大降低。

7.4.3　钢化玻璃的应用

钢化玻璃制品主要包括平面钢化玻璃、曲面钢化玻璃、吸热钢化玻璃、压花钢化玻璃、钢化釉面玻璃等。平面钢化玻璃主要用于建筑物的门窗、隔墙隔断、护栏(护板、楼梯扶手等)与幕墙及橱窗、家具等；曲面钢化玻璃主要用于汽车、电话亭、船等门窗、采光天棚等处；吸热钢化玻璃主要用于既有吸热要求又有安全要求的玻璃门窗等；压花钢化玻璃主要用于有半透视要求的隔断等；钢化釉面玻璃主要用于玻璃幕墙的拱肩部位(可大大提高抗风压能力，防止热炸裂，并可增大单块玻璃的面积，减少支撑结构)及其他室内装饰。钢化玻璃不宜用于有防火要求的门窗和吊车、汽车可能受到直接、多次碰撞的部位。(见图7-15)

图7-15　钢化玻璃的应用

7.5 夹丝玻璃

夹丝玻璃是将预热的金属丝网压入加热软化的两片平板玻璃中间所制得的一种安全玻璃。夹丝玻璃主要用于高层建筑等的天窗、仓库门窗、防火门窗、地下采光窗、墙体装饰、阳台围护等以及其他要求安全、防震、防盗、防火的场所。

7.5.1 夹丝玻璃的原理与种类

夹丝玻璃是安全玻璃的一种，也称防碎玻璃或钢丝玻璃。它是将预先编织好的、直径为 0.4 mm 左右的、经过热处理的钢丝网或铁丝压入已加热到红热软化状态的玻璃之中制成的。

夹丝玻璃具有优良的耐冲击性和耐热性。如遇外力破坏，即使玻璃无法抵抗冲击、造成开裂，由于钢丝网与玻璃粘结成一体，其碎片仍附着在钢丝网上，避免了碎片飞溅伤人。夹丝玻璃还被称为防火玻璃，因为遇到火灾时，夹丝玻璃具有破而不缺、裂而不散的特性，能有效地隔绝火焰，起到防火的作用。

我国生产的夹丝玻璃产品主要分为夹丝压花玻璃和夹丝磨光玻璃两类。以彩色玻璃原片制成的彩色夹丝玻璃，其色彩与内部隐隐显现的金属丝相映，具有较好的装饰效果。（见图 7-16）

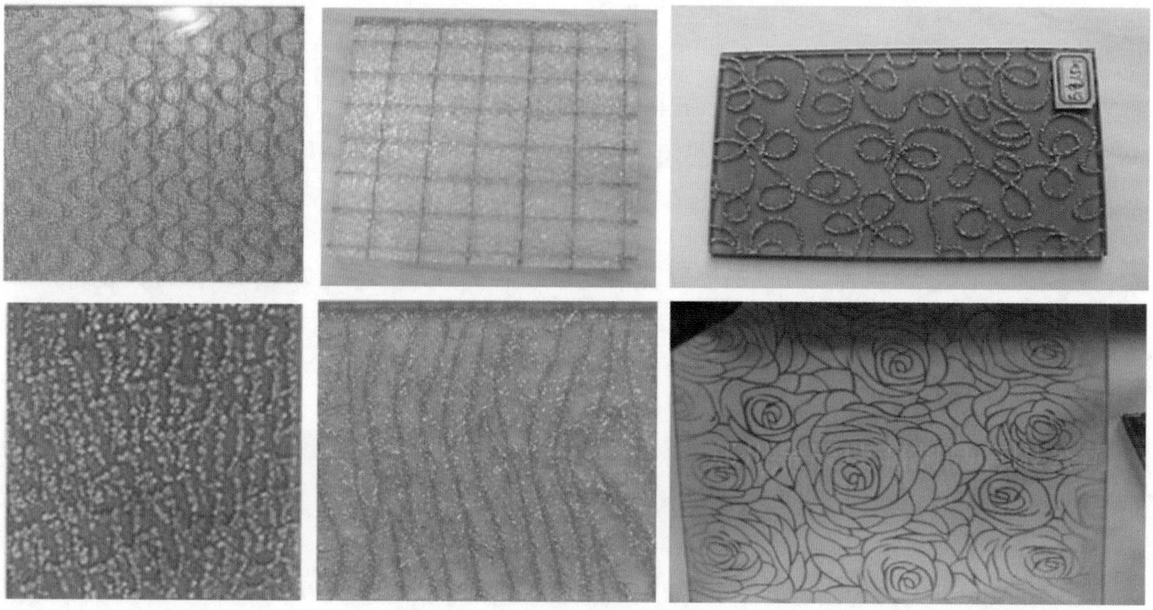

图 7-16　夹丝玻璃的类型

7.5.2 夹丝玻璃的性能

在使用夹丝玻璃时应注意其物理性能的变化。夹丝玻璃中含有很多金属物质，这破坏了玻璃的均匀性，降低了玻璃的机械强度，使其抗折强度和抗外力冲击能力都比普通平板玻璃有所下降。

金属丝网与玻璃在热膨胀系数、导热系数上的巨大差异，使夹丝玻璃在受到快速的温度变化时更容易开裂和破损，耐急冷急热性能较差，因此夹丝玻璃不能用在温度变化大的部位。

7.6　夹层玻璃

夹层玻璃是在两片或多片平板玻璃之间嵌夹有弹性、粘结力强、耐穿透性好的透明塑料薄片，在一定温度、压力下胶合成整体平面或曲面的复合玻璃制品，是一种常用的安全玻璃。夹层玻璃的原片可以是普通平板玻璃、浮法玻璃、钢化玻璃、彩色玻璃、吸热玻璃或热反射玻璃等，常用的塑料胶片为聚乙烯醇缩丁醛酯（PVB）树脂，厚度为 0.2～0.8 mm。夹层玻璃的原片层数有 2、3、5、7、9 层，建筑上常用的为 2 层或 3 层。由多层玻璃高压聚合而成的夹层玻璃，还被称为防弹玻璃。

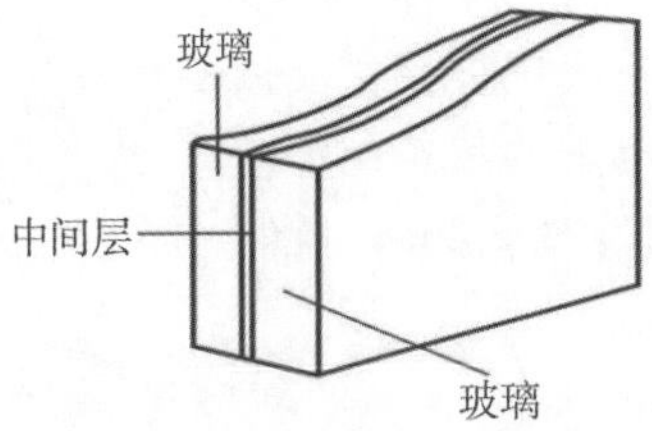

图 7-17　夹层玻璃的构造

夹层玻璃的构造如图 7-17 所示。

7.6.1　夹层玻璃的特点

1. 抗冲击能力很强

夹层玻璃的透明度好，抗冲击能力比同等厚度的平板玻璃高几倍。

2. 色彩丰富

中间层如使用各种色彩的 PVB 胶片，还可制成色彩丰富多样的彩色夹层玻璃。

3. 具有良好的性能

夹层玻璃还具有耐热、耐寒、耐湿、保温、节能、隔音、防紫外线等性能，长期使用不变色和老化。

4. 安全性十分突出

玻璃破碎时，由于中间有塑料衬片产生粘合作用，因此仅仅产生辐射状的裂纹和少量的玻璃碎屑而不落碎片，大大提高了产品的安全性。由于夹层玻璃的安全性十分突出，它成为使用范围较广的安全玻璃之一。

7.6.2　夹层玻璃的常见品种

常见的夹层玻璃如图 7-18 所示。

图 7-18　常见的夹层玻璃

1. 减薄夹层玻璃

减薄夹层玻璃是采用厚度为 1～2 mm 的薄玻璃和弹性胶片加工制成的，它具有重量轻、机械强度高、安全性好和能见度好的特点。

2. 防弹夹层玻璃

防弹夹层玻璃是由多层夹层组成的，主要用于对环境安全有特殊要求的特种建筑及具有强烈震动、浪涌冲击的地方，如银行、证券交易所、保险公司、机场等。

3. 报警夹层玻璃

报警夹层玻璃是在两片玻璃的中间胶片上接上一个警报驱动装置，一旦玻璃破碎，报警装置就会发出警报，主要用于珠宝店、银行、计算机中心和其他有特别要求的建筑物。

7.6.3 夹层玻璃的应用

夹层玻璃主要用于有震动或冲击作用或防爆、防盗、防弹之处，如用作汽车、飞机的挡风玻璃，用作有特殊要求的建筑门窗玻璃，用于屋顶采光天窗、工业厂房的天窗和某些水下工程，也可作为陈列柜、展览厅、水族馆、动物园等处的观赏性玻璃隔断等。

7.7 吸热玻璃

吸热玻璃(见图 7-19)是一种能控制阳光中热量透过的玻璃，在平板玻璃上镀以金属或金属氧化物膜，使之具有镜面效应，反射大量的辐射能，可起到节能的作用。同时它可以显著地吸收阳光中热作用较强的红外线、近红外线，而又能保持良好的透明度。吸热玻璃可产生冷房效应，大大节约冷气能耗。

图 7-19 吸热玻璃

7.7.1 吸热玻璃的性能

吸热玻璃可吸收太阳的辐射热，吸收太阳的可见光，能吸收太阳的紫外线，具有一定的透明度，能清晰地观察室外景物，其色泽经久不变，能增加建筑物的外形美观。

吸热玻璃常用的颜色为蓝色、茶色、灰色等，以蓝色吸热玻璃最为常用。吸热玻璃的厚度分为 2 mm、3 mm、4 mm、5 mm、6 mm、8 mm、10 mm 和 12 mm。

浮法玻璃和吸热玻璃性能对比如图 7-20 所示。

7.7.2 吸热玻璃的制造方法

吸热玻璃的制造方法有两种：一种方法是在普通玻璃中加入一定量的着色剂；另一种方法是在玻璃的表面喷涂具有吸热和着色能力的氧化物薄膜。根据不同情况采用不同颜色的吸热玻璃能合理利用太阳光，调节室内温度，节省空调费用，而且对建筑物的外表有很好的装饰效果。

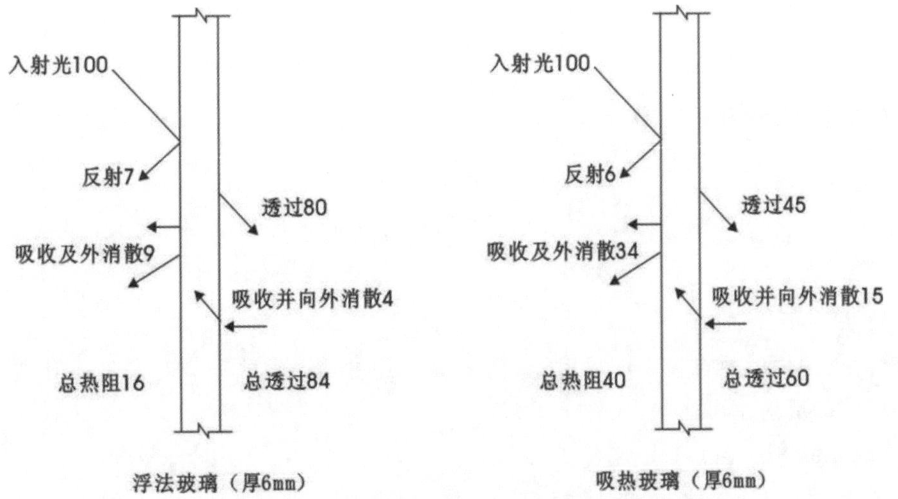

图 7-20 浮法玻璃和吸热玻璃性能对比

7.7.3 吸热玻璃的用途

凡是既有采光要求又有隔热要求的场所均可使用吸热玻璃。吸热玻璃一般用作高档建筑物的门窗或玻璃幕墙。

7.8 热反射玻璃

热反射玻璃(见图 7-21)是由无色透明的平板玻璃镀覆金属膜或金属氧化物膜而制得,又称镀膜玻璃或阳光控制膜玻璃,具有优秀的遮光性、隔热性和良好的透气性,可以有效节约室内空调能源的消耗。

图 7-21 热反射玻璃

7.8.1 热反射玻璃的加工方法

热反射玻璃是在玻璃表面涂以银、铜、铝、镍等金属及其氧化物的薄膜,或粘贴有机薄膜,或采用电浮法等离子交换法,向玻璃表层渗入金属离子以置换玻璃表层原有离子,而形成的具有高热反射能力和良好透光性的玻璃。热反射玻璃有灰色、茶色、金色、浅蓝色、古铜色等,常用厚度为 6 mm,规格尺寸有 1600 mm×

2100 mm、1800 mm×2000 mm 和 2100 mm×3600 mm 等。

7.8.2 热反射玻璃的主要技术指标

1. 遮蔽系数小

热反射玻璃有较小的阳光遮蔽系数。遮蔽系数愈小，说明通过玻璃射入室内的光能愈少，冷房效果愈好。

2. 太阳能的热反射率高

热反射玻璃对太阳辐射热有较高的反射能力。6 mm 厚的透明浮法玻璃对太阳辐射热的反射率为 17%左右，而热反射玻璃的反射率可达 60%左右。

3. 太阳辐射热的透过率小

6 mm 厚的热反射玻璃比同厚度透明浮法玻璃对太阳辐射热的透过率减少 60%以上，比同厚度吸热玻璃减少 45%左右。

4. 可见光的透过率小

6 mm 厚的热反射玻璃比同厚度透明浮法玻璃对可见光的透过率减少 75%，比同厚度茶色玻璃减少 60%。

7.8.3 热反射玻璃的特点

1. 热反射玻璃具有良好的隔热性能

热反射玻璃保证了日晒时室内温度的相对稳定和光线柔和，从而节约了用以供应空调制冷的电力，且调节了建筑的光环境。

2. 热反射玻璃具有单向透像的特征

热反射玻璃运用在建筑外墙上，可在白天产生室外看不到室内的效果，而室内却可以清晰地看到室外的情况，对建筑物内部起到遮蔽和保护隐私的作用。

3. 热反射玻璃具有镜面效应

用热反射玻璃做幕墙，可将周围的景象及天空的云彩影射在幕墙上，构成一幅绚丽的图画。另外，热反射玻璃还具有化学稳定性高、耐刷洗性好、装饰性好等特点。

7.8.4 热反射玻璃的应用

热反射玻璃的太阳能总透射比和遮蔽系数小，因而特别适合用于炎热地区。热反射玻璃在建筑工程中主要用于玻璃幕墙、内外门窗及室内装饰等，还可以用于制作高性能中空玻璃、夹层玻璃等复合玻璃制品。用于门窗工程时，常加工成中空玻璃或夹层热反射玻璃，以进一步提高节能效果。但热反射玻璃幕墙使用不恰当或使用面积过大会造成光污染，且可能使建筑物周围温度升高，影响环境的和谐。（见图 7-22）

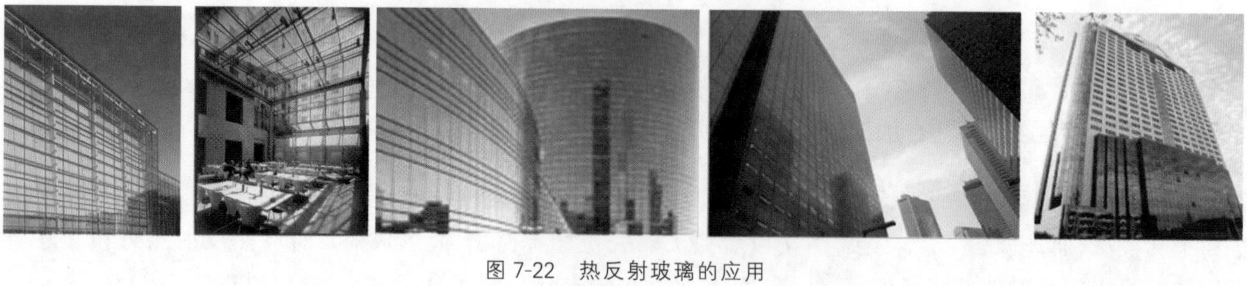

图 7-22　热反射玻璃的应用

7.9 低辐射膜玻璃

图 7-23 低辐射膜玻璃

低辐射膜玻璃(见图 7-23)是镀膜玻璃较特别的一种,它有较高的透过率,可以使 70%以上的太阳可见光和近红外光透过,有利于自然采光,节省照明费用。低辐射膜玻璃一般不单独使用,往往与普通平板玻璃、浮法玻璃、钢化玻璃等配合,制成高性能的中空玻璃。

目前低辐射膜玻璃已广泛应用于建筑装饰工程门窗、外墙及车、船等的挡风玻璃等场合,起到采光、隔热、防眩等作用。它还可以按不同的用途进行加工,制成磨光、夹层、中空玻璃等。

由于吸收了大量太阳热辐射,低辐射膜玻璃的温度会升高,容易产生玻璃不均匀的热膨胀而导致热炸裂现象。因此,在低辐射膜玻璃使用的过程中,应注意采取构造性措施,减少不均匀热胀,以避免玻璃被破坏。具体办法有:加强玻璃与窗框等衔接处的隔热;创造利于整体降温的环境;避免在玻璃上造成形状复杂的阴影。

7.10 玻璃砖

玻璃砖(见图 7-24)又称特厚玻璃,分为实心和空心两种。实心玻璃砖是采用机械压制方法制成的;空心玻璃砖是由两块玻璃加热熔结成整体的玻璃砖,中间充以干燥空气,经退火、涂饰而成。空心玻璃砖应用更为广泛。

图 7-24 玻璃砖

玻璃砖具有抗压强度高、耐急热急冷性能好、采光性好、耐磨、耐热、隔声、隔热、防火、耐水及耐酸碱腐蚀、防爆、透光性高和装饰性好等多种优良性能。使用玻璃砖砌筑墙体，能够形成大面积的透光墙体，透光不透视。用空心玻璃砖砌成外墙，能使室外光线通过砖花纹的散射产生随机性的光线变化效果和光影关系，成为一种创造室内空间视觉感受和新奇光环境的良好方法。用玻璃砖来砌筑非承重的透光墙壁，建筑物的内外隔墙、淋浴隔断、门厅、通道，以及建筑物的地面等处，特别适用于宾馆、商店、饭店、体育馆、图书馆等建筑物的墙体、隔断、门厅、通道等处装饰，用于控制透光、眩光和日光的场合。

7.11 泡沫玻璃

图 7-25 泡沫玻璃

泡沫玻璃（见图 7-25）是以玻璃碎屑为基料，加入少量发气剂，按比例混合磨粉，磨好的粉料装入模内并送入发泡炉内发泡，然后脱模退火，制成的一种多孔轻质玻璃制品。其孔隙率可达 80%～90%。

泡沫玻璃表观密度低，导热系数小，吸声系数为 0.3，抗压强度 0.4～8 MPa，使用温度为 −240～420 ℃。泡沫玻璃有良好的物理和化学性能，不透气、不透水，抗冻、防火，颜色丰富，可加工性强，能够进行锯、钉、钻等操作。

7.12 玻璃马赛克

玻璃马赛克（见图 7-26）又称玻璃锦砖，是一种小规格的用于外墙和地面贴面的彩色饰面玻璃。玻璃马赛克在外形和使用方法等方面都与陶瓷锦砖有相似之处。玻璃锦砖的单体规格，一般为边长 20～50 mm、厚 4～6 mm，四周侧边呈斜面，上表面光滑，下表面带有槽纹，以利于铺贴时粘结。

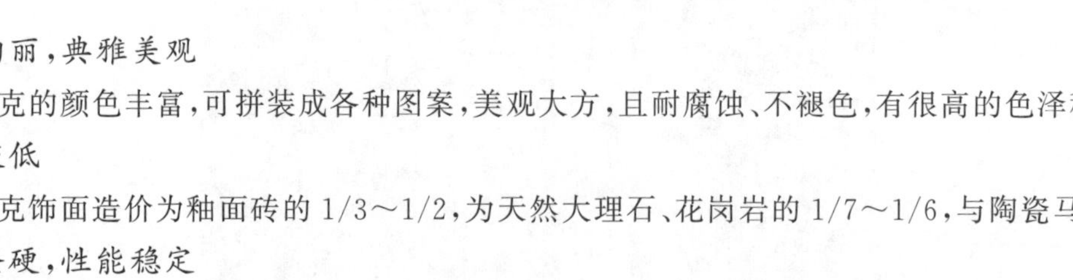

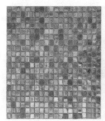

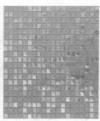

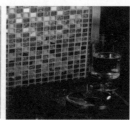

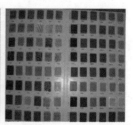

图 7-26 玻璃马赛克

1. 色彩绚丽，典雅美观

玻璃马赛克的颜色丰富，可拼装成各种图案，美观大方，且耐腐蚀、不褪色，有很高的色泽稳定性。

2. 价格较低

玻璃马赛克饰面造价为釉面砖的 1/3～1/2，为天然大理石、花岗岩的 1/7～1/6，与陶瓷马赛克相当。

3. 质地坚硬，性能稳定

玻璃马赛克熔制温度在 1400 ℃左右，成型温度在 850 ℃左右，具有表面光滑、不吸水、不吸尘、抗污性好、体积小、质量轻、粘结牢固、耐热、耐寒、耐酸碱性能好、抗污性好、有雨自洗、经久常新以及较高的强度和优良的热稳定性、化学稳定性。

7.13　玻璃幕墙

玻璃幕墙(见图 7-27)是以铝合金为边框、玻璃为外敷面,内衬以绝热材料的复合墙体。它具有自重轻、保温隔热、隔声、可光控、装饰效果良好等特点。

图 7-27　玻璃幕墙

7.13.1　玻璃幕墙的分类

玻璃幕墙按其框架的不同分类,可分为早期的钢框玻璃幕墙,现在常见的铝合金框玻璃幕墙,以及较先进的隐框玻璃幕墙。隐框玻璃幕墙又分为全隐框玻璃幕墙和半隐框玻璃幕墙。半隐框玻璃幕墙又分为竖隐横不隐和横隐竖不隐两种形式。

7.13.2　玻璃幕墙的设计要点

保证幕墙结构的完整性和可靠性,是幕墙设计的首要任务。幕墙的自重可使横框构件产生垂直挠曲,而挠度的大小决定着幕墙的正常功能和接缝的密封性能,不合理的设计甚至会导致玻璃的破裂。若竖梃和横框各自的惯性矩设计不当,挠曲将得不到平衡,缝隙则会产生不同的挠度值,最终导致幕墙存在缝隙而渗漏。

7.13.3　玻璃幕墙构造的特点

玻璃幕墙常采用隔热性能良好的中空玻璃或热反射玻璃作为镶嵌材料的透明部分,不透明部分多数是用低密度、多孔洞、抗压强度很低的保温隔热材料。

课后思考与练习

想一想

在住宅装修施工过程中,中空玻璃、钢化玻璃、平板玻璃等都会用于哪些地方?试以图 7-28 所示的户型为例进行分析。

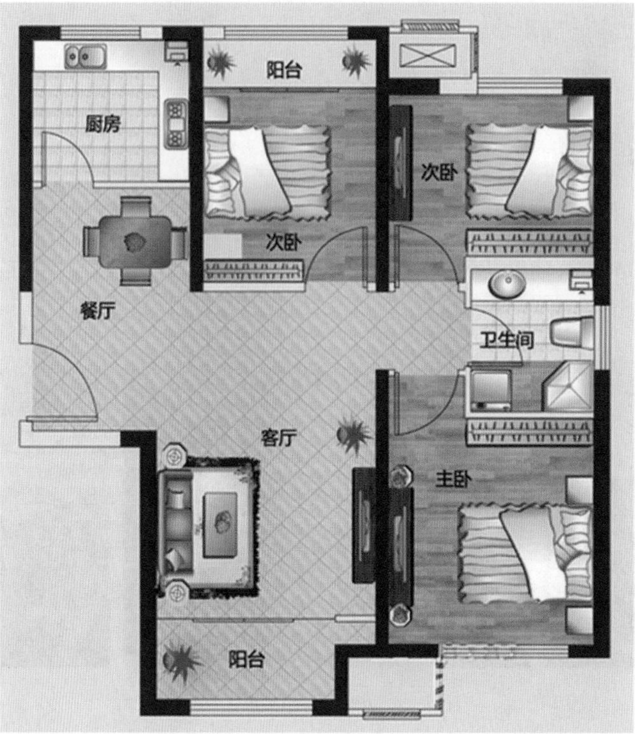

图 7-28 户型图

作 业

任务：完成建筑装饰玻璃调查表，如表 7-6 所示。

调查方式：综合运用电商购物平台等获取信息。

表 7-6 建筑装饰玻璃调查表

玻璃类型		品牌	规格	价格	产地	效果图
中空玻璃	中空玻璃 1					
	中空玻璃 2					
钢化玻璃	钢化玻璃 1					
	钢化玻璃 2					
平板玻璃	平板玻璃 1					
	平板玻璃 2					
微晶玻璃	微晶玻璃 1					
	微晶玻璃 2					
电热玻璃	电热玻璃 1					
	电热玻璃 2					

第八章

木质装饰材料

MUZHI ZHUANGSHI CAILIAO

8.1 木质装饰材料基础知识

8.1.1 木材的特点

木质装饰材料常用于室内(见图 8-1)，是指包括木、竹以及以木、竹为主要原料加工而成的一类适合于家具和室内装饰装修的材料。木材具有优良的性能：质量轻，强度高；弹性、韧性较高，耐冲击和震动；木质较软，易于加工和连接；对热、声、电的传导性小；耐久性较高；纹理丰富，装饰性好，且易于着色和油漆。但木材内部构造不均匀，易吸水吸湿产生变形并导致尺寸及强度变化，易腐朽及虫蛀，易燃烧，生产周期长，天然疵病较多等。

图 8-1　以木质装饰材料为主的室内效果图

8.1.2　木材的分类

1. 按树木种类分

装饰工程中使用的木材由树木加工而成。树木共分为针叶树和阔叶树两大类，每一类树木有各自的特点及用途。

1)针叶树材

针叶树多为常绿树，材质均匀轻软，纹理平顺，加工性较好，强度较高，表观密度和干湿变形较小，耐腐蚀性较强，为建筑工程中主要用材，广泛用于承重构件和门窗、地面用材及装饰用材等。常用树种有冷杉、云杉、红松、马尾松、落叶松等。

2)阔叶树材

阔叶树大多为落叶树，材质一般重而硬，较难加工，其通直部分一般较短，干湿变形大，易翘曲和干裂。建筑上常用阔叶树材做尺寸较小的构件，不做承重构件。有些树种纹理美观，适合用于室内装修、制作家具及胶合板等。常用树种有榆木、水曲柳、杨木、柞木、槐木等。

树木的种类、特点和应用见表 8-1。

表 8-1　树木的种类、特点和应用

分　类	主要特点	树木种类	主要应用
针叶树(软木材)	树叶如针状或鳞片状，多为常青树，树干通直高大，易得大材，其纹理顺直，材质均匀。大多数针叶材的木质较轻软而易于加工。针叶材强度较高，体积密度及胀缩变形较小，耐腐蚀性强	松树、杉树、柏树	在建筑工程中主要用作承重构件及门窗用材
阔叶树(硬木材)	树叶多数宽大，叶脉成网状，多为落叶树。树干通直部分一般较短，枝杈较大，数量较少。材质硬而较难加工。阔叶材强度高，体积密度大，胀缩变形大，易翘曲或开裂。阔叶材板面通常纹理美观，具有较好的装饰作用	水曲柳、榆木、柞木、椴木、榉木、槐木	用于建筑中尺寸较小的装饰构件；做室内装修、家具及胶合板

2. 按加工程度和用途分

按加工程度和用途的不同，木材可分为原条、原木和板枋材。原条指已经除去皮、根、树梢的木料，但尚未加工成规定尺寸的材类。原木指已经除去皮、根、树梢的木料，并加工成一定直径和长度的木段。板枋材指已按一定尺寸锯解、加工成的板材和枋材。宽度为厚度的 3 倍或 3 倍以上的称为板材，不足三倍的称为枋材。

树木的加工分类和用途见表 8-2。

表 8-2　树木的加工分类和用途

分　类	说　明	用　途
原条	除去皮、根、树梢的伐倒木	用作进一步加工
原木	除去皮、根、树梢的木料，并加工成一定直径和长度的木段	用作屋架、檩条、柱等，也可用于加工板枋材和胶合板等

续表

分类		说明	用途
板枋材	板材(宽度为厚度的3倍或3倍以上)	薄板:厚度为12～21 mm	门芯板、隔断、木装修等
		中板:厚度为25～30 mm	屋面板、装修、地板等
		厚板:厚度为40～60 mm	门窗
	方板(宽度小于厚度的3倍)	小方:截面积为50 cm^2 以下	椽条、隔断木筋、吊顶格栅
		中方:截面积为50～100 cm^2	支撑、格栅、扶手、檩条
		大方:截面积为101～225 cm^2	屋架、檩条
		特大方:截面积为226 cm^2 以上	木屋架、钢木屋架

为了保持所有的尺寸和形状,延长使用寿命,木材在加工和使用前必须进行干燥处理和防腐处理。

8.1.3 木材的性质

1. 木材的含水率

木材的含水率指木材中所含水的重量占干燥木材重量的百分比。木材中所含水分,可分为自由水、吸附水和化合水三种。自由水是指呈游离状态存在于细胞腔、细胞间隙中的水分;吸附水是指呈吸附状态存在于细胞壁的纤维丝间的水分;化合水是含量极少的构成细胞化学成分的水分。

1)纤维饱和点

潮湿的木材在干燥大气中存放或进行人工干燥时,自由水先蒸发,然后吸附水才蒸发;反之,干燥的木材吸水时,则先吸收成为吸附水,而后才吸收成为自由水。木材细胞壁中的吸附水达到饱和,但细胞腔和细胞间隙中尚无自由水时的含水率称为纤维饱和点。

2)平衡含水率

木材很容易吸收周围环境中的水分,因此木材中的水分随大气湿度的变化而变化,始终处在一种动态的平衡之中。若木材长时间处于一定温度和湿度的空气中,其水分的蒸发和吸收趋于平衡,此时木材含水率相对稳定,称为平衡含水率。

木材的防腐与防火

木材在使用过程中存在两大明显的缺陷,一是易腐朽,二是易燃烧,因此在建筑工程中应用木材时,必须考虑木材的防腐与防火。

1. 木材的防腐

木材受到真菌侵害,会改变颜色,结构逐渐变得松软、脆弱,强度降低,这种现象称为木材的腐朽。

1)破坏真菌的生存条件

破坏真菌生存条件的主要方法是经常通风,使木材保持干燥状态,降低其含水率,并对木构件表面进行油漆或涂料涂刷处理,或将木材全部浸入水中保存。油漆涂层既可使木材隔绝空气和水分,又能使木制品美观,增加装饰性能。

2)注入化学防腐剂

将化学防腐剂注入木材,使木材变成有毒物质而不能作为真菌的养料,可使真菌无法寄生。木材防腐剂的种类很多,一般分为水溶性防腐剂、油质防腐剂和膏状防腐剂三类。木材注入防腐剂的方法通常有表面涂刷、喷涂和浸渍等。

2. 木材的防火

木材属木质纤维材料,易燃烧,是具有火灾危险性的有机可燃物,燃烧时的燃烧温度可达 800～1300 ℃。木材常用的防火处理措施有:

(1)在木材表面涂刷防火涂料。其作用原理是阻滞热传递或抑制木材在高温下分解助燃,从而起到防火作用。某些防火涂料既能起到防火作用,又具有防腐和装饰作用。

(2)将化学阻燃剂浸注于木材。将化学阻燃剂浸注于木材,可抑止木材在高温下的分解助燃和阻滞热传递,提高木材的耐火极限。

2. 湿胀干缩

木材具有显著的湿胀干缩性能。当木材从潮湿状态干燥至纤维饱和点时,蒸发的均为自由水,木材尺寸不变;继续干燥,当含水率降至纤维饱和点以下时,木材将发生体积收缩。在纤维饱和点以内,木材的收缩与含水率的减小一般为线性关系。

3. 强度(影响木材强度的主要因素)

1)含水率

木材含水率在纤维饱和点以下时,其强度随含水率的增加而降低;在纤维饱和点以上时,含水率的增减对木材强度没有影响。

2)温度

环境温度升高时,木材强度逐渐降低。木材含水率越大,其强度受温度的影响也越大。

4. 负荷时间的影响

木材对长期荷载的抵抗能力远远低于对短期荷载的抵抗能力。若在外力长期作用下,只有当木材应力远低于其极限强度(在某一范围以下)时,才可避免木材因长期负荷而破坏。

8.1.4 建筑装饰常用树种及特点

由于树木生长的地域和气候环境不同,各种木材的使用性能也略有差异。建筑装饰中常用的树种及其特性、用途见表 8-3。

表 8-3 建筑装饰中常用的树种及其特性、用途

树种	主要性能	用途
水曲柳	纹理直,结构粗且不均匀,木材较重,硬度、强度、干缩中等,耐腐蚀,不耐虫蛀,易加工,切削面光洁,握钉力强,胶黏性能好	高级家具、胶合板及薄木、乐器、车辆、船舶、室内装修
榉木	纹理直且美观,结构中且不均匀,干缩小,强度中高,切削面光,油漆、粘结性能好,握钉力强,不易劈裂	家具、单板、室内装饰
胡桃木	抗劈裂性和韧性好,干燥慢,弯曲性、加工性好,表面光滑,易雕刻、磨光,粘结性能好	高档家具、装饰品、室内装修
核桃木	纹理直或斜,结构细且均匀,质重而稳定,变形小,硬度及强度中,干缩小,干燥慢,易劈裂,切削面光,耐腐蚀,油漆、粘结性能好,握钉力强	家具、单板、室内装饰

续表

树　　种	主要性能	用　　途
椴木	纹理直，结构略粗且均匀，质软，强度低，干燥易翘曲，易加工，不耐腐蚀，切削面光，油漆、粘结性能好，钉钉容易，但握钉力稍弱	胶合板、装饰线条、器具
楸木	纹理交错美丽，结构略细且均匀，硬度中，干缩大，强度低，干燥快，不易变形，易加工，不耐腐蚀，切削面光，油漆、粘结性能好，握钉力小，不易劈裂	家具、室内装修
槐木	纹理直，结构较粗且不均匀，材质重、硬，干缩、强度中，耐腐蚀性强，加工切削面光滑，油漆、粘结性能好，握钉力强	家具、装修部件
香樟	交错纹理，结构细且均匀，材质较软，干缩小，强度低，易干燥，少翘曲，耐腐蚀和高温，易切削，切削面光，油漆、粘结性能好，握钉力中等，不劈裂	家具、室内装饰、单板
红松	有光泽，松脂气味较浓，纹理直，强度较低，易锯刨加工，刨切面光滑，耐腐蚀，握钉力中	船舶、车辆、建筑的门窗、室内装修
柚木	纹理直，结构中且不均匀，密度、硬度、强度中，干缩小，干燥质量好，性能稳定，耐腐蚀，耐虫蛀，加工较难，刨切面光滑，油漆、粘结性能好，握钉力强	高档家具、雕刻、单板、室内装修

8.1.5 木材的用途

木质装饰制品在建筑装饰领域始终占据着重要的地位，应用于建筑物的室内装修与装饰，如门窗、栏杆、扶手、木地板、踢脚线、挂镜线以及制作各类人造板材、装饰线条等。木材天然生长具有的自然纹理使木材的装饰效果典雅、亲切、温和、自然，很好地促进了人与空间的融合和情感交流，从而能创造出良好的室内氛围。

8.2 木地板

木地板是由软木材料（如松、杉等）或硬木材料（如水曲柳、柞木、榆木、樱桃木及柚木等）经加工处理而成的木板面层。木地板具有自重轻、弹性好、脚感舒适、导热性小、冬暖夏凉等特性，尤其是它独特的质感和纹理，迎合了人们回归自然、追求质朴的心理，备受消费者的青睐。目前，常用的木地板主要有实木地板、复合木地板和软木地板。

8.2.1 实木地板

实木地板（见图 8-2）是用天然木材经锯解、干燥后直接加工成不同几何单元的地板，其特点是断面结构为单层，充分保留了木材的天然性质，它以不可替代的优良性能稳定地占领着一定的市场份额。常用的实木地板有拼花木地板和条木地板。

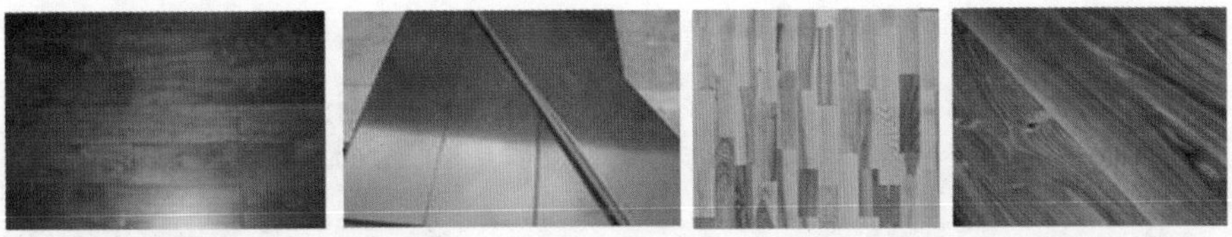

图 8-2 实木地板

1. 拼花木地板

拼花木地板是用阔叶树种制成的硬木材，经干燥处理并加工成一定几何尺寸的木块，再拼成一定图案而成的地板材料。拼花木地板的木块，一般长度为 250～300 mm；宽度为 40～60 mm，最宽可达 90 mm；厚度为 20～25 mm。拼花木地板有平口接缝地板和企口拼接地板两种。采用拼花木地板，通过小木板条不同方向的组合，可拼造出多种美观大方的图案花纹，常用的有正芦席纹、斜芦席纹、人字纹及清水砖墙纹等。拼花木地板坚硬而富有弹性，耐磨、耐腐蚀，质感和光泽好，纹理美观，一般均经过远红外线干燥，含水率恒定，因而外形稳定，易保持地面平整而不变形。拼花木地板适用于高级宾馆、饭店、别墅、会议室、展览室、体育馆、影剧院及普通住宅等的地面装饰。

2. 条木地板

条木地板是我国传统的木地板，它一般采用径级大、缺陷少的优良树种经干燥处理和设备加工而成。常用的树种有松木、杉木、柳桉木、水曲柳、樱桃木、柞木、柚木、桦木及榉木等。材质要求不易腐蚀、不易变形开裂。条木地板有双层和单层之分，双层者下层为毛板，面层为硬木板。

条木地板的宽度一般不大于 120 mm，厚度不大于 25 mm。地板拼缝处可做成平头、企口或错口（见图 8-3）。条木地板铺设方式有空铺和实铺两种。空铺条木地板由龙骨、水平撑和地板三部分构成；实铺是直接将木地板粘贴在找平后的混凝土基层上。条木地板具有整体感强、自重轻、弹性好、脚感舒适、导热性小、易于清洁、美观大方等特点，尤其是经过良好的表面涂饰处理之后，既显示出优美自然的纹理，又保持亮丽的木材本色，给人以清新雅致、自然淳朴的美好感受。条木地板适用于办公室、公共休息室、宾馆客房、舞台、住宅等的地面装饰。

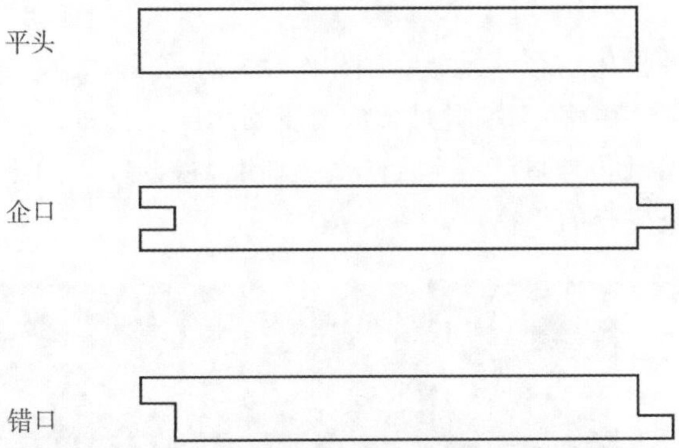

图 8-3 条木地板拼缝处构造

8.2.2 复合木地板

复合木地板（见图 8-4）分为实木复合地板和强化复合木地板两类。

1. 实木复合地板

实木复合地板分为三层实木复合地板和多层实木复合地板。三层实木复合地板是由三层实木板相互垂直层压、胶合而成；多层实木复合地板是以多层实木胶合板为基材，在基材上覆贴一定厚度的珍贵木材薄片或刨切单板为面板，通过合成树脂胶热压而成。目前国内应用较多的是三层实木复合地板。

三层实木复合地板由面层、芯层、底层三层组成。面层为耐磨层，厚度为 4～7 mm，应选择质地坚硬、纹理美观的珍贵树种，如榉木、橡木、樱桃木、水曲柳等锯切板；芯层厚 7～12 mm，可采用软质的速生材，如松木、杉木、杨木等；底层（防潮层）厚 2～4 mm，采用速生材（杨木）或中硬杂木旋切单板。三层板材通过合成树脂胶热压，再用机械设备加工成地板。实木复合地板面层的厚度决定其使用寿命，面层板材越厚，耐磨损的时间越长。三层实木复合地板常用规格一般为 2200 mm×（180～200）mm×（14～15）mm。由于各层

图 8-4 复合地板

木材相互垂直胶结，减小了木材的胀缩率，因而实木复合地板变形小、不开裂。它只有表层采用珍贵的优质硬木板，只需 4～5 mm 厚，可节约珍贵木材。实木复合地板加工精度高，因此，在选择时一定要仔细观察地板的拼接是否严密，并且两相邻板之间应无明显高低差。

实木复合地板的主要优点有：具有实木地板的优点；铺装方便简单（可以直接铺在平整的普通水泥地面或其他地面上）；涂层光洁均匀、保养方便；尺寸变形小；整体装饰效果好等。若胶合质量把关不严或使用维护不当，会发生开胶。

2. 强化复合木地板

强化复合木地板（见图 8-5）简称强化木地板或称浸渍纸层压木质地板，由耐磨层（装饰层）、芯层、防潮层通过合成树脂胶热压胶合而成，通常也是三层结构：面层是含有耐磨材料的三聚氰胺树脂浸渍木纹图案装饰纸，芯层为高、中密度纤维板或刨花板，底层（防潮层）为浸渍酚醛树脂的平衡纸。

图 8-5 强化复合木地板

如何选购强化复合木地板

选购强化复合木地板主要看如下指标：①表面耐磨转数，这项指标根据使用场合选择，家庭用大于 6000 转，公共场所用大于 9000 转；②甲醛释放量，我国对公共场所空气甲醛浓度已颁布了强制性标准，规定不应超过 1.5 mg/L；③吸水厚度膨胀率，这项指标越高，地板越易膨胀，国家制定这项指标合格品应在 10.0％以内；④内结合强度，该强度越大，强化木地板结合越紧密，国家规定这项指标应达到 1.0 MPa 以上。

强化复合木地板一般宽为 200 mm，长为 1200 mm、1800 mm 等，厚为 6 mm、7 mm、8 mm 等。强化复合木地板每个边都有榫和槽，易于安装，可直接在普通水泥地面或其他地面上安装，与地面不需胶结，直接浮贴在地面上，且无须上漆打蜡。另外，强化复合木地板还具有耐烟烫、耐化学试剂污染、耐磨、易清洁、抗重压、防虫蛀、花纹美丽多样等特点，但弹性不如实木复合地板。

由于强化复合木地板的装饰层为木纹图案印刷纸，因此强化复合木地板的花色品种很多，色彩丰富，其色彩纹理几乎覆盖了所有的珍贵树种(纹路样式见图 8-6)，同时还可组成色彩丰富、造型别致的拼接图案，这使得强化复合木地板能做出许多别具一格的装饰效果。强化复合木地板适用于会议室、办公室、高清洁度实验室等，也可用于中、高档宾馆、饭店及民用住宅的地面装修等。强化复合木地板虽然有防潮层，但不宜用于浴室等潮湿的场所。

图 8-6　纹路样式

8.2.3　软木地板

此处"软木"并非木材，而是在阔叶树种栓皮栎(属栎木类)的树皮上采割而获得的栓皮。该类树皮不同于一般的树皮，它的树皮中栓皮层极其发达，其质地柔软，皮很厚，纤维细，成片状剥落。软木地板(见图 8-7)是以优质天然软木(栓皮栎树的树皮)为原料，经过粉碎、热压而成板材，再通过机械设备加工成的地板。还可以以软木为基层，优质原木薄板为表层，经加工复合成软木复合地板。软木作为天然材料，弹性、柔韧性好，保温隔热性好。此外，软木还是一种吸声性和耐久性均极佳的材料，吸水率接近于零，这是由于软木的细胞结构呈蜂窝状，中间密封空气占 70%。

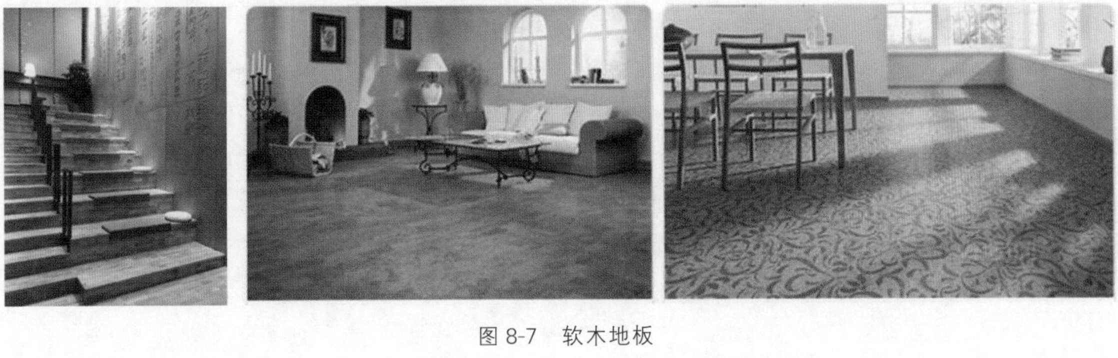

图 8-7　软木地板

软木地板使用注意事项

软木地板是天然木质产品，应放置于干燥、通风的场所；若长期存放于湿度大于65%的场所，其尺寸和形状将会发生变化。此外，安装时应注意选用与软木地板相配套的胶黏剂。

软木地板经过特殊处理后，既保持了原木天然的色泽纹理，又具有软木特有的弹性和柔韧性，看似木板，踏如地毯。由于软木具有特殊细胞结构，软木地板具有弹性好、吸声减震、保温隔热、防水、防火、阻燃、抗静电、耐磨及不变形、不扭曲、不开裂等优点，适用于高级宾馆、计算机房、播音室、幼儿园及住宅等的地面装饰。

8.3 木质人造板材

木质人造板材(见图 8-8)是木材、竹材、植物纤维等材料经不同加工制成的纤维、刨花、碎料、单板、薄片、木条等基本单元经干燥、施胶、铺装、热压等工序制成的一大类板材。

木质人造板材与天然木材的区别

木质人造板材与天然木材相比，板面宽，表面平整光洁，没有节子、虫眼和各向异性等缺点，不翘曲、不开裂，加工处理后还具有幅面大、质地均匀、变形小、强度大、防火、防水、防腐等优点。

图 8-8　木质人造板材

常用的木质人造板材有胶合板、软质纤维板、硬质纤维板、中密度纤维板、普通刨花板、定向刨花板、微粒板、实心细木工板、空心细木工板、集成材、指接材、层积材等，大多采用木材采伐剩余物、加工剩余物、间伐材、速生工业用材或非木材植物(如竹材、蔗渣、棉秆、麻秆、稻草、麦秸、高粱秆、玉米秆、葵花秆、稻壳)等作为主要原料，资源广泛，成本低廉，在现代建筑装饰装修、家具制造等方面被广泛应用，是建筑和装饰装修目前和今后应当大力发展的材料。

8.3.1 胶合板

胶合板(见图 8-9)是将原木软化处理后旋切成单板(薄板)，按奇数层数并使相邻单板的纤维方向相互垂直，再用胶黏剂粘合热压而成的人造板材。胶合板的层数有 3 层、5 层、7 层、9 层和 11 层，常用的为 3 层和 5 层，俗称三合板、五合板。通常胶合板的面层选用光滑平整且纹理美观的单板，也可用各类装饰板等材料制成贴面胶合板，以提高胶合板的装饰性能。胶合板的最大优点是各层单板按纹理纵横交错胶合，在很大程度上克服了木材各向异性的缺点，使胶合板材质均匀、强度高。同时，胶合板还具有幅面大、吸湿变形小、不易翘曲开裂、使用方便、纹理美观及装饰性好等优点，是建筑装饰装修工程及家具制造用量较大的人造板材之一。

图 8-9　胶合板

选用木质人造板材注意事项

木质人造板材所采用的胶黏剂中含有一定量的甲醛，污染环境并对人体有害，选用时要注意甲醛释放量应符合国家标准《室内装饰装修材料　人造板及其制品中甲醛释放限量》(GB 18580—2017)的规定。

8.3.2　纤维板

纤维板(见图 8-10)是以植物纤维为主要原料，经破碎浸泡、纤维分离、板坯成型和热压作用而制成的一种人造板材。纤维板的原料非常丰富，如木材采伐加工剩余物(树皮、刨花、树枝等)、稻草、麦秸、玉米秆、竹材等。

图 8-10　纤维板

纤维板按表观密度可分为三类：硬质纤维板(表观密度>800 kg/m^3)、半硬质纤维板(表观密度为 400～800 kg/m^3，也称中密度纤维板)和软质纤维板(表观密度<400 kg/m^3)。硬质纤维板的强度高，结构均匀，耐磨，易弯曲和打孔，可代替薄木板用于室内墙面、天花板、地面和家具制造等；半硬质纤维板表面光滑、材质细密，结构均匀，加工性能好，且与其他材料的粘结力强，是制作家具的良好材料，主要用于家具、隔断(隔墙)、地面等。软质纤维板的结构松软，故强度低，但吸音性和保温性好，是一种良好的保温隔热材料，主要用于吊顶等。建筑装饰工程中应用较多的是硬质纤维板。

8.3.3　刨花板

刨花板(见图 8-11)是将木材加工剩余物、采伐剩余物、小径木或非木材植物纤维原料加工成刨花，再与胶黏剂混合，经过热压制成的一种人造板材。

刨花板的厚度一般为 13～20 mm，幅面尺寸为 915 mm×1830 mm、1000 mm×2000 mm、1220 mm×1220 mm、1220 mm×2440 mm 等。刨花板具有质量轻、幅面大、板面严整挺实、加工性能好等优点，缺点是握钉力差、强度较低，主要用作绝热和吸声材料。对刨花板进行二次加工，如进行贴面处理可制成装饰板，这样既增强了板材的表面硬度和强度，又使板材具有装饰性，可用作吊顶、隔墙、家具等的材料。

图 8-11 刨花板

图 8-12 细木工板

8.3.4 细木工板

细木工板(见图 8-12)又称大芯板、木芯板,它是由木条或木块组成板芯、两面粘贴单板或胶合板的一种人造板材。细木工板质量轻、板幅宽、耐久、吸声、隔热、易加工、胀缩小,有一定的强度和硬度,是木装修做基底的主要材料之一,主要用于建筑装饰和家具制造等行业。

细木工板按照板芯结构分为实心细木工板和空心细木工板;按胶黏剂的性能分为室外用细木工板和室内用细木工板。常用细木工板的板厚为 12 mm、14 mm、16 mm、19 mm、22 mm、25 mm 等,幅面尺寸为 915 mm×915 mm、915 mm×1830 mm、915 mm×2135 mm、1220 mm×1220 mm、1220 mm×1830 mm、1220 mm×2440 mm 等。

8.3.5 木质人造板材表面装饰方法

木质人造板材用于建筑物室内装饰时,其表面一般要做装饰面层,装饰面层不仅增加了装饰效果,而且有利于改善木质人造板材的物理力学性能。人造板材表面装饰的方法很多,常用的饰面方法主要有以下几种。

1. 贴面装饰

用于人造板材贴面装饰的材料有很多,通常有薄木贴面、装饰纸贴面、塑料贴面、纺织品贴面、金属贴面等。

2. 涂料装饰

用作人造板材的涂料装饰有很多,一般有透明涂饰、不透明涂饰和直接印刷涂饰。

3. 表面加工装饰

木质人造板材可通过表面加工进行装饰,常用手法有烙印装饰、压花纹装饰、雕塑装饰、开槽装饰等。

4. 特殊装饰

对木质人造板材进行特殊装饰的方法有夜光装饰、电化铝烫印装饰、静电植绒装饰等。

人造板材采用不同的表面装饰方法,会产生不同的装饰效果,设计时应根据建筑物整体的风格、室内要求的气氛、环境的协调等因素来综合考虑,且忌盲目随意地选择。

8.3.6 花纹人造板

花纹人造板(见图 8-13)分直接印刷和贴面两类。贴面板中,在人造板表面贴花纹纸、经胶合热压而成的,称为华丽板;表面涂膜的称保温板。贴面板有仿真、美观、耐磨、有光泽、耐温、抗水、耐污染、耐气候、附着力大等优点。直接印刷木纹人造板可直接用于室内装修、住宅夹板门、家具贴面等。

图 8-13 花纹人造板

图 8-14 木装饰线条

8.3.7 木装饰线条

木装饰线条(见图 8-14)是选用硬质、纹理细腻、木质较好的木材,经干燥处理后,用机械加工或手工加工而成。木装饰线条在室内装饰中起到固定、连接、加强饰面装饰效果的作用,可作为装饰工程中各平面相接处、相交处、分界面、层次面、对接面的衔接口、交接条等的收边封口材料。

木装饰线条的品种规格繁多,从材质上分,有硬质杂木线、水曲柳木线、核桃木线等;从功能上分,有压边线、墙腰线、天花角线、弯线、挂镜线、楼梯扶手等;从款式上分,有外凸式、内凹式、凸凹结合式、嵌槽式等。各类木装饰线条造型各异,每类木装饰线条又有多种断面形状。

木装饰线条材质硬,木质细,耐磨,耐腐蚀,不劈裂,切面光滑,加工性能好,粘结性好。此外,木装饰线条涂饰性好,可油漆成各种色彩或木纹本色,又可进行对接、拼接,还可弯曲成各种弧线。木装饰线条主要用作建筑物室内墙面的墙腰饰线,墙面洞口装饰线,护壁板和勒脚的压条装饰线,以及门框装饰线、顶棚装饰角线、门窗及家具的镶边线等。建筑物室内采用木线条装饰,可增添室内古朴、高雅、亲切的美感。

木装饰线条的应用如图 8-15 所示。

图 8-15 木装饰线条的应用

8.3.8 旋切微薄木

旋切微薄木(见图 8-16)是以色木、桦木或多瘤的树根为原料,经水煮软化后,旋切成厚 0.1 mm 左右的薄片,再用胶黏剂粘贴在坚韧的纸上制成卷材。如采用水曲柳、柳桉木等树材,旋切成厚 0.2～0.5 mm 的微薄木,再采用先进的胶黏工艺,将微薄木粘贴在胶合板基层上,制成微薄木贴面板。

旋切微薄木花纹清晰美丽,材色悦目,真实感和立体感强,具有自然美的特点。采用树根瘤制作的微薄木,具有鸟眼花纹的特色,装饰效果更佳。旋切微薄木主要用作高级建筑物的室内墙面、门等部位的装饰和家具饰面。

采用旋切微薄木装饰立面时,应根据花纹的特点区分上下端。施工安装时,应注意树根方向朝下,树梢朝上。为便于使用,在生产微薄木贴面板时,板背面盖有检验印记,有印记的一端为树根方向。若建筑物室内采用旋切微薄木装饰,在选择树种和花纹的同时,应考虑室内家具的色调、灯具灯光以及其他附件的陪衬颜色,以获得更好的装饰效果。

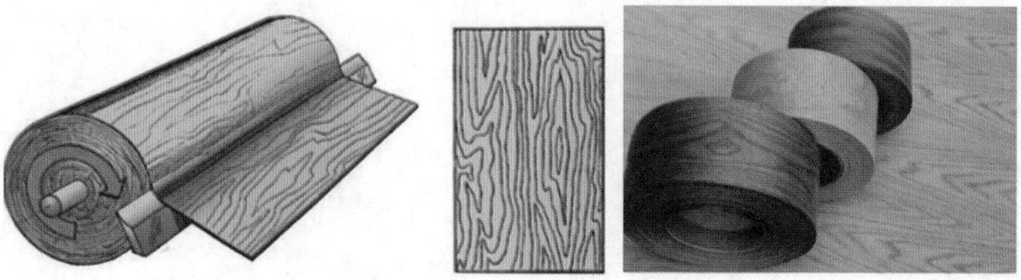

图 8-16 旋切微薄木

8.3.9 装饰薄木

装饰薄木(见图 8-17)基材一般为花纹美观、质地优良的珍贵树种,随着技术的进步和生产工艺水平的发展,也可采用普通树种经过机械加工、漂白、染色等一系列工序后再经重新排列组合和胶压,精密薄切,制成厚度为 0.2～0.5 mm 的装饰薄木。装饰薄木具有花纹美丽、真实感和立体感强的特点,并具有自然美,用于高级建筑内部装修,墙裙、家具的饰面,以及电视机壳、乐器装饰等。

图 8-17 装饰薄木

8.3.10 木花格

木花格(见图 8-18)是用木板和枋木制作成的有若干个分格的木架,这些分格的尺寸或形状一般都各不相同,造型丰富多样。木花格宜选用硬木或杉木树材制作,要求材质木节少、木色好,无虫蛀和腐朽等缺陷。

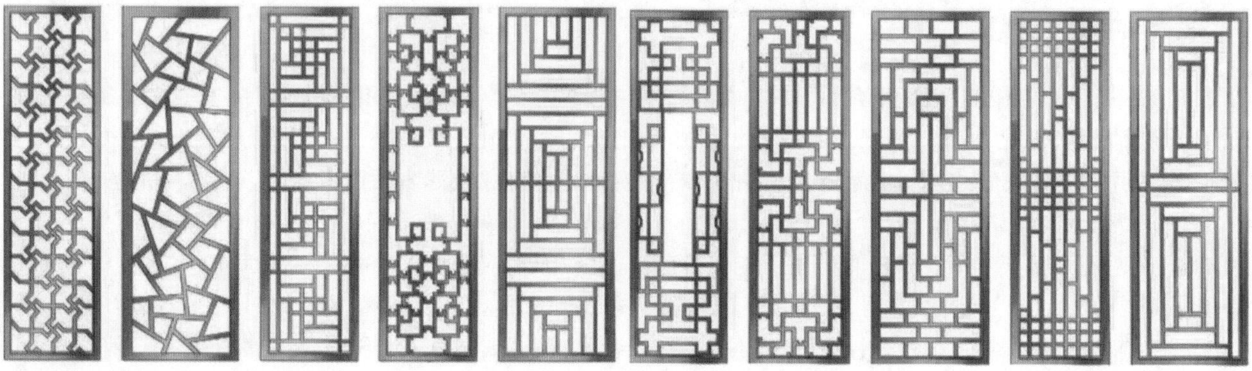

图 8-18 木花格

木花格具有加工制作简单、饰件轻巧纤细、表面纹理清晰等特点,多用作建筑物室内的花窗、隔断、博古架等,能起到调整室内设计的格调、改进空间效能和提高室内艺术效果等作用。

8.3.11 防火板(层压板)

防火板(见图 8-19)又叫层压板,其面层是用三聚氰胺甲醛树脂浸过的印有各种色彩、图案的纸(里面各层都是酚醛树脂浸渍过的牛皮纸),经过干燥后叠合在一起,在热压机中通过高温高压制成。防火板美观仿真,耐湿、耐磨、耐烫、阻燃,耐一般酸、碱、油脂及酒精等溶剂的浸蚀,表面易清洗,比木纹耐久。

图 8-19 防火板

8.4 竹地板

竹地板(见图 8-20)是采用中上等竹材,经严格选材、漂白、脱水、防虫和防腐等工序加工处理后,再经高温、高压下的热固胶合而成。竹地板按外观形状分为条形竹地板和方形竹地板;按涂料不同又分为原色竹地板和上色竹地板。竹地板表面光洁,外观呈现自然竹纹,色泽高雅美观,符合人们崇尚回归大自然的心理。另外,竹地板还具有耐磨、耐压、阻燃、弹性好、防潮、经久耐用等优点,能弥补木地板易变形的缺点,是高级宾馆、办公楼及现代家庭地面装饰的新型材料。

图 8-20 竹地板

8.4.1 竹地板的分类

(1)按质地分:有竹质地板、竹木复合地板等。

(2)按外形结构分:有条状地板、块状拼花地板、粒状地板(又称木质马赛克);此外还有毯状地板、穿线地板、编制地板等。

(3)按横断面构造分:有顺纹地板(即木、竹材纹理顺地板长边的地板)、立木地板(即地板表面的纹理为木、竹材的横断面)和斜纹地板(即地板表面的纹理方向与木、竹材纹理成一定角度)。

(4)按地板的接口形式分:有平口式地板、沟槽式地板、榫槽式地板、燕尾榫式地板、斜边式地板、插销式地板等。

(5)按层数分:有单层地板、双层地板和多层地板。

8.4.2 竹地板使用注意事项

竹地板有着独特的装饰效果(见图 8-21),但也有着一定的缺点,在使用中应当注意。

①质感特别　作为地面材料,坚实而富弹性,冬暖而夏凉,自然而高雅,舒适而安全。

②装饰性好　色泽丰富,纹理美观,装饰形式多样。

③物理性能好　有一定硬度但又具一定弹性,绝热、绝缘,隔音、防潮,不易老化。

④使用中有一定的局限　本身不耐水、火,需进行一定处理才有此能力。干缩湿胀性强,处理与应用不当时易产生开裂变形,保护和维护要求较高。

图 8-21　竹地板装饰效果

课后思考与练习

想一想

在住宅装修过程中,实木地板、复合木地板、木质人造板材及竹地板等都会用于哪些地方?试以图 8-22 所示的户型为例进行分析。

作　业

任务:完成建筑木质装饰材料调查表,如表 8-4 所示。

调查方式:综合运用电商购物平台等获取信息。

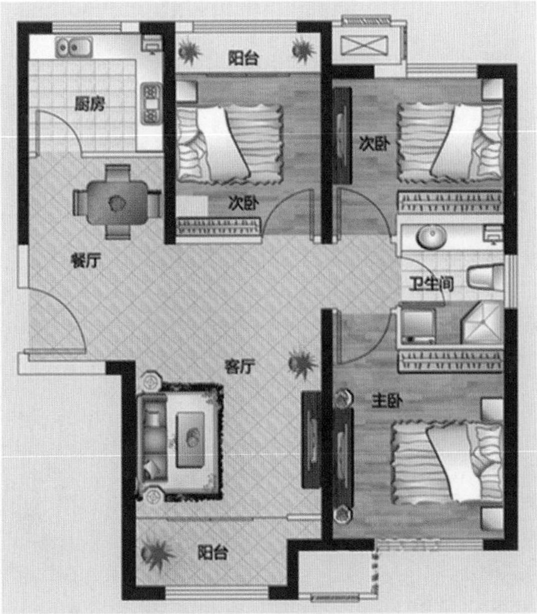

图 8-22 户型图

表 8-4 建筑木质装饰材料调查表

木质材料类型		品牌	规格	价格	产地	效果图
实木地板	实木地板 1					
	实木地板 2					
	实木地板 3					
复合木地板	复合木地板 1					
	复合木地板 2					
	复合木地板 3					
木质人造板材	木质人造板材 1					
	木质人造板材 2					
	木质人造板材 3					
竹地板	竹地板 1					
	竹地板 2					
	竹地板 3					
新型板材	新型板材 1					
	新型板材 2					
	新型板材 3					

第九章

建筑装饰涂料

JIANZHU ZHUANGSHI TULIAO

涂料是一种常用的建筑装饰材料，涂刷于材料表面能很好地粘结形成完整保护膜，不仅色泽美观，同时具有防护、装饰、防锈、防腐、防水功能，能起到保护主体材料的作用，从而提高主体建筑材料的耐久性。建筑物的装饰和保护具有多种途径，装饰涂料以其色彩艳丽、品种繁多、施工方便、维修便捷、成本低廉等优点而深受设计师的喜爱，也是新产品、新工艺、新技术较多的、发展较快的建筑装饰材料之一。

9.1 建筑涂料的基础知识

9.1.1 建筑涂料的主要功能

建筑涂料（见图 9-1）的主要功能包括保护功能、装饰功能和满足建筑物的使用功能。

1. 保护功能

建筑物暴露在自然界中，屋顶和外墙在阳光、大气、酸雨、温差、冻融的作用下会产生风化等破坏现象，内墙和地面在水汽、磨损等作用下也会损坏。涂料的耐磨性、耐候性、耐化学侵蚀性及抗污染性，可延长建筑物的使用寿命。

2. 装饰功能

建筑涂料花色品种繁多，可以满足各种类型建筑的不同装饰艺术要求，使建筑饰面与建筑形体、建筑环境协调一致。许多新型的涂料能给人美妙的视觉感受，能够使人从不同角度观察到不同的色彩和图案；有些涂料还能产生立体效果，在凸凹之间创造良好的空间感和光影效果；新型的丝感涂料和绒质涂料，更给人以温馨的视觉感受和柔和的手感。（见图 9-2、图 9-3）

图 9-1　建筑涂料

图 9-2　建筑涂料的装饰功能

3. 满足建筑物的使用功能

利用建筑涂料的各种特性和不同施工方法，能够提高室内的自然亮度，获得吸声隔音的效果，并能保持清洁，给人们创造出良好的生活和学习气氛以及舒适的视觉审美感受。对于有防火、防腐、防静电等特殊要求的部位，涂刷防火、防腐、防静电等涂料，均可收到显著的效果。

图 9-3　建筑涂料的颜色众多

9.1.2 建筑涂料的组成

建筑装饰涂料的组成分为主要成膜物质、次要成膜物质、溶剂(稀释剂)和辅助材料(助剂)四部分。

1. 主要成膜物质

主要成膜物质指胶黏剂,还包括一些基料和固化剂,其作用是将其他组分粘结成一个整体,并能牢固地附着在被涂基层表面,形成坚韧的、连续均匀的保护膜。建筑装饰涂料中的胶黏剂应具有较高的化学稳定性,资源广泛、价格低廉,具有良好的耐碱性、耐火性、耐候性,并能在较低温度下固化成膜。胶黏剂多属于高分子化合物,主要成分是各种油料和树脂。

1)油料

油料是涂料工业中使用最早的成膜材料。涂料中使用的油料主要是植物油,按其能否干结成膜以及成膜所需的时间长短,分为干性油(桐油、梓油、亚麻籽油、苏子油等)、半干性油(豆油、向日葵籽油、棉籽油等)和不干性油(蓖麻油、椰子油、花生油等)。

2)树脂

如果我们仅仅使用油料,制成的涂料在物理和化学性能等方面往往不能满足现代装饰工程的要求,形成的涂膜在硬度、光泽、耐水性、耐酸碱性等方面存在欠缺。因此,在现代建筑涂料中,大量采用性能优异的树脂作为主要成膜物质,有天然树脂、人造树脂和合成树脂三类。用合成树脂制得的涂料性能优异,涂膜光泽好,是现代涂料工业生产量最大、品种最多、应用最广泛的涂料,如聚乙烯醇系缩聚物、聚醋酸乙烯及其共聚物、丙烯酸酯及其共聚物、环氧树脂、聚氨酯树脂、氯磺化聚乙烯树脂等。每种树脂都有其作为主要成膜物质的材料特性。

2. 次要成膜物质

次要成膜物质主要是指涂料中的颜料和填料,它不能离开主要成膜物质而单独构成涂膜。它以微细粉状均匀地分散在涂料的介质之中,使涂料具有鲜艳夺目的色彩、优良的质感,并使涂料具有一定程度的遮盖力。它还能减少涂料的收缩,增加膜层的机械强度,提高涂料的抗老化性和耐候性,并能阻止紫外线的穿透。

1)颜料

颜料是不溶于水、溶剂或涂料基料的一种微细粉末状有色物质。它具有良好的耐碱性,资源丰富,易于收集,价格低廉,具有良好的耐候性,无放射性污染,无有毒气体排放,能均匀分散在涂料介质中形成悬浮物。颜料按照来源可分为天然颜料和人工颜料,按照其作用可分为有色颜料、防锈颜料和填料,按其化学组成可分为有机颜料和无机颜料。

2)填料

填料的主要作用是改善涂料的涂膜性质,降低生产成本。填料主要是一些碱土金属盐、轻质碳酸钙、云母粉等,多为白色粉末状的天然材料或工业副产品。

3. 溶剂

溶剂又称稀释剂,也是涂料的重要组成部分。溶剂的关键作用在于易于挥发,可使树脂成膜,还能溶解各种油料、树脂,从而可降低涂料的黏度以达到施工的要求。

1)溶剂的基本性质

①溶剂的溶解能力。

每一种树脂都有自身特殊的溶解性,很多树脂只能溶于某些特定类型的溶剂中。有些溶剂不能单独使用,只有在助溶剂的作用下才有溶解的能力。

②溶剂的挥发性。

溶剂的挥发性取决于它的蒸气压。溶剂的挥发性好,涂膜干燥的时间就相应缩短,这就能大大地缩短施工工期。

③溶剂的毒性。

大多数溶剂中的挥发性气体都会对人体健康产生不良影响,长期呼吸这些有毒的挥发性气体,会使人感到头晕、恶心，产生血压上升等不良反应。

④溶剂的易燃性。

有机溶剂几乎都是易燃液体(氯化烃类除外)。特别需要注意的是，这些易燃的溶剂产生的挥发性气体与空气混合后，在浓度适合的情况下，具有爆炸的危险。

2)溶剂的基本种类

①石油溶剂。

石油溶剂主要是链状化合物，是由石油分馏而得。在涂料中最常用的石油溶剂为150～200 ℃馏出物，俗称松香水。它的价格低廉，并与很多种有机溶剂互溶性良好，所以石油溶剂在涂料工业中被广泛应用。

②煤焦油溶剂。

煤焦油溶剂由煤焦油蒸馏而得，包括苯、甲苯、二甲苯等，属于芳香烃类溶剂。其中二甲苯和甲苯的溶解能力较强，且挥发速度适当，因此在工程中使用较多。

4.辅助材料

为了改善涂料性能，常使用一些辅助材料，也称助剂，按其功能可分为催干剂、增塑剂、润湿剂、悬浮剂、紫外线吸收剂、稳定剂、抗氧剂等。它们在涂料中的添加量很小，但作用很大，能够改变涂料的很多特性，因此这些辅助材料也是建筑装饰涂料的一个重要组成部分。

9.1.3　建筑涂料的分类

1.按主要成膜物质的化学成分分类

按主要成膜物质的化学成分分类可将建筑涂料分为有机涂料、无机涂料、无机-有机复合涂料三类。

1)有机涂料

有机涂料常用的有三种类型：溶剂型涂料、水溶性涂料和乳胶涂料。

①溶剂型涂料　溶剂型涂料是以高分子合成树脂为主要成膜物质，有机溶剂为稀释剂，加入适量的颜料、填料(体质颜料)及辅助材料，经研磨而成的涂料。主要特点有：涂膜细腻光洁，坚韧，气密性好，有较好的硬度；耐水性、耐候性、耐酸碱性好；施工温度要求不高，可在接近0 ℃的环境中施工；易燃，涂膜透气性差；基层干燥条件要求高；其溶剂的挥发对人体健康有害；价格较高。

②水溶性涂料　水溶性涂料是以水溶性合成树脂为主要成膜物质，以水为稀释剂，加入适量的颜料、填料及辅助材料，经研磨而成的涂料。这类涂料的水溶性很好，可直接溶于水中，与水形成单相的溶液。但它的耐水性、耐洗刷性、耐候性较差，一般只能用于内墙。

③乳胶涂料　乳胶涂料又称乳胶漆。它是由合成树脂借助乳化剂的作用，以0.1～0.5 μm的极细微粒子分散于水中构成乳液，并以乳液为主要成膜物质，加入适量的颜料、填料、辅助材料，经研磨而成的涂料。主要特点有：价格低廉，它以水为稀释剂，不含价格较高的有机溶剂；无毒、不燃，有一定的透气性，对人体无害；对基层干燥要求不高，耐水、耐擦洗性较好；施工温度要求较高，一般需要在10 ℃以上；可作为内外墙建筑涂料。

2)无机涂料

无机涂料主要特点有：资源丰富，生产工艺较简单，价格便宜，能源节约；温度适应性好，可在较低的温度下施工，受气温的影响较小；颜色均匀，不易褪色；对基层处理要求不高，粘结力较强；耐久性好，遮盖力强，耐热性好，不燃；对人体健康无危害，环境污染程度小。

3)无机-有机复合涂料

为改善建筑涂料的性能、降低成本，更好地适应建筑装饰工程的施工要求、装饰要求、环保要求等，常使用无机-有机复合涂料。如聚乙烯醇水玻璃内墙涂料，就比单纯使用聚乙烯醇涂料的耐水性有所提高；而硅溶胶、丙烯酸系列复合外墙涂料在涂膜的柔韧性及耐候性方面更能适应大气温度差的变化。

2.按构成涂膜的主要成膜物质分类

按构成涂膜的主要成膜物质分类可将涂料分为丙烯酸涂料、聚乙烯醇涂料、氯化橡胶涂料、聚氨酯涂料和水玻璃及硅溶胶涂料等。

3. 按建筑物的使用部位分类

按建筑物的使用部位，可将建筑涂料分为外墙涂料、内墙涂料、顶棚涂料、地面涂料和屋面防水涂料等。建筑的不同使用部位对涂料的要求是不同的，如外墙涂料要求防水性能好，而内墙涂料更注重装饰效果。

4. 其他分类方法

按照使用功能，可将建筑涂料分为装饰性涂料、防火涂料、保温涂料、防腐涂料、防水涂料等。以涂膜的状态特征为分类基础，可将建筑涂料分为薄质涂料、厚质涂料、砂壁涂料及变形、凹凸花纹涂料等。

9.1.4 建筑涂料的选用原则

建筑涂料的选用原则一般应包括以下几项：建筑表面不同的使用功能是选择涂料的基本依据；选择的涂料类型应当与建筑物表面材质相匹配；根据建筑物表面装修的更新周期，选用具有不同耐久性的涂料。

9.2 内墙涂料

内墙涂料(见图 9-4)亦可作顶棚涂料，它的主要功能是装饰及保护室内墙面及顶棚，使其美观整洁，让人们处于舒适的居住环境中。为了获得良好的装饰效果，内墙涂料常色彩丰富、细腻、柔和，耐碱性、耐水性、耐洗刷性良好，具有好的透气性、吸湿排湿性，且应无毒、环保。

图 9-4 内墙涂料

9.2.1 内墙涂料的特点

1. 色彩丰富

由于人们生活环境的不同、年龄的不同、民族的不同、所受教育程度的不同等，人们对色彩的倾向性不同，因此内墙涂料的色彩极为丰富，几乎所有的色彩都可以加工调制出来。

2. 耐碱性、耐水性、耐洗刷性好

由于墙面多带有碱性，因此内墙涂料要具备一定的耐碱性。为了防潮的需要，同时也为了内墙洁净洗刷的需要，内墙涂料必须有一定的耐水性和耐洗刷性。

3. 无毒、环保

内墙涂料是构成室内空间环境质量的重要组成部分。据统计，许多人平均每天至少 80%的时间生活在室内环境中，因此，内墙涂料的无毒、无污染对人体的健康极为重要。我国对涂料的“绿色”性也有具体的要求。在我国颁布的室内装饰装修材料标准中，就有专门针对墙面涂料的，即《建筑用墙面涂料中有害物质限量》(GB 18582—2000)。

9.2.2　合成树脂乳液内墙涂料

合成树脂乳液内墙涂料，是以合成树脂乳液为成膜材料制成的内墙涂料，广泛应用于室内墙面装饰，但不宜用于容易受潮的墙面，如厨房、卫生间等。目前，合成树脂乳液内墙涂料常用的品种有乙丙乳胶漆、苯丙乳胶漆、氯偏共聚乳液内墙涂料、聚醋酸乙烯乳胶内墙涂料等。

合成树脂乳液内墙涂料的技术性能指标，应符合 GB/T 9756—2018 的规定，如表 9-1 所示。

表 9-1　合成树脂乳液内墙涂料产品指标要求

项　目	底漆指标要求	面漆指标要求		
		合格品	一等品	优等品
在容器中状态	无硬块，搅拌后呈均匀状态	无硬块，搅拌后呈均匀状态		
施工性	刷涂无障碍	刷涂二道无障碍		
低温稳定性(3 次成膜)	不变质	不变质		
低温成膜性	5 ℃成膜无异常	5 ℃成膜无异常		
涂膜外观	正常	正常		
干燥时间(表干)/h	≤2	≤2		
对比率(白色和浅色*)	—	≥0.90	≥0.93	≥0.95
耐碱性(24 h)	无异常	无异常		
抗泛碱性(48 h)	无异常	—		
耐洗刷性/次	—	≥350	≥1500	≥6000

注：* 浅色是指以白色涂料为主要成分，添加适量色浆后配制成的浅色涂料形成的涂膜所呈现的浅颜色，按 GB/T 15608 中规定明度值为 6 到 9 之间(三刺激值中的 Y_{D65}≥31.26)。

1. 乙丙乳胶漆

乙丙乳胶漆是以聚醋酸乙烯与丙烯酸酯共聚乳液为主要成膜物质，加入适量的填料及颜料、助剂后，经过研磨、分散制成的半光或有光内墙涂料。乙丙乳胶漆主要用于建筑内墙装饰，其保色性好且耐碱性、耐水性、耐久性都较好，具有良好的光泽和质感，是一种常用的中高档的内墙装饰涂料。

2. 苯丙乳胶漆

苯丙乳胶漆涂料，是以苯乙烯、丙烯酸酯、甲基丙烯酸等三元共聚乳液为主要成膜物质，加入适量的填料、颜料和助剂，经研磨、分散后配制而成的一种无光内墙涂料。其耐碱、耐水、耐擦性及耐久性都非常优秀，通常用于高档内墙装饰，同时也适用于外墙装饰。

3. 氯偏共聚乳液内墙涂料

氯偏共聚乳液内墙涂料是以氯乙烯与偏氯乙烯共聚乳液为基料，加入适量的填料、颜料和助剂等成分，加工而成的一种水乳性涂料。它由一组色浆和一组氯偏清漆组成，并按色浆：氯偏清漆＝120：30 的比例配制而成。其无毒、无味；具有良好的耐水性、耐碱性、耐磨性和防水性；对各种气体、蒸汽等有极低的透过性；施工简便，涂刷性能好，成膜均匀、涂层快干；对基层要求不高，可在稍潮湿的基层上施工。

4. 聚醋酸乙烯乳胶内墙涂料

聚醋酸乙烯乳胶内墙涂料是以聚醋酸乙烯乳液为主要成膜物质，加入适量的填料、少量的颜料及助剂，经加工制成的水乳型涂料。它具有干燥迅速、透气性好、附着力强、耐水性较好、无毒无味、施工简单、颜色鲜艳等优点。

图 9-5 水溶性内墙涂料

9.2.3 水溶性内墙涂料

水溶性内墙涂料如图 9-5 所示。

1. 聚乙烯醇水玻璃内墙涂料

聚乙烯醇水玻璃内墙涂料是以聚乙烯醇水溶液加水玻璃所组成的液体为基料，混合适当比例的填充料、颜料及表面活性剂，配制而成的水溶性内墙涂料。聚乙烯醇水玻璃内墙涂料具有对人体健康无害、不燃、表面光洁、不起粉、对基材要求不高(能在稍潮湿的墙面上施工)、与各类墙面(如石膏板、混凝土、水泥砂浆、纸筋石灰面、石棉水泥板等)都有一定的粘结力、价格低廉、干燥迅速等特点。

2. 聚乙烯醇缩甲醛内墙涂料

聚乙烯醇缩甲醛内墙涂料又称 803 内墙涂料，它是以聚乙烯醇与甲醛不完全缩合反应而生成的聚乙烯醇半缩甲醛水溶液为胶结材料，加入适当的颜料、填料及相应的助剂，经混合、搅拌、研磨、过滤等工序制成的一种涂料。

9.2.4 多彩内墙涂料

多彩内墙涂料，又称为多彩花纹涂料，是一种较常用的墙面、顶棚装饰材料。其配制原理是将带色的溶剂型树脂涂料慢慢地掺入甲基纤维素和水组成的溶液中，通过不断搅拌，分散成细小的溶剂型油漆涂料滴，形成不同颜色油滴的混合悬浊液，这即为多彩内墙涂料。

1. 多彩内墙涂料的分类

多彩内墙涂料按其介质的不同可分为水包油型、水包水型、油包油型和油包水型四种，如表 9-2 所示。目前大多数多彩涂料产品是水包油型，这是因为水包油型的储存稳定性最好。

表 9-2 多彩内墙涂料的基本类型

类　型	分　散　相	分　散　介　质
水包油型(O/W)	溶剂型涂料	保护胶体水溶液
水包水型(W/W)	水性涂料	保护胶体水溶液
油包油型(O/O)	溶剂型涂料	溶剂或可溶于溶剂的成分
油包水型(W/O)	水性涂料	溶剂或可溶于溶剂的成分

2. 多彩内墙涂料的特点

多彩内墙涂料具有以下主要特点：涂层色泽丰富，立体感好，装饰效果好；涂膜的耐久性较佳；涂膜质地较厚，具有良好的弹性，给人类似壁纸的感受；耐油、耐水、耐腐、耐洗刷，透气性好；适用范围较广，可用于混凝土、砂浆、石膏板、木材、钢、铝等多种基面的装饰。

3. 多彩涂料的构成

多彩涂料由底层、中层、面层涂料复合而成，如图 9-6 所示。底层涂料主要起封闭潮气的作用，防止涂料由于墙面受潮而剥落，也保护涂料免受碱性的侵蚀，一般使用具有较强耐碱性的溶剂型封闭漆；中层涂料起到粘结面层和底层的作用，并能有效消除墙面色差，起到突出面层涂料的鲜艳色彩、光泽和立体感的作用，通常应选用性能良好的合成树脂乳液内墙涂料；面层涂料即为我们所见多彩涂料，喷涂到墙面之后，可获得丰富亮丽的色彩。

底层涂料(溶剂型油漆涂料)可采用刷涂、辊涂或喷涂等多种方法操作。操作时根据基层的情况和具体的环境气温情况，可酌情加入 10%左右的稀释剂，等待 2 h 后再刷中层涂料覆盖。

中层涂料(水乳型涂料)同样可采用刷涂、辊涂或喷涂等多种方法操作。操作时可酌情加入 15%～20%的自来水稀释，需要涂刷 1～2 遍，间隔 4 h 时间。

面层涂料(水乳型多彩涂料)由于固体含量很高，要求用专用喷枪喷涂。面层涂料的喷涂不能掺任何稀释剂。喷涂时因喷雾散发较远，应将不需喷涂的部位遮盖起来。面层涂料要求施工气温在 10 ℃上下，因为气温过低时面层涂料稠度将增加。

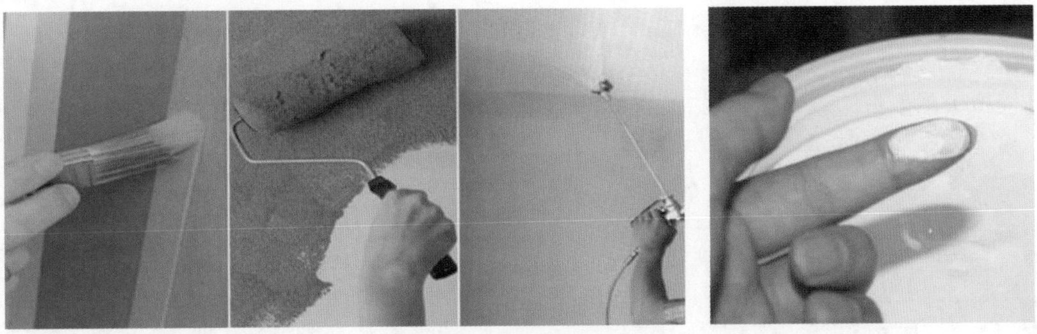

图 9-6 多彩涂料

9.2.5 多彩立体涂料

多彩立体涂料也称幻彩材料、梦幻涂料，它以变幻奇特的质感及艳丽多变的色彩为人们展现出一种全新的装饰效果，是一种高级内墙涂料。多彩立体涂料是纤维质水溶性涂料，主要成分为水溶性乳胶和人造纤维、天然纤维等。

多彩立体涂料的主要特点：色彩丰富，色彩可按设计要求现场配置，可任意套色；质感丰富、色泽高雅，涂膜能够呈现珍珠、贝壳等所具有的优美质感；无毒、无味，吸声、防潮，无污染；易于施工，无接缝、不起皮；抗冻性良好，可在较低温度下施工；维护方便，污染的墙面只需重新涂刷即可，且无剥落现象；适用范围广，可用于混凝土、砂浆、石膏、木材、玻璃、金属等多种基层材料；装饰效果良好。(见图 9-7)

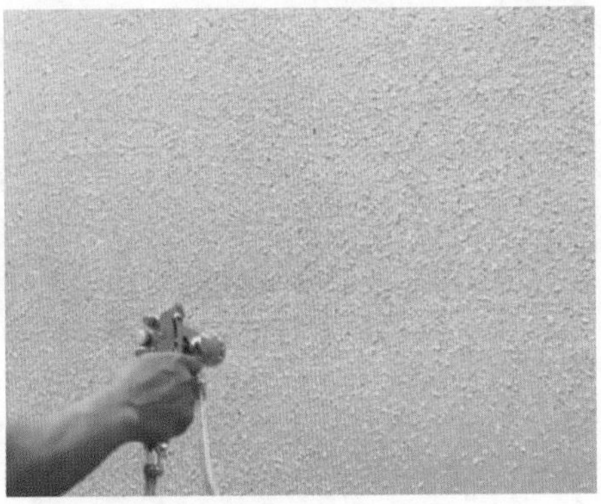

图 9-7 多彩立体涂料喷涂施工

9.2.6 其他内墙涂料

1. 仿瓷涂料

仿瓷涂料是以多种高分子化合物为基料，配以多种助剂、颜料和无机填料，经过加工而制成的一种具有良好光泽涂层的涂料。由于其涂层具有瓷器的优美光泽，装饰效果良好，故也称仿瓷涂料或瓷釉涂料。仿瓷涂料使用方便，可在常温下自然干燥，其涂膜具有耐磨、耐沸水、耐化学品、耐冲击、耐老化及硬度高的特点，涂层丰满、细腻、坚硬、光亮。仿瓷涂料应用广泛，可在水泥面、金属面、塑料面、木料等固体表面进行刷涂与喷涂，广泛使用在公共建筑内墙、住宅的内墙、厨房、卫生间等处。

2. 发光涂料

发光涂料是可以在夜间发光的一种涂料，一般分为蓄光性发光和自发性发光两类。蓄光性发光涂料含有成膜物质、填充剂和荧光颜料等组成成分。它之所以能在夜间发光，是由于涂料中的荧光颜料(主要是硫化锌等无机颜料)受到光线的照射后被激活、释放能量，使其在夜间和白天都可发出明显可见的光。

3. 仿绒涂料

仿绒涂料是由树脂乳液和不同色彩聚合物微料配制的涂料。其特色在于，涂层富有弹性，色彩图案丰富，有一种类似于织物的绒面效果，手感柔和。仿绒涂料常被用于需要营造温馨、高雅氛围的室内环境之中。

4. 纤维涂料

纤维涂料是由织物纤维配制而成的，也称锦壁涂料。它具有纤维材料的装饰效果，手感舒适，图案丰富，色彩鲜艳。

5. 天然真石漆

天然真石漆是以天然石材为原料，经特殊工艺加工而成的高级水溶性涂料。它具有阻燃、防水、环保等优点，并且模拟天然岩石的效果逼真，施工简单，价格适中。天然真石漆的装饰性能优秀，装饰效果典雅、高贵，立体感强。

9.3 外墙涂料

外墙涂料主要用于装饰和保护建筑物的外墙面，使建筑物美观整洁并保护建筑物主体结构，从而起到美化城市环境并延长建筑物使用寿命的作用。为了获得良好的装饰与保护效果，外墙涂料一般应具有装饰性好、耐水性好、耐沾污性能好、与基层粘结牢固、涂膜不裂、耐候性和耐久性好等特点。

9.3.1 过氯乙烯外墙涂料

过氯乙烯外墙涂料是以过氯乙烯树脂(含氯量为61%～65%)为主，掺用少量的其他树脂，共同组成主要成膜物质，再添加一定量的增塑剂、填料、颜料和稳定剂等物质，经混炼、塑化、切片、溶解、过滤等工艺制成的一种溶剂型外墙涂料。过氯乙烯外墙涂料的主要特点有：涂膜的表干很快，全干较慢，冬季晴天亦可全天施工；具有良好的耐候性、耐水性，不延燃；色彩丰富、涂膜平滑；热分解温度低，一般应在低于60 ℃的环境下使用；具有良好的大气稳定性和化学稳定性；有效期适中，一般有效使用期为5～8年。过氯乙烯外墙涂料是合成树脂用作外墙装饰最早的外墙涂料之一。过氯乙烯外墙涂料的技术性能要求如表9-3所示。

表 9-3 过氯乙烯外墙涂料的技术性能要求

项目		技术性能指标
黏度(涂-4杯)		≥30
不挥发物含量/%		≥20
遮盖力	白色	≤70
	黑色	≤30
	其他色	商定
干燥时间(实干)/min		≤60
涂膜外观		正常
硬度		≥0.40
弯曲试验/mm		2
耐冲击性/cm		50
附着力/级		≤2

续表

项　　目	技术性能指标
耐酸性（25% H_2SO_4 溶液，30 d）	不起泡、不生锈、不脱落
耐酸性（40% NaOH 溶液，20 d）	不起泡、不生锈、不脱落

9.3.2　BSA 丙烯酸外墙涂料

BSA 丙烯酸外墙涂料是以丙烯酸酯类共聚物为基料，加入各种助剂及填料制成的水乳型外墙涂料。该涂料具有无味、不燃、干燥迅速、施工方便等优点。

9.3.3　丙烯酸树脂外墙涂料

丙烯酸树脂外墙涂料是以热塑性丙烯酸酯合成树脂为主要成膜物质，加入溶剂、颜料、填料、助剂等，经研磨制成的一种溶剂型涂料。丙烯酸树脂外墙涂料的主要特点有：配色自由，可以按照设计要求配置各种颜色；施工方便，可采用刷涂、辊涂、喷涂等多种施工方法；低温施工性能良好，在 0 ℃以下施工也能保证成膜良好；对墙面有很好的渗透作用，附着力很强，不易脱落；耐候性好，在长期的日晒雨淋环境中不易变色、粉化。

9.3.4　聚氨酯丙烯酸外墙涂料

聚氨酯丙烯酸外墙涂料是以聚氨酯丙烯酸树脂为主要成膜物质，添加颜料、填料及助剂，经研磨配制而成的双组分溶剂型涂料，适用于建筑物混凝土或水泥砂浆外墙的装饰，装饰效果可保持 10 年以上。

9.3.5　彩砂外墙涂料

彩砂涂料，外形粗糙如砂，是以丙烯酸共聚乳液为胶黏剂，以丙烯脂或其他合成树脂乳液为主要成膜物质，以彩色陶瓷颗粒或天然带色的石屑为骨料，添加多种填料、助剂制成的一种砂壁状外墙涂料。

彩砂涂料又称仿石型涂料、真石型涂料、石艺漆等，是外墙涂料中颇具特色的一种装饰涂料。彩砂涂料的品种有单色和复色两种。其中，单色有粉红、铁红、棕色、黄色、绿色、黑色、蓝色等多种系列。复色则由这些单色组成，按照需要进行配色。（见图 9-8）

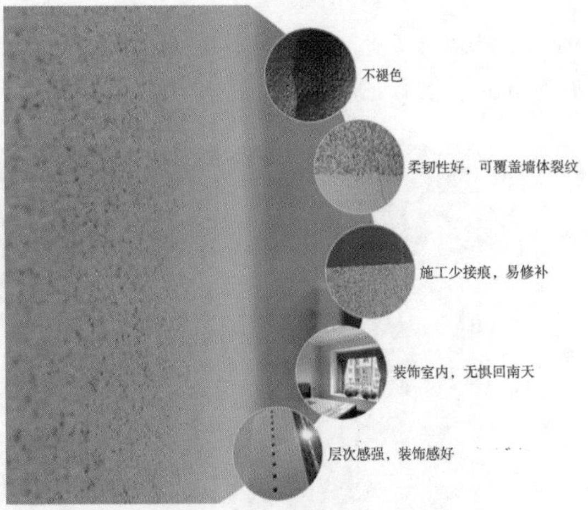

图 9-8　彩砂外墙涂料的优点

9.3.6　氯化橡胶外墙涂料

氯化橡胶外墙涂料是由天然橡胶或合成橡胶在一定条件下通入氯气，经聚合反应获得白色粉末状树脂，再将其溶解于煤焦油类溶剂，加入增塑剂、颜料、填料和助剂等配制而成的一种溶剂型外墙涂料。

氯化橡胶外墙涂料主要特点有：施工方便，可采用刷涂、辊涂、喷涂等多种施工方法；干燥迅速，在 25 ℃以上的气温环境中 2 h 可表干，8 h 可刷第二道；对施工环境的温度要求不高，能在−20～50 ℃的环境中施工；附着力好，对混凝土和钢铁表面具有较好的附着力；耐水、耐碱、耐酸及耐候性好；涂料的维修重涂性好。

9.3.7 JH 801无机外墙涂料

JH 801无机外墙涂料是以硅酸钾为主要胶结剂，加入适量的固化剂（缩合磷酸铝，用以提高耐修性）、填料、颜料及其他助剂（六偏磷酸钠）等，经混合、搅拌、研磨而制成的一种无机外墙涂料。JH 801无机外墙涂料是一种双组分固化型的涂料，它需要用缩合磷酸铝或氟硅酸钠作为固化剂。它具有耐老化、耐紫外线辐射、成膜温度低、色泽丰富、价格便宜、施工安全方便、无毒、不燃等优点。

9.3.8 JH 802无机外墙涂料

JH 802无机外墙涂料是以胶态的二氧化硅为主要胶结料，掺入成膜助剂、填充料、着色剂、表面活性剂等物质，经均匀混合、研磨而制成的一种涂料。这种涂料的主要特点有：耐水、耐酸、耐碱、耐冻融、耐老化、耐擦洗；涂膜细腻，颜色均匀，装饰效果较好；涂膜致密坚硬，可以打磨抛光；涂膜不产生静电，不易吸尘，耐污染性好；遮盖力强，对基层渗透力强，附着力好；以水为分散介质，施工方便、安全，易涂刷，也可辊涂、喷涂。

9.3.9 KS-82无机高分子外墙涂料

KS-82无机高分子外墙涂料是以硅溶液为原料，并用丙烯酸类乳液改性的一种新型无机高分子涂料。这种涂料的主要特点有：适用范围广，可用于各种混凝土、石膏板、砖墙、水泥砂浆等墙面；密度高，抗静电，耐候性好，耐污染性好；耐碱性、耐水性、耐老化性好；无毒、不燃；成膜温度较低，可在接近0 ℃的温度下施工。

9.4 地面涂料

地面涂料（见图9-9）的主要功能是装饰与保护室内地面，使地面清洁美观，并与其他装饰要素共同作用，创造出和谐健康的生活环境。

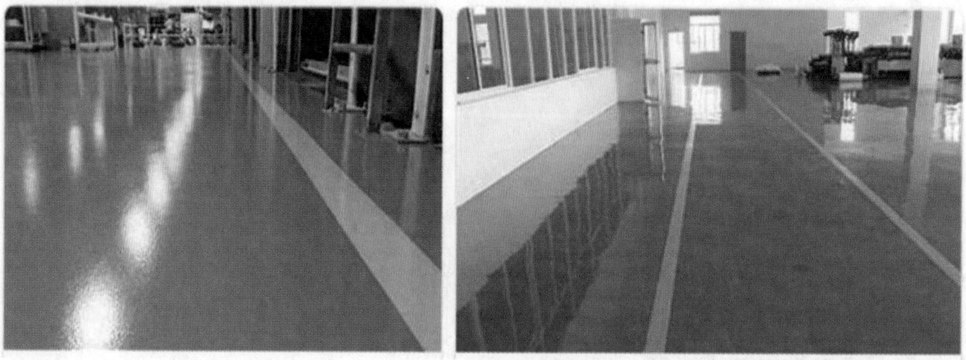

图9-9 地面涂料

9.4.1 地面涂料的特点

1. 良好的耐碱性

地面涂料主要涂刷在水泥砂浆基面上，所以必须有良好的耐碱性并与水泥地面有良好的粘结力。

2. 良好的耐磨性

在建筑环境中，最容易受到磨损的部位就是地面，因此，耐磨性的好坏是评判地面涂料性能好坏的主要依据之一。

3. 良好的抗冲击性

地面经常受重物撞击，这要求地面涂料的涂层在受到重物冲击时不易开裂或脱落。

4. 良好的耐水性、耐擦洗性

地面经常需要用水清洗，这就要求地面涂料具有很强的耐水性、耐擦洗性。

9.4.2 地面涂料的主要技术特性

地面涂料按涂层结构可分为底涂、中涂和面涂。水性、溶剂型、无溶剂型地面涂料面涂及涂层体系的基本性能要求如表 9-4 所示。

表 9-4 水性、溶剂型、无溶剂型地面涂料面涂及涂层体系的基本性能要求

序号	项目		地面涂料指标		
			水性	溶剂型	无溶剂型
1	容器中状态		搅拌后呈均匀状态，无硬块		
2	涂膜外观		表面平整，无明显可见的缩孔、浮色、发花、起皱、针孔、开裂等现象		
3	干燥时间/h	表干	≤8		
		实干	≤48		
4	初始流动度/mm		≥140		
5	硬度	铅笔硬度(擦伤)	商定		—
		邵氏硬度(D型)	—		商定
6	耐磨性(750 g/500 r)/g		≤0.050	≤0.030	
7	抗压强度/MPa		—		≥45
8	拉伸粘结强度/MPa	标准条件	≥2.0		
		浸水后	≥2.0		
9	耐冲击性	轻载(500 g 钢球)	涂膜无裂纹、无剥落		
		重载(1000 g 钢球)			
10	防滑性(干摩擦系数)		≥0.50		
11	耐水性(168 h)		不起泡、不剥落，允许轻微变色，2 h 后恢复		
12	耐化学性	耐碱性(20%NaOH，72 h)	不起泡、不剥落，允许轻微变色		
		耐碱性(10%H_2SO_4，48 h)	不起泡、不剥落，允许轻微变色		
		耐油性(120#溶剂油，72 h)	不起泡、不剥落，允许轻微变色		

续表

序号	项目	地面涂料指标		
		水性	溶剂型	无溶剂型
13	耐人工气候老化性	时间商定(不低于 400 h),不起泡、不剥落、无裂纹,粉化≤1 级,变色≤2 级		

9.4.3 过氯乙烯地面涂料

过氯乙烯地面涂料是以过氯乙烯树脂(含氯量为 61%～65%)为主要成膜物质,掺入少量其他树脂(如松香改性酚醛树脂)、填料、颜料、稳定剂、增塑剂等,经捏和、混炼、塑化切粒、溶解等工艺而制成的一种溶剂型地面涂料。过氯乙烯地面涂料的主要特点有:耐老化和防水性能好,有良好的耐磨性、耐水性、耐腐蚀性;涂料干燥快,常温下 2 h 可以全干;施工对温度要求不高,冬季低温时亦可施工。

9.4.4 H80 环氧地面涂料

H80 环氧地面涂料是以环氧树脂为主要成膜物质的双组分常温固化型涂料。该涂料由甲、乙两组分组成。甲组分是以环氧树脂为主要成膜物质,加入填料、颜料、增塑剂、助剂等组成;乙组分是以胺类为主的固化剂组成。H80 环氧地面涂料的特点是:涂层坚硬,与基层的粘结力强,耐久性、耐磨性好,有一定的韧性;具有良好的耐化学腐蚀、耐油、耐水等性能;可根据需要涂刷成各种图案,装饰性良好。

9.4.5 聚氨酯弹性地面涂料

聚氨酯弹性地面涂料是由双组分常温固化的聚氨酯材料组成,即聚氨酯预聚物部分(甲组分)和固化剂、颜料、填料、助剂(乙组分)按一定比例混合,研磨均匀制成。聚氨酯弹性地面涂料有薄质罩面涂料与厚质弹性地面涂料两类。前者主要用于木质地板,后者用于水泥地面。聚氨酯弹性地面涂料能在地面上形成无缝且具有弹性的耐磨涂层。(见图 9-10)

图 9-10 地下车库使用聚氨酯弹性地面涂料

聚氨酯弹性地面涂料是一种厚质涂料,具有优良的防腐性能和绝缘性能,耐磨性好,耐油、耐水、耐酸、耐碱。它还具有一定弹性,并可加入少量的发泡剂形成含有适量泡沫的涂层。聚氨酯地面涂料与水泥、木材、金属、陶瓷等地面的粘结力强,能与地面形成一体,整体性好,步感舒适、色彩丰富。其缺陷在于施工复杂,更重要的是在其颜料中含有对人体有毒的物质,因此施工时必须注意通风、防火等保护措施。

9.5　木器涂料——油漆

油漆是人们极熟悉的一种装饰涂料，也是室内装饰中常用的一种涂料。油漆表面有亚光和光亮之分，消费者可根据需求选择。油漆对基材表面具有保护功能，可使木制品的防蛀、防水、防腐性能大大提高。油漆的装饰作用也十分明显，它表面光滑亮泽、经久耐用。油漆中含有对人体有害的物质，如甲苯、苯、挥发性有机化合物(VOC)等，因此，在施工时应注意通风，以防中毒。(见图 9-11)

9.5.1　天然漆

天然漆是漆树上取得的液汁经部分脱水并过滤而得的棕黄色黏稠液体。其漆膜坚硬、富有光泽，耐久、耐磨、耐油、耐水、耐腐蚀、绝缘、耐热(不大于 250 ℃)，与基底材料表面结合力强；缺点是黏度高而不易施工(尤其是生漆)，漆膜色深、性脆，不耐阳光直射，抗强氧化和抗碱性差，漆酚有毒。

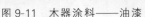

图 9-11　木器涂料——油漆

图 9-12　天然漆家具

天然漆可分为生漆和熟漆两种。生漆不需要催干剂，可直接作涂料使用。生漆经加工就成熟漆，或改性后制成各种精制漆。精制漆有广漆和推光漆等品种，具有漆膜坚韧、耐水、耐久、耐热、耐腐蚀等良好性能，光泽动人、装饰性强，适用于涂饰木器家具、工艺美术及建筑部件等。(见图 9-12)

9.5.2　调和漆

调和漆(见图 9-13)是在熟干性油中加入颜料、溶剂、催干剂等调和而成的。调和漆质地均匀、稀稠适度，漆膜耐蚀、耐晒、经久不裂，遮盖力强，耐久性好，施工方便。在使用时，调和漆可根据具体的设计要求添加相应的颜料获得多种多样的颜色，适用于室内外钢铁、木材等材料表面，常用的有油性调和漆、磁性调和漆等品种。

9.5.3　树脂漆

树脂漆(见图 9-14)是将树脂溶于溶剂中，加入适量的催干剂而成。清漆属于树脂漆，一般不加入颜料，涂刷于材料表面，溶剂挥发后干结成光亮的透明薄膜，能显示出材料表面原有的花纹。清漆易干、耐用，并能耐酸、耐油，可刷、可喷、可烤。常用的树脂有醇酸树脂、环氧树脂、聚氨酯树脂、酚醛树脂等。清漆最大的特点是能清晰显示出基材原有的肌理和纹路，让人感觉自然、柔和，立体感强，因此它被广泛应用在纹理美观的高档木质基材上。

图 9-13　调和漆

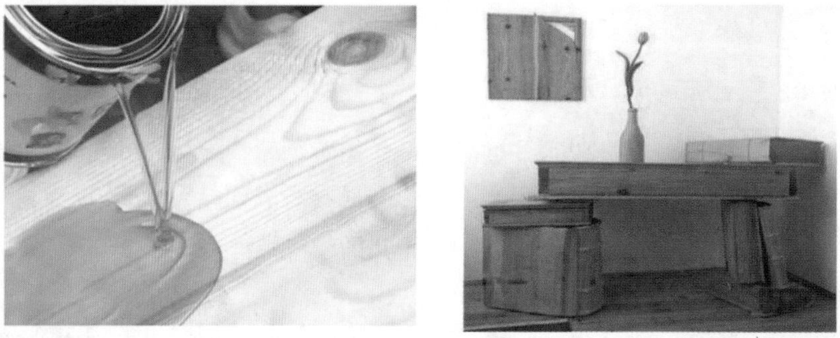

图 9-14　树脂漆

9.5.4　磁漆(瓷漆)

磁漆(瓷漆)是在清漆的基础上加入无机颜料而成,漆膜光亮、坚硬。磁漆色泽丰富、附着力强,适用于室内装修和家具,也可用于室外的钢铁和木材表面。常用的有醇酸磁漆、酚醛磁漆等品种。(见图 9-15)

图 9-15　磁漆

9.5.5　特种油漆

特种油漆(见图 9-16)是指各种防锈漆及防腐漆,按施工方法可分为底漆和面漆。用底漆打底,再用面漆罩面，对钢铁及其他材料能起到较好的防锈、防腐作用。防锈漆用精炼亚麻籽油、桐油等优质干性油作为成膜剂，以红丹、锌铬黄、铁红、铝粉等作为防锈颜料。

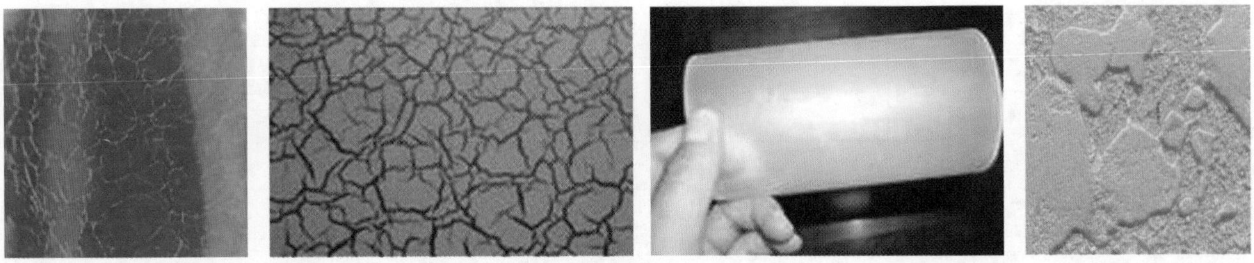

图 9-16 特种油漆

课后思考与练习

想一想

在住宅装修施工过程中，乳胶漆、木器漆等都会用于哪些地方？试以图 9-17 所示的户型为例进行分析。

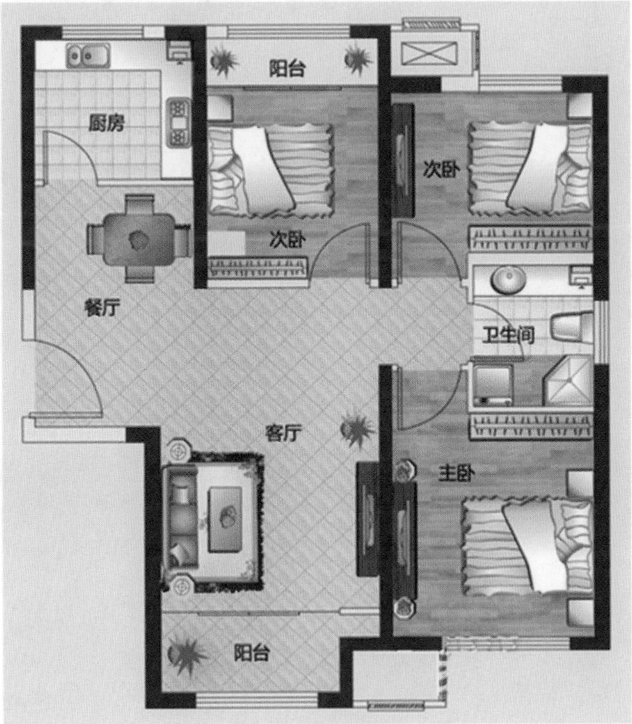

图 9-17 户型图

作 业

任务：完成建筑装饰涂料调查表，如表 9-5 所示。

调查方式：综合运用电商购物平台等获取信息。

表 9-5 建筑装饰涂料调查表

涂料类型		品　牌	规　格	价　格	产　地	效 果 图
乳胶漆	乳胶漆 1					
	乳胶漆 2					
	乳胶漆 3					

续表

涂料类型		品　牌	规　格	价　格	产　地	效果图
木器漆	木器漆 1					
	木器漆 2					
	木器漆 3					
调和漆	调和漆 1					
	调和漆 2					
	调和漆 3					

第十章

建筑装饰塑料

JIANZHU ZHUANGSHI SULIAO

塑料与合成橡胶、合成纤维并称为三大合成高分子材料，均属于有机材料。塑料是以合成树脂为主要成分，加入各种填充料和添加剂，在一定的温度、压力条件下塑制而成的材料，高温高压状态下具有流动性，可塑成各式制品，在常温、常压下，制品能保持其形状不变。（见图 10-1）

图 10-1 塑料制品

塑料可制成塑料门窗、塑料装饰板、塑料地板、塑料管道、卫生设备以及绝热、隔音材料，如聚苯乙烯泡沫塑料等；可制成涂料，如过氯乙烯溶液涂料、增强涂料等；也可作为防水材料，如塑料防潮膜、嵌缝材料和止水带等；还可制成黏合剂、绝缘材料用于建筑及装饰工程中。

10.1 建筑装饰塑料及塑料制品的组成

10.1.1 合成树脂

合成树脂是主要由碳、氢和少量的氧、氮、硫等原子以某种化学键结合而成的有机化合物，是建筑塑料的主要成分，含量约为塑料的 30%～60%，在塑料中起胶黏剂的作用，能将其他材料牢固地胶结在一起。

合成树脂按受热时化学反应的不同，可分为聚合树脂（如聚氯乙烯树脂、聚苯乙烯树脂等）和缩聚树脂（如酚醛树脂、环氧树脂、聚酯树脂等）；按受热时性能变化的不同，又可分为热塑性树脂和热固性树脂。热塑性树脂（聚合树脂）加工成型便利，力学性能较好，但耐热性差、刚度较小。由热塑性树脂制成的塑料为热塑性塑料。热固性树脂（缩聚树脂）耐热性好，刚度较大，不易变形。由热固性树脂制成的塑料为热固性塑料。热固性树脂在加工时受热变软，固化成型后只能塑制一次，其物理力学性能较差，质地脆而硬。

10.1.2 填充料

填充料又称填料、填充剂，占塑料组成材料的 40%～70%。填充料的主要作用是提高塑料的强度、硬度、耐热性等性能，同时节约树脂，降低塑料的成本。如加入玻璃纤维填充料可提高塑料的强度，加入石棉填充料可增加塑料的耐热性，加入云母填充料可增加塑料的电绝缘性，加入石墨可增加塑料的耐磨性等。常用的填充料有玻璃纤维、云母、石棉、木粉、滑石粉、石墨粉、石灰石粉、陶土等。

10.1.3 添加剂

添加剂是为了改善塑料的某些性能,以适应塑料使用或加工时的特殊要求而加入的辅助材料。常用的添加剂有增塑剂、固化剂、稳定剂、着色剂、抗静电剂等。

1. 增塑剂

增塑剂一般采用不易挥发、高沸点的液体有机化合物,或者是低熔点的固体。常用的增塑剂有邻苯二甲酸二丁酯、邻苯二甲酸二辛酯、磷酸三甲酚酯、樟脑等。增塑剂的主要作用是提高塑料加工时的可塑性和流动性,使其在较低的温度和压力下成型,提高塑料的弹性和韧性,改善低温脆性,但会降低塑料制品的物理力学性能和耐热性。

2. 固化剂

固化剂又称硬化剂,是调节塑料固化速度、使树脂硬化的物质。塑料在成型前加入固化剂,才能成为坚硬的塑料制品。固化剂的种类很多,通过选择固化剂的种类和掺量,可取得所需要的固化速度和效果。常用的固化剂有六亚甲基四胺、酸酐类、过氧化物等。

3. 稳定剂

塑料在成型和加工使用过程中,因受热、光或氧的作用,随时间的增长会出现降解、氧化断链、交联等现象,造成塑料性能降低。加入稳定剂能使塑料长期保持工程性质,防止塑料的老化,延长塑料制品的使用寿命。如在聚丙烯塑料的加工成型过程中,加入炭黑作为紫外线吸收剂,能显著改变该塑料制品的耐候性。常用的稳定剂有抗老化剂、热稳定剂等,如硬脂酸盐、铅化物及环氧树脂等。包装食品用的塑料制品,必须选用无毒性的稳定剂。

4. 着色剂

加入着色剂的目的是使塑料制品具有特定的颜色和光泽。对着色剂的要求是:光稳定性好,在阳光作用下不易褪色;热稳定性好,分解温度要高于塑料的加工和使用温度;在树脂中易分散,不易被油、水抽提;色泽鲜艳,着色力强;没有毒性,不污染产品;不影响塑料制品的物理力学性能。(见图 10-2)

着色剂按其在着色介质中的溶解性分为染料和颜料两种。

①染料。

染料是溶解在溶液中,靠离子或化学反应作用产生着色的化学物质。染料为有机化合物,透明度好,着色力强,色泽鲜艳,但光泽的光稳定性和化学稳定性差,受紫外线作用易分解褪色,主要用于透明的塑料制品。常见的染料有酞菁蓝和酞菁绿、联苯胺黄、甲苯胺红等。

图 10-2 蓝色的塑料制品

②颜料。

颜料是基本不溶的微细粉末状物质,靠自身的光谱吸收并反射特定的光谱而显色。由颜料着色的塑料制品,呈半透明或不透明状。在建筑塑料制品中,常用的是无机颜料,如炭黑、镉黄等。颜料除具有优良的着色作用外,还可作为稳定剂和填充剂来改善塑料的性能,起到一剂多能的作用。如炭黑既是颜料,又有光稳定作用;镉黄则使聚乙烯和聚丙烯对紫外线有屏蔽作用。

5. 抗静电剂

塑料制品电绝缘性能优良,但其在加工和使用过程中容易由于摩擦而带静电。抗静电剂能使塑料表面形成连续相,提高了表面导电能力,使塑料能迅速放电,防止静电的积聚。常用的抗静电剂有阳离子型表面活性剂(如季铵盐类)和两性型表面活性剂(如甜菜碱)。

此外,为使塑料制品获得某种特殊性能,还可加入其他添加剂,如阻燃剂、润滑剂、发泡剂、防霉剂等。

10.2 建筑装饰塑料的主要特性

10.2.1 塑料的优点

1.优良的加工性能

塑料可采用比较简单的方法制成各种形状的产品，如薄板、薄膜、管材、异形材料等，并可采用机械化大规模生产。（见图 10-3）

图 10-3 塑料制品

2.质量轻，比强度（强度与表观密度的比值）高

塑料的密度为 0.8～2.2 g/cm^3，是钢材的 1/5、混凝土的 1/3、铝的 1/2，与木材相近。塑料的比强度较高，已接近或超过钢材，为混凝土的 5～15 倍，是一种优良的轻质高强材料。

3.绝热性好，吸声、隔音性好

塑料制品的热导率小，其导热能力为金属的 1/600～1/500、混凝土的 1/40、砖的 1/20。泡沫塑料的热导率与空气相当，是理想的绝热材料。塑料（特别是泡沫塑料）可减小震动、降低噪声，是良好的吸声材料。

4.装饰性好

塑料制品不仅可以着色，而且色泽鲜艳持久，图案清晰。塑料可通过照相制版印刷，模仿天然材料的纹理，达到以假乱真的效果；还可通过电镀、热压、烫金处理制成各种图案和花型，使其表面具有立体感和金属的质感。

5.耐水性和耐水蒸气性强

塑料属憎水性材料，一般吸水率和透气性很低，可用于防水、防潮工程。

6.耐化学腐蚀性好，电绝缘性好

塑料制品对酸、碱、盐等有较好的耐腐蚀性，特别适合制作化工厂的门窗、地面、墙壁等。塑料一般是电的不良导体，电绝缘性好，可与陶瓷、橡胶媲美。

7.功能的可设计性强

改变塑料的组成配方与生产工艺，可改变塑料的性能，生产出具有多种特殊性能的工程材料，如强度超过钢材的碳纤维复合材料，具有承重、保温、隔声功能的复合板材，柔软而富有弹性的密封、防水材料等。

8.经济性好

塑料制品是消耗能源低、使用价值高的材料。生产塑料的能耗低于生产其他许多传统材料，其能耗范围为 63～188 kJ/m^3，而钢材为 316 kJ/m^3，铝材为 617 kJ/m^3。塑料制品在安装使用过程中施工和维修保养费用低，有些塑料制品还具有节能效果。如塑料窗保温隔热性好，可节省空调费用；塑料管内壁光滑，输水能力比铁管高 30%，节省能源十分可观。因此，广泛使用塑料及其制品有明显的经济效益和社会效益。

10.2.2　塑料的缺点

1. 耐热性差

塑料一般受热后都会产生变形，甚至分解。一般的热塑性塑料的热变形温度仅为80～120 ℃；热固性塑料的耐热性较好，但一般也不超过 150 ℃。在施工、使用和保养时，应注意这一特性。

2. 易燃烧

塑料材料是碳、氢、氧元素组成的高分子物质，遇火时很容易燃烧。塑料的燃烧可产生以下三种灾难性的作用：

①燃烧迅速，放热剧烈　这种作用可使塑料或其他可燃材料猛烈燃烧，导致火焰迅速蔓延，使火势难以控制。

②发烟量大，浓烟弥漫　浓烟会使人产生恐惧感，加重人们的恐慌心理。同时，浓烟使人难以辨明方向，阻碍自身逃生，也妨碍被人救援。

③生成毒气，使人窒息　塑料燃烧时放出的有毒气体会使人在几秒或几十秒内丧失意识，甚至被毒害而窒息死亡。

因此，塑料易燃烧的这一特性应引起人们足够的重视，在设计和工程中，应选用有阻燃性能的塑料，或采取必要的消防和防范措施。

3. 刚度小，易变形

塑料的弹性模量低，只有钢材的 1/20～1/10，且在荷载的长期作用下易产生蠕变，因此，塑料用作承重材料时应慎重。

4. 易老化

塑料制品在阳光、大气、热及周围环境中的酸、碱、盐等的作用下，易老化而发生脆断、破坏等现象。

10.3　常用建筑装饰塑料

常用的热塑性塑料有聚氯乙烯(PVC)塑料、聚乙烯(PE)塑料、聚丙烯(PP)塑料、聚苯乙烯(PS)塑料、有机玻璃(PMMA)等；常用的热固性塑料有酚醛树脂(PF)塑料、不饱和聚酯树脂(UPR)塑料、环氧树脂(EP)塑料、有机硅树脂(SI)塑料、玻璃纤维增强塑料(GRP)等。常用建筑装饰塑料的特性与用途见表 10-1。

表 10-1　常用建筑装饰塑料的特性与用途

名称(主要成分)	特　性	用　途
聚氯乙烯(PVC)	耐化学腐蚀性和电绝缘性优良，力学性能较好，难燃，但耐热性差	有硬质、软质、轻质发泡制品，可制作地板、壁纸、管道、门窗、装饰板、防水材料、保温材料等，是建筑工程中应用广泛的一种塑料
聚乙烯(PE)	柔韧性好，耐化学腐蚀性好，成型工艺好，但刚性差，易燃烧	主要用于防水材料、给排水管道、绝缘材料等
聚丙烯(PP)	耐化学腐蚀性好，力学性能和刚性超过聚乙烯，但收缩率大，低温脆性大	可制作管道、容器、卫生器具、耐腐蚀衬板等

续表

名称(主要成分)	特　　性	用　　途
聚苯乙烯(PS)	透明度高,机械强度高,电绝缘性好,但脆性大,耐冲击性和耐热性差	主要用来制作泡沫隔热材料,也可用来制造灯具平顶板等
改性聚苯乙烯(ABS)	具有韧、硬、刚相均衡的力学性能,电绝缘性和耐化学腐蚀性好,尺寸稳定,但耐热性、耐候性较差	主要用于生产建筑五金和各种管材、模板、异形板等
有机玻璃(PMMA)	有较好的弹性、韧性、耐老化性,耐低温性好,透明度高,易燃	主要用作采光材料,可代替玻璃且性能优于玻璃
酚醛树脂(PF)	绝缘性和力学性能良好,耐水性、耐酸性好,坚固耐用,尺寸稳定,不易变形	主要用于生产各种层压板、玻璃钢制品、涂料和胶黏剂
不饱和聚酯树脂(UPR)	可在低温下固化成型,耐化学腐蚀性和电绝缘性好,但固化收缩率较大	主要用于生产玻璃钢、涂料和聚酯装饰板等
环氧树脂(EP)	粘接性和力学性能优良,电绝缘性好,固化收缩率小,可在室温下固化成型	主要用于生产玻璃钢、涂料和胶黏剂等产品
有机硅树脂(SI)	耐高温、低温,耐腐蚀,稳定性好,绝缘性好	用于高级绝缘材料或防水材料
玻璃纤维增强塑料(又名玻璃钢,GRP)	强度特别高,质轻,成型工艺简单,除刚度不如钢材外,各种性能均很好	在建筑工程中应用广泛,可用作屋面材料、墙体材料、排水管、卫生器具等

PVC 塑料由氯乙烯单体聚合而成,化学稳定性好,抗老化性能好,机械强度较高,耐腐蚀性、耐候性、抗寒性和绝缘性均较好,成型加工方便。缺点是耐热性差,通常的使用温度为 80 ℃以下,质脆,不耐磨,价格较贵,可用来制作护墙板和广告牌。根据增塑剂的掺量不同,可制得软、硬两种聚氯乙烯塑料。

1. 软质 PVC 塑料

软质 PVC 塑料(见图 10-4)很柔软,有一定的弹性,可以用作地面材料和装饰材料,也可以作为门窗框及制成止水带,用于防水工程的变形缝处。

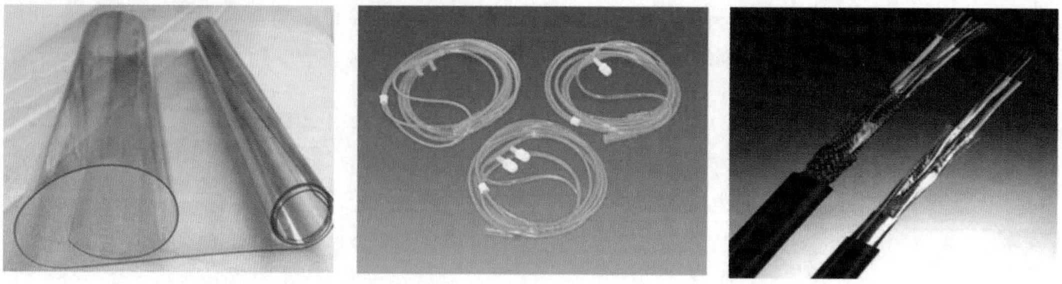

图 10-4　软质 PVC 塑料

2. 硬质 PVC 塑料

硬质 PVC 塑料如图 10-5 所示,可制成硬质 PVC 装饰板等。

硬质 PVC 装饰板有透明和不透明两种。透明板是以 PVC 为基料,掺入增塑剂和抗老化剂,挤压成型的;不透明板是以 PVC 为基料,掺入填料、稳定剂、颜料等,经捏合、混炼、拉片、切粒、挤出或压延而成型的。硬质 PVC 装饰板有较高的机械性能和良好的耐腐蚀性能、耐油性和抗老化性,易焊接,可进行粘结加工,多

图 10-5　硬质 PVC 塑料

用于制作百叶窗、各种板材、楼梯扶手、波形瓦、门窗框、地板砖、给排水管等，根据断面形式可分为平板、波形板、异形板、格子板等。

3. 聚氯乙烯塑料制品

1)波形板

波形板(见图 10-6)是以 PVC 为基材，用挤出成型法制成各种波形断面的板材。这种波形断面可以增加抗弯刚度，又可通过波形的变换来适应 PVC 较大的伸缩。波形板可以分为纵向波形板和横向波形板。纵向波形板波形沿板材的纵向延伸，其宽度为 900～1300 mm，一般长度为 5000 mm；横向波形板的波形沿板材的横向延伸，其宽度为 500～800 mm，长度为 10～30 m，因其横向尺寸较小，可成卷供应和存放。硬质 PVC 波形板的厚度为 1.2～1.5 mm，透明波形板的透光率可达 75%～80%，不透明波形板可任意着色。

图 10-6　波形板

彩色硬质 PVC 波形板常用于外墙面装饰，鲜艳的色彩可给建筑物的立面增色；也可用作发光平顶(上面安放灯具可使整个平顶发光)或者制成拱形采光屋面，中间没有接缝，水密性好。

2)PVC 扣板

PVC 扣板表面可印刷各种装饰几何图案，如仿木纹、仿石纹等，有良好的装饰性，而且表面光滑、防潮，易于清洁，安装简单，常用作墙板和潮湿环境(厨房、盥洗室等)的吊顶板，有单层异形板和中空异形板两种基本结构。

①单层异形板　单层异形板一般为方形波，以使立面线条明显。型材的一边有一个钩形的断面，另一边有槽形的断面，连接时钩形的一边嵌入槽内，中间有一段重叠区，这样既能遮盖固定螺钉，又能接缝防水，这种柔性的连接能充裕地适应型材横向的热伸缩。硬质 PVC 单层异形板的厚度一般为 1.0～1.5 mm，宽度一般为 100～200 mm，常用长度为 4～6 m。

②中空异形板　中空异形板为栅格状薄壁异形断面。在型材的一边有凸出的肋，另一边有凹槽，板材之间的连接一般采用企口连接的形式。中空异形板内部有封闭的空气腔，有优良的隔热、隔声性能。其薄壁空间结构也大大增加了刚度，比平板或单层板材具有更好的抗弯强度，而且材料也较节约，单位面积重量轻。

3)格子板

硬质 PVC 格子板是将硬质 PVC 平板用真空成型方法使它变为具有各种立体图案的矩形的板材。格子板经真空成型后，具有空间体形结构，可大大提高刚度，减小板面的翘曲变形，吸收 PVC 塑料板面在纵、横两个方向的热伸缩。格子板常用的规格为 500 mm×500 mm，厚度为 2～3 mm。格子板的立体板面可形成迎光面和背光面的强烈反差，使整个墙面或顶棚具有极富特点的光影装饰效果，常用作体育馆、图书馆、展览馆等公共建筑的墙面和吊顶。

10.4 塑料地板

图 10-7 用塑料和塑料弹性卷材地板装修的房间

塑料地板指用于地面装饰的各种塑料块板和铺地卷材，其装饰效果好，色彩丰富、仿真，弹性好，耐磨，易清洁，尺寸稳定，施工方便，价格较低，使用寿命长，具有较好的耐燃性和自熄性，隔热、隔声、隔潮效果好，脚感舒适。（见图 10-7）

10.4.1 塑料地板的分类

塑料地板按形状分块状和卷状；按材料特性分硬质、半硬质、软质三种，其中卷状的为软质；按结构分单层塑料地板、双层塑料地板等。目前常用的塑料地板主要是聚氯乙烯(PVC)塑料地板。PVC 塑料地板中除含有 PVC 树脂外，还含有填充料、稳定剂、增强剂、润滑剂、颜料等，它们对 PVC 塑料地板的性能有很大的影响。塑料地板广泛应用于各类建筑或场所的地面装饰，如图 10-8 所示。

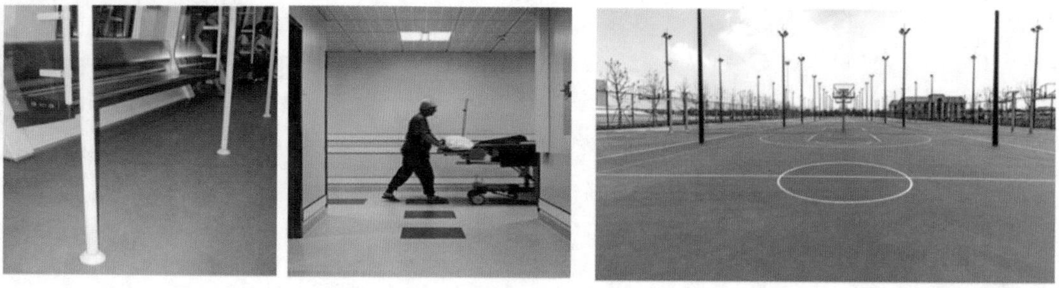

图 10-8 塑料地板的应用

10.4.2 半硬质单色 PVC 地砖

半硬质单色 PVC 地砖是最早生产的一种 PVC 塑料地板。半硬质单色 PVC 地砖分为素色和杂色拉花两种。杂色拉花是在单色的底色上拉直条的其他颜色的花纹。采用杂色拉花不仅可增加表面的花纹，同时对表面划伤有遮掩作用。半硬质单色 PVC 地砖表面比较硬，有一定的柔性，脚感好，不翘曲，耐凹陷性和耐沾污性好，但耐刻刮性较差，机械强度较低。

10.4.3 花 PVC 地砖

1. 印花贴膜 PVC 地砖

印花贴膜 PVC 地砖由面层、印刷层和底层组成。面层为透明的 PVC 膜，厚度一般为 0.2 mm 左右，起保护印刷图案的作用；中间层即印刷层，为一层印花的 PVC 色膜，印刷图案有单色和多色之分，表面一般是平的，也有的压上橘皮纹或其他花纹，起消光作用；底层为加填料的 PVC，也可以使用回收的旧塑料。

2. 印花压花 PVC 地砖

印花压花 PVC 地砖表面没有透明 PVC 膜，印刷图案是凹下去的，通常是线条、粗点等，在使用时不易清理干净油墨。印花压花 PVC 地砖除了有印花压花图案外，其他均与半硬质单色 PVC 地砖相同，应用范围也基本相同。

3. 碎粒花纹地砖

碎粒花纹地砖由许多不同颜色的 PVC 碎粒互相结合而成，碎粒的粒度一般为 3～5 mm，地砖整个厚度上都有花纹。碎粒花纹地砖的性能基本与单色 PVC 地砖相同，其主要特点是装饰性好，碎粒花纹不会因磨耗而丧失，也不怕烟头的危害。

10.4.4 软质单色 PVC 卷材地板

软质单色 PVC 卷材地板通常是匀质的，底层、面层组成材料完全相同。地板表面有光滑的，也有压花的（如直线条、菱形花等），可起到防滑作用。软质单色 PVC 卷材地板主要有以下特点：质地软，有一定的弹性和柔性；耐烟头性、耐沾污性和耐凹陷性中等，不及半硬质 PVC 地砖；材质均匀，比较平整，不会发生翘曲现象；机械强度较高，不易破损。

10.4.5 印花发泡 PVC 卷材地板

印花发泡 PVC 卷材地板由三层组成：面层为透明的 PVC 膜，中间层为发泡的 PVC 层，底层通常为矿棉纸、化学纤维无纺布等。也有印花发泡 PVC 卷材地板在底衬材料下面加上一层 PVC 底层的，这可使底衬平整，便于印刷。还有一种是底布采用玻璃纤维布，在玻璃纤维布的上下均加一层 PVC 底层，可提高平整度，防止玻璃纤维外露，这类地板又称增强型印花发泡 PVC 卷材地板，可用于要求较高的民用住宅和公共建筑的地面铺装。

10.5 塑料壁纸

塑料壁纸是以纸或其他材料（麻、棉布、丝织物、玻璃纤维）为基材，以聚氯乙烯塑料为面层，经压延、涂布以及印刷、压花、发泡等多种工艺制成的一种墙面装饰材料。由于目前塑料壁纸所用的材料几乎均为聚氯乙烯，所以塑料壁纸也称聚氯乙烯壁纸。塑料壁纸强度较好，耐水可洗，装饰效果好，施工方便，成本低，目前广泛用作内墙、天花板等的贴面材料。

10.5.1 塑料壁纸的特点

1. 装饰效果好

塑料壁纸表面可进行印花、压花及发泡处理，能仿制天然石材、木纹、锦缎等，达到以假乱真的地步。还可印制适合各种环境的花纹图案，色彩也可任意调配，做到自然流畅、清淡高雅。图 10-9 所示为儿童房塑料壁纸铺设效果。

2. 性能优越

塑料壁纸具有一定的伸缩性和耐裂强度，允许底层结构（如墙面、顶棚面等）有一定的裂缝。另外，塑料壁纸还可根据需要加工成具有难燃、吸声、防霉、防菌等特性的产品，且不易结露，不怕水洗，不易受机械损伤。

图 10-9 儿童房塑料壁纸铺设效果

3. 粘贴方便

纸基的塑料壁纸可用普通的 107 黏合剂或白乳胶粘贴，施工简单，且透气性好，陈旧后易于更换，不起鼓、不剥落。

4. 易维修保养，使用寿命长

塑料壁纸表面可清洗，对酸、碱有较强的抵抗能力。

10.5.2 常用塑料壁纸的类型

塑料壁纸大致可分为三类:普通壁纸、发泡壁纸和特种壁纸。

1.普通壁纸

普通壁纸是以 80 g/m^2 的纸做基材,涂以 100 g/m^2 左右的聚氯乙烯糊状树脂(PVC 糊状树脂),经印花、压花等工序制成。普通壁纸花色品种多,有单色印花、印花压花、有光印花和平光印花等,生产量大,经济实惠,是应用极为广泛的一种壁纸。

2.发泡壁纸

发泡壁纸是以 100 g/m^2 的纸做基材,涂以 300～400 g/m^2 的聚氯乙烯糊状树脂,经印花、发泡等工序制成。发泡壁纸又可分为低发泡印花壁纸、高发泡印花壁纸和低发泡印花压花壁纸。发泡壁纸色彩多样,具有富有弹性的凸凹花纹图案,立体感强,浮雕艺术效果及柔光效果好,并且还有吸声作用。但发泡壁纸的图案易落灰烟尘土,易脏污陈旧,不宜用在烟尘较大的候车室等场所。

3.特种壁纸

特种壁纸是指具有特殊功能的壁纸,又称为专用壁纸。常见的有耐水壁纸、防火壁纸、特殊装饰效果壁纸等。

①耐水壁纸　耐水壁纸是以玻璃纤维毡作为基材(其他工艺与塑料壁纸相同),配以具有耐水性能的胶黏剂,以适应卫生间等墙面的装饰要求。它能洒水清洗,但使用时若接缝处渗水,会将胶黏剂溶解,导致壁纸脱落。

②防火壁纸　防火壁纸是以 100～200 g/m^2 的石棉纸作为基材,同时面层的 PVC 中掺有阻燃剂。防火壁纸具有很好的阻燃防火功能,燃烧时也不会放出浓烟或毒气,适用于防火要求很高的建筑室内装饰。

③特殊装饰效果壁纸　这种壁纸的面层采用丝绸、金属彩砂、麻、毛及棉纤维等制成,可产生光泽、散射、珠光等艺术效果,使四壁生辉。还可做成风景壁画型壁纸,即在壁纸的面层印刷风景名胜、艺术作品等,常由多幅拼接而成,适用于装饰厅堂墙面。

10.5.3 塑料壁纸的规格与技术要求

1.塑料壁纸的规格

目前塑料壁纸的规格有以下三种:

①窄幅小卷　幅宽 530～600 mm,长 10～12 m,每卷可铺 5～6 m^2。

②中幅大卷　幅宽 760～900 mm,长 25～50 m,每卷可铺 20～45 m^2。

③宽幅大卷　幅宽 920～1200 mm,长 50 m,每卷可铺 45～50 m^2。

小卷塑料壁纸比较适合民用建筑,一般用户可自行粘贴。中卷、大卷墙用壁纸粘贴时施工效率高,接缝少,适合公共建筑,一般要由专业人员粘贴。

2.塑料壁纸的技术要求

①外观　塑料壁纸的外观是影响装饰效果的主要项目。

②褪色性试验　将壁纸在老化试验机内经碳棒、光照 20 h 后不应有褪色、变色现象。

③耐摩擦性　将壁纸用干的白布在摩擦机上干磨 25 次,再用湿的白布湿磨 2 次,不应有明显的掉色,即白布上不应沾色。

④湿强度　将壁纸放入水中浸泡 5 min 后取出用滤纸吸干,测定其抗拉强度应大于 2.0 Pa。

⑤可擦性　若粘贴壁纸的黏合剂附在壁纸正面,在黏合剂未干时,应可用湿布或海绵擦去而不留下明显痕迹。

三聚氰胺层压板

三聚氰胺层压板是以厚纸为骨架，浸渍酚醛树脂或三聚氰胺甲醛等热固性树脂，多层叠合，经热压固化而成的可覆盖在各种基材上的薄性贴面材料。三聚氰胺甲醛树脂清澈透明，耐磨性优良，常用作表面的浸渍材料。

三聚氰胺层压板的结构为多层结构，通常有表层纸、装饰纸和底层纸。表层纸的主要作用是保护装饰纸的花纹图案，增加表面的光亮度，提高表面的硬度、耐磨性和抗腐蚀性；装饰纸主要起提供花纹图案的装饰作用和防止底层树脂渗透的覆盖作用，要求具有良好的覆盖性、湿强度和吸收性，易于印刷；底层纸是板材的基层，其主要作用是增加板材的刚性和强度，要求具有较高的湿强度和吸收性，有防火要求的层压板还需对底层纸进行阻燃处理。三聚氰胺层压板除以上的三层外，根据板材的性能要求，有时在装饰层下加一层覆盖纸，在底层下加一层隔离纸。

三聚氰胺层压板的常用规格为 915 mm×915 mm、915 mm×1830 mm、1220 mm×2440 mm 等，厚度有 0.5 mm、0.8 mm、1 mm、1.2 mm、1.5 mm、2 mm 及 2 mm 以上等。厚度在 0.8～1.5 mm 的常用作贴面板，厚度在 2 mm 以上的层压板可单独使用。

三聚氰胺层压板由于骨架是纤维材料厚纸，因此有较高的机械强度，且表面耐磨。三聚氰胺层压板采用的是热固性塑料，耐热性优良，在 100 ℃以上的温度不软化、不开裂、不起泡，具有良好的耐烫、耐燃性。三聚氰胺层压板表面光滑致密，具有较强的耐污性，耐腐蚀，耐擦洗，经久耐用。三聚氰胺层压板常用于墙面、柱面、台面、吊顶及家具饰面工程。

10.6 有机玻璃(亚克力)

有机玻璃(亚克力)是以甲基丙烯酸甲酯为主要原料，加入引发剂、增塑剂等聚合而成的热塑性塑料。有机玻璃分为无色透明有机玻璃、有色有机玻璃和珠光玻璃等。无色透明有机玻璃是以甲基丙烯酸甲酯为主要原料，在特定的硅玻璃模或金属模内浇注聚合而成；有色有机玻璃是在甲基丙烯酸甲酯单体中，配以各种颜料经浇注聚合而成，有透明有色、半透明有色、不透明有色三大类；珠光玻璃是在甲基丙烯酸甲酯单体中，加入合成鱼鳞粉并配以各种颜料经浇注聚合而成。

利用有机玻璃制成的有机玻璃装饰板，具有极好的透光率，可透过光线的 90%，并能透过紫外线光的 73%；机械强度较高，耐热性、耐候性和抗寒性较好；耐腐蚀性及绝缘性优良；在一定的条件下，易加工成型，且尺寸稳定。其主要缺点是质地较脆，易溶于有机溶剂；表面硬度不大，容易擦毛等。(见图 10-10)

图 10-10　有机玻璃制品

有机玻璃在建筑上主要用作室内高级装饰材料，如室内隔断、门窗玻璃、扶手的护板、大型灯具罩等，还可用作宣传牌及其他透明防护材料，广泛应用于汽车工业(信号灯设备、仪表盘等)、医药行业(储血容器等)、工业应用(影碟、灯光散射器)、电子产品的按键(特别是透明的)、日用消费品行业(饮料杯、文具等)等。(见图 10-11)

图 10-11　有机玻璃的应用

10.7　玻璃钢

图 10-12　玻璃钢雕塑

玻璃钢是以合成树脂为基体，以玻璃纤维或其制品为增强材料，经成型、固化而成的固体材料。玻璃钢装饰制品具有良好的透光性和装饰性，可制成色彩鲜艳的透光或不透光构件，具有散光性能，其抗冲击性、抗弯强度、刚性都较好；其强度高（超过普通碳素钢），重量轻（仅为钢的 1/4、铝的 2/3），是典型的轻质高强材料；耐热性、耐老化性、耐化学腐蚀性、电绝缘性均较好，热伸缩较小；其成型工艺简单灵活，可制作造型复杂的构件。常用的玻璃钢装饰板材有波形板、格子板和折板等。波形板的抗冲击韧性好、重量轻，被广泛用作屋面板，尤其是采光屋面板；格子板常用作工业厂房屋面的采光天窗；玻璃钢折板是由不同角度的玻璃钢板构成的构件，它本身具有支撑能力，不需要框架和屋架。折板结构是由许多折板构件拼装而成的，屋面和墙面连成一片，使建筑物显得新颖别致，可用来建造小型建筑，如候车室、报刊亭、休息室等。玻璃钢除制作成装饰板外，还可用来制作玻璃钢波形瓦、玻璃钢采光罩、玻璃钢卫生器具、玻璃钢盒子卫生间等。（见图 10-12）

10.8　塑料复合夹层板

塑料复合夹层板是塑料与其他轻质材料复合制成的，因而具有装饰性和保温隔热、隔声等功能，是理想的轻板框架结构的墙体材料，在热带和寒冷地区使用均适宜。

目前，常用的塑料复合夹层板主要有以下两种。

1. 玻璃钢蜂窝和折板结构

面板为玻璃钢平板；夹芯层为蜂窝或折板，材料可以是纸或玻璃布等。

2. 泡沫塑料夹层板

面板为塑料金属板，起防水、围护和装饰作用，并赋予板材较高强度。面板可以是平板，但多数是波形的，使立面具有立体感和线条。它的芯材为泡沫塑料，目前常用的是聚氨酯硬泡，具有密度小、隔热隔声性好、可以在生产时现场发泡等特点，同时可与面板很好地粘结在一起。

10.9 塑钢门窗

塑料与钢材混凝在一起(外观是塑料,里面是钢材加固)即得塑钢型材。塑钢门窗是用塑钢型材通过切割、焊接的方式制成门窗框、扇,再装配上橡塑密封条、五金配件等附件而制成的。为了增加门窗型材的刚性,在型材空腔内填加钢衬,即为塑钢门窗,如图 10-13 所示。塑钢门窗按构造分为单框单玻、单框双玻两种。

图 10-13 塑钢门窗

塑钢门窗与普通木门窗、钢门窗相比,有以下特点:密封性能好,塑钢门窗的气密性、水密性、隔声性均好;保温隔热性好,由于塑料型材为多腔式结构,其传热系数特小,仅为钢材的 1/357,铝材的 1/1250,且有可靠的嵌缝材料密封,故其保温隔热性远比其他类型门窗好;耐候性、耐腐蚀性好,塑料型材采用特殊配方,塑钢门窗可长期使用于温差较大的环境中,烈日暴晒、潮湿都不会使塑钢门窗出现老化、脆化、变质等现象,使用寿命可达 30 年以上;防火性好,塑钢门窗不自燃、不助燃,能自熄且安全可靠,这一性能更扩大了塑钢门窗的使用范围;强度高,刚度好,坚固耐用,在塑钢门窗的型材空腔内填加钢衬,增加了型材的强度和刚度,故塑钢门窗能承受较大荷载,且不易变形,尺寸稳定,坚固耐用;装饰性好,由于塑钢门窗尺寸工整、缝线规则、色彩艳丽丰富,同时经久不褪色,且耐污染,因而具有较好的装饰效果;使用维修方便,塑钢门窗不锈蚀,不褪色,表面不需要涂漆,同时玻璃安装不用油灰腻子,不必考虑腻子干裂问题。

10.10 塑料管材及其配件

塑料被大量地用来生产各种塑料管道及配件,在建筑电气安装、水暖安装工程中广泛使用。

10.10.1 塑料管材的特点

塑料管材重量轻,密度只有钢、铸铁的 1/7,铝的 1/2,施工时可大大减轻劳动强度;耐腐蚀性好,不锈蚀,液体的阻力小,塑料管内壁光滑,不易结垢和生苔;在相同压力下,塑料管的流量比铸铁管高 30%,且不易阻塞；安装方便，外表光滑，不易沾污，装饰效果好，维修费用低。塑料管道所用的塑料大部分为热塑性塑料，耐热性较差，因此不能用作热水供水管道，否则会造成管道变形、泄漏等问题。

10.10.2　塑料管材的种类及应用

生产塑料管道的塑料材料主要有聚氯乙烯、聚乙烯、聚丙烯、酚醛树脂等，生产出来的管道可分为硬质、软质和半软质三种。在各种塑料管材中，聚氯乙烯管的产量最大，用途也最广泛，其产量约占整个塑料管材的80％。

塑料管道及配件可在电气安装工程中用作各种电线的敷设套管、各种电气配件（如开关、线盒、插座等）及各种电线的绝缘套等。在水暖安装工程中，上、下水管道的安装以硬质管材为主，其配件也为塑料制品；供暖管道的安装以新型复合铝塑管为主，多配以专用的金属配件（如不锈钢、铜等）进行安装。

1. 环氧树脂（EP）

环氧树脂（见图10-14）是以多环氧氯丙烷和二羟基二苯基丙烷为主原料制成的，它与热和阳光起反应，便于储存，是很好的黏合剂，粘结作用较强，耐侵蚀性也较强，稳定性很好，在加入硬化剂之后，能与大多数材料胶合。

图10-14　环氧树脂

2. 聚丙烯（PP）

聚丙烯密度小，机械强度高，耐热性好，耐低温性差，易老化。PP管无毒、卫生，耐高温且可回收利用，主要应用于建筑物室内冷热水供应系统，也广泛适用于采暖系统。（见图10-15）

图10-15　聚丙烯（PP）管

3. 聚酰胺类塑料（尼龙或锦纶）

聚酰胺类塑料坚韧耐磨，熔点较高；摩擦系数小，抗拉伸；价格便宜。（见图10-16）

图 10-16　尼龙软管

课后思考与练习

想一想

在住宅装修施工过程中，硬质 PVC 建材、软质 PVC 建材、塑料壁纸等都会用于哪些地方？试以图 10-17 所示的户型为例进行分析。

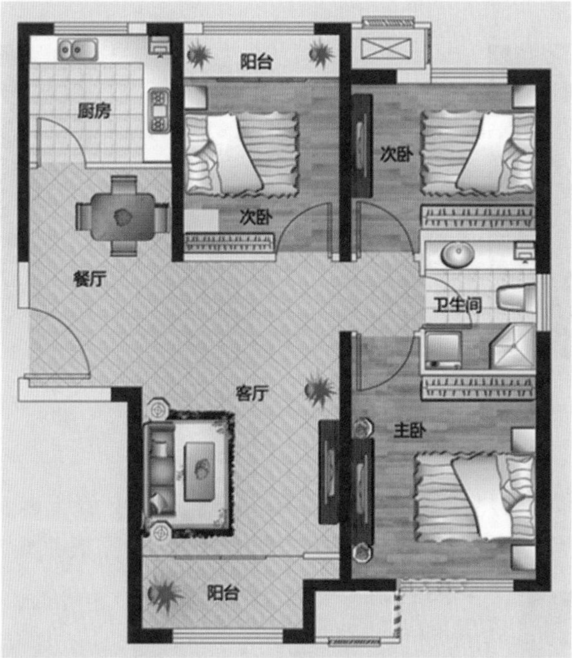

图 10-17　户型图

作　业

任务：完成建筑装饰塑料调查表，如表 10-2 所示。

调查方式：综合运用电商购物平台等获取信息。

表 10-2　建筑装饰塑料调查表

塑料类型		品　　牌	规　　格	价　　格	产　　地	效　果　图
硬质 PVC 建材	硬质 PVC 建材 1					
	硬质 PVC 建材 2					
软质 PVC 建材	软质 PVC 建材 1					
	软质 PVC 建材 2					

续表

塑料类型		品 牌	规 格	价 格	产 地	效 果 图
塑料地板	塑料地板 1					
	塑料地板 2					
塑料壁纸	塑料壁纸 1					
	塑料壁纸 2					

第十一章

建筑装饰金属材料

JIANZHU ZHUANGSHI JINSHU CAILIAO

金属材料是指一种或两种以上的金属元素或金属元素与非金属元素组成的合金材料的总称。金属材料通常分为黑色金属和有色金属两大类。黑色金属的基本成分为铁及其合金，如钢和铁；有色金属是除铁以外的其他金属及其合金的总称，如铝、铜、铅、锌、锡等及其合金。金属材料具有较高的强度，能承受较大的变形，能制成各种形状的制品和型材，具有独特的光泽和颜色，经久耐用，广泛应用于古今中外的建筑装饰工程中。

如北京颐和园中的铜亭、云南昆明的金殿、山东泰山顶的铜殿等的金碧辉煌的金属装饰都极大地赋予了古建筑独特的艺术魅力。法国著名的埃菲尔铁塔以它的独特材质与结构特征，创造了举世无双的奇迹；法国蓬皮杜文化中心则是金属与艺术有机结合的典范，创造了现代建筑史上独具一格的艺术佳作。在现代建筑中，从铝合金门窗到墙面、柱面、入口、栅栏、阳台等，金属材料无所不在。（见图 11-1）

图 11-1　金属材料在建筑中的应用

11.1 钢材

钢材（见图 11-2）是将生铁在炼钢炉中进行冶炼，然后浇注成钢锭，再经过轧制、锻压、拉拔等压力加工工艺制成的材料。钢的主要成分是铁，其次是碳，含碳量一般小于 2%，另外还含有少量的硅、锰、硫、磷、氧等元素。生铁的含碳量较高，脆性大，炼钢的目的就是将生铁中的含碳量降低到一定范围内，同时除去其他有害杂质。

图 11-2　钢材

钢材材质均匀，性能可靠，强度高，塑性和冲击韧性好，可承受各种性质的荷载；加工性能好，可通过焊接、铆接和螺钉连接的方法制成各种形状的构件；但易锈蚀，耐火性差，维修费用大。钢材在建筑中不仅可作为结构材料（如钢筋混凝土中的钢筋、钢结构中的各类型钢、轻钢龙骨等），还可用作装饰材料，如各类装饰钢板等。

11.1.1　钢材的分类

1. 按化学成分分类

①碳素钢　碳素钢的主要化学成分是铁，其次是碳，此外还含有少量的硅、锰、磷、硫、氧、氮等元素。碳素钢根据含碳量（碳的质量分数）的高低，又分为低碳钢（含碳量＜0.25%）、中碳钢（含碳量为 0.25%～0.60%）和高碳钢（含碳量＞0.60%）。

②合金钢　合金钢是在碳素钢的基础上加入一种或多种改善钢材性能的合金元素，如锰、硅、钒、钛等。合金钢根据合金元素的总含量（总的质量分数），又分为低合金钢（合金元素总量＜5%）、中合金钢（合金元素总量为 5%～10%）和高合金钢（合金元素总量＞10%）。

2. 按冶炼方法分类

钢材按冶炼方法不同分为平炉钢、转炉钢(氧气转炉钢、空气转炉钢)和电炉钢。

3. 按冶炼时脱氧程度分类

①镇静钢 镇静钢一般用硅脱氧,脱氧完全,钢液浇注后平静地冷却凝固,基本无气泡产生。镇静钢均匀密实,机械性能好,品质好,但成本高。

②沸腾钢 沸腾钢一般用锰、铁脱氧,脱氧很不完全,钢液冷却凝固时有大量气体外逸,引起钢液沸腾,故称为沸腾钢。

③半镇静钢 半镇静钢用少量的硅进行脱氧,钢的脱氧程度和性能介于镇静钢和沸腾钢之间。

4. 按品质(硫、磷杂质含量)分类

钢材根据品质(硫、磷杂质含量)不同可分为普通钢、优质钢、高级优质钢等。

5. 按用途分类

钢材按用途不同可分为结构钢(主要用于工程构件及机械零件)、工具钢(主要用于各种刀具、量具及磨具)、特殊性能钢(具有特殊物理、化学或机械性能,如不锈钢、耐热钢、耐磨钢等,一般为合金钢)等。

11.1.2 建筑钢材的主要技术性能

1. 拉伸性能

表示钢材拉伸性能的主要技术指标是屈服强度、抗拉强度和伸长率。

①屈服强度 在设计中,屈服强度是钢材设计强度取值的主要依据。这是因为钢材应力超过屈服点以后,虽然没有断裂,但会产生较大的塑性变形,这将使构件产生很大的变形和不可闭合的裂缝,以致无法使用。

②抗拉强度 钢材受拉断裂前的最大应力称为抗拉强度或极限强度。抗拉强度是衡量钢材抵抗断裂破坏能力的一个重要指标。

③伸长率 钢材的伸长率为钢材试件拉断后的伸长值与原标距长度之比。伸长率是衡量钢材塑性的一个重要指标,伸长率越大,说明钢材塑性越好,不仅便于进行各种加工,而且能保证钢材在建筑上的安全使用。

2. 冲击韧性

冲击韧性是指钢材抵抗冲击荷载作用的能力。影响钢材冲击韧性的主要因素如下。

①化学成分 当钢材中的磷、硫含量较高,化学成分不均匀时,含有非金属夹杂物以及焊接中形成的微裂纹等都会使冲击韧性显著降低。

②温度 某些钢材在常温(20 ℃)条件下呈韧性断裂,而当温度降低到一定程度时,冲击韧性急剧下降,使钢材呈脆性断裂,这一现象称为低温冷脆性,脆性断裂的温度称为脆性临界温度。脆性临界温度越低,说明钢材的低温冲击韧性越好。

③时效 钢材随时间的延长,强度逐渐提高,冲击韧性下降,这种现象称为时效。时效敏感性越大的钢材,经过时效以后其冲击韧性的降低越显著。为了保证安全,对于承受动荷载的重要结构,应选用时效敏感性小的钢材。

3. 冷弯性能

冷弯性能是指钢材在常温下承受弯曲变形的能力。在建筑构件加工和制造过程中,常要把钢板、钢筋等钢材弯曲成一定的形状,这就需要钢材有较好的冷弯性能。钢材在弯曲过程中,受弯部位产生局部不均匀塑性变形,这种变形在一定程度上比伸长率更能反映钢材内部的组织状态、夹杂物等缺陷。

4. 焊接性能

钢材的焊接性能是指钢材在通常的焊接方法和工艺条件下获得良好焊接接头的性能。焊接性能好的钢材焊接后不易形成裂纹、气孔等缺陷,焊头牢固可靠,焊缝及其附近受热影响区的性能不低于母材的力学性能。钢材的化学成分影响钢材的焊接性能。一般含碳量越高，可焊性越低。含碳量小于0.25%的低碳钢具有优良的可焊性，高碳钢的焊接性能较差。钢材中加入合金元素，如硅、锰、钛等，将增大焊接硬脆性，降低可焊性。

11.1.3　钢材中的化学成分对钢材性能的影响

钢材中所含的元素很多，除了主要成分铁和碳外，还含有少量的硅、锰、硫、磷、氧、氮以及其他合金元素等，它们的含量决定了钢材的性能和质量。

1. 碳

碳是钢材中的主要元素，是决定钢材性能的重要因素。在含碳量小于0.8%的范围内，随着含碳量的增加，钢材的抗拉强度和硬度增加，塑性和冲击韧性降低。当含碳量超过1%时，随着含碳量的增加，除硬度继续增加外，钢材的强度、塑性、韧性都降低，耐腐蚀性和可焊性变差，冷脆性和时效敏感性增大。

2. 有益元素

①硅　硅是炼钢时为了脱氧而加入的元素。当钢材中含硅量在1%以内时，在炼钢时加入硅能增加钢材的强度、硬度、耐腐蚀性，且对钢材的塑性、韧性、可焊性无明显影响。当钢材中含硅量过高（大于1%）时，在炼钢时加入硅将会显著降低钢材的塑性、韧性、可焊性，并增大冷脆性和时效敏感性。

②锰　锰是炼钢时为了脱氧而加入的元素，是我国低合金结构钢的主要合金元素。在炼钢过程中，锰和钢中的硫、氧化合成 MnS 和 MnO，成渣排除，起到了脱氧排硫的作用。锰的作用主要是能显著提高钢材的强度和硬度，改善钢材的热加工性能和可焊性，几乎不降低钢材的塑性、韧性。

③铝、钒、钛、铌　它们都是炼钢时的强脱氧剂，也是常用的合金元素，适量加入钢内能改善钢材的组织，细化晶粒，显著提高强度，改善韧性和可焊性。

11.1.4　钢材的锈蚀

钢材容易锈蚀，锈蚀会导致钢材有效截面面积减小，降低钢材的强度、塑性、韧性等性能，浪费钢材，还会形成程度不等的锈坑、锈斑，严重影响装饰效果。钢材的锈蚀有两种：一是化学腐蚀，即在常温下钢材表面受氧化生成氧化膜层而锈蚀；二是电化学腐蚀，这是因钢材在较潮湿的空气中表面形成了“微电池”作用而产生的锈蚀。钢材在大气中的锈蚀，是化学锈蚀和电化学锈蚀共同作用所致，但以电化学锈蚀为主。（见图 11-3）

11.1.5　不锈钢装饰制品

不锈钢（见图 11-4）是指在钢中加入以铬（Cr）元素为主的合金元素而形成的合金钢。不锈钢具有极好的抗腐蚀性和表面光泽度，其表面经加工后可获得镜面般光亮平滑的效果，光反射比可达90%以上，具有良好的装饰性，是极富现代气息的装饰材料。

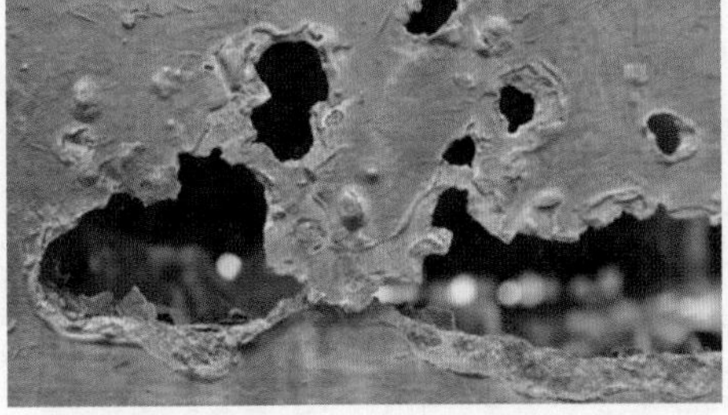

图 11-3　钢材的锈蚀

图 11-4　不锈钢

不锈钢中除铬外，还含有镍(Ni)、锰(Mn)、钛(Ti)、硅(Si)等元素，这些元素都能影响不锈钢的强度、塑性、韧性等性能。一般不锈钢中铬的质量分数不低于12%。铬的质量分数越高，钢材的抗腐蚀性越好。

不锈钢耐腐蚀的原理

铬的性质比较活泼，能首先与周围环境中的氧化合，生成一层与钢基体牢固结合的致密氧化层膜，使合金钢不再受到氧的锈蚀作用，从而达到保护钢材的目的。

不锈钢按其化学成分不同可分为铬不锈钢、铬镍不锈钢、高锰低铬不锈钢等；按不同耐腐蚀的特点，又可分为普通不锈钢(耐大气和水蒸气侵蚀)和耐酸钢(除对大气和水有抗蚀能力外，还对某些化学介质如酸、碱、盐具有良好的抗蚀性)两类；按光泽度不同有亚光不锈钢和镜面不锈钢。

1. 普通不锈钢板

在装饰工程中应用最多的为板材，一般为薄板，厚度不超过2 mm。普通不锈钢板可用于建筑物的墙柱面装饰、电梯门及门贴脸、各种装饰压条、隔墙、幕墙、屋面等；不锈钢管可制成栏杆、扶手、隔离栅栏和旗杆等；不锈钢型材可用于制作柜台、各种压边等。不锈钢龙骨光洁、明亮，具有较强的抗风压能力和安全性，主要用于高层建筑的玻璃幕墙中。

2. 彩色不锈钢板

彩色不锈钢板是在不锈钢板上用化学镀膜的方法进行着色处理，表面具有各种绚丽色彩的不锈钢装饰板。彩色不锈钢板的颜色有蓝、灰、紫、红、青、绿、金黄、橙、茶色等多种。彩色不锈钢板抗腐蚀性强，彩色面层经久不褪色，光泽度高，且随光照角度的改变会产生色调变换。彩色面层能耐200 ℃的高温，耐盐雾腐蚀性超过一般不锈钢，耐磨性和耐刻刮性能相当于箔层镀金的性能。彩色不锈钢板可用作高级建筑物的厅堂墙板、天花板、电梯厢板、车厢板、自动门、招牌等。采用彩色不锈钢板装饰墙面，不仅坚固耐用、美观新颖，而且具有强烈的时代感。

不锈钢的应用如图11-5所示。

图11-5 不锈钢的应用

11.1.6 彩色涂层钢板

彩色涂层钢板又称彩色钢板，是以冷轧钢板或镀锌钢板为基板，通过在基板表面进行化学预处理和涂漆等工艺处理，使基板表面覆盖一层或多层高性能的涂层而制得的。彩色涂层钢板的涂层一般分为有机涂层、无机涂层和复合涂层三类，其中以有机涂层钢板用得最多、发展最快。常用的有机涂层有聚氯乙烯、聚丙烯酸酯、环氧树脂等。有机涂层可以配制各种不同色彩和花纹。彩色涂层钢板的构造如图11-6所示。

彩色涂层钢板的长度一般为1800 mm和2000 mm，宽度为450 mm、500 mm和1000 mm，厚度有0.35 mm、0.4 mm、0.5 mm、0.6 mm、0.7 mm、0.8 mm、1 mm、1.5 mm等多种。彩色涂层钢板兼有钢板和表面涂层二者的性能，在保持钢板强度和刚度的基础上，增加了钢板的防锈蚀性能。(见图11-7)

彩色涂层钢板具有良好的耐锈蚀性和装饰性，涂层附着力强，可长期保持鲜艳的颜色，并且具有良好的

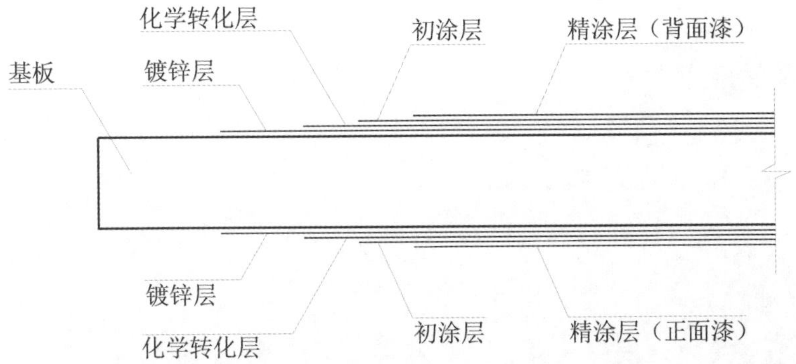

图 11-6　彩色涂层钢板的构造

图 11-7　彩色涂层钢板及其应用

耐污染、耐高低温、耐沸水浸泡性，绝缘性好，加工性能好，可切割、弯曲、钻孔、铆接、卷边等。彩色涂层钢板可用作建筑物内外墙板、吊顶、屋面板、护壁板、门面招牌的底板等，还可用作防水渗透板、排气管、通风管、耐腐蚀管道、电气设备罩、汽车外壳等。

彩色涂层钢板在用作建筑物的围护结构（如外墙板和屋面板）时，往往与岩棉板、聚苯乙烯泡沫板等保温隔热材料制成复合板材，从而达到保温隔热的要求和良好的装饰效果，其保温隔热性能要优于普通砖墙。中国南极长城站就是使用这类隔热夹芯板材进行建筑和装饰的。

11.1.7　压型钢板

压型钢板是使用冷轧板、镀锌板、彩色涂层板等不同类型的薄钢板，经辊压、冷弯而成。压型钢板具有质量轻、波纹平直坚挺、色彩丰富多样、造型美观大方、耐久性好、抗震性及抗变形性好、加工简单和施工方便等特点，广泛应用于各类建筑物的内外墙面、屋面、吊顶等的装饰，以及用作轻质夹芯板材的面板等。（见图 11-8）

《建筑用压型钢板》（GB/T 12755—2008）规定，压型钢板表面不允许有 10 倍放大镜所观察到的裂纹存在；对用镀锌钢板及彩色涂层钢板制成的压型钢板，规定不得有镀层、涂层脱落以及影响使用性能的擦伤。

11.1.8　彩色复合钢板

彩色复合钢板（见图 11-9）是以彩色压型钢板为面层，以结构岩棉或玻璃棉、聚苯乙烯等为芯材，用特种粘结剂粘结复合的一种既保温隔热又可防水的板材。彩色复合钢板主要产品有彩钢岩棉（玻璃棉）复合板和彩钢聚苯复合板。彩色复合钢板长度一般小于 10 m，宽度为 900 mm，厚度有 50 mm、80 mm、100 mm、120 mm、150 mm、200 mm 等，适用于钢筋混凝土或钢结构框架体系建筑的外围护墙、屋面及房屋夹层等。

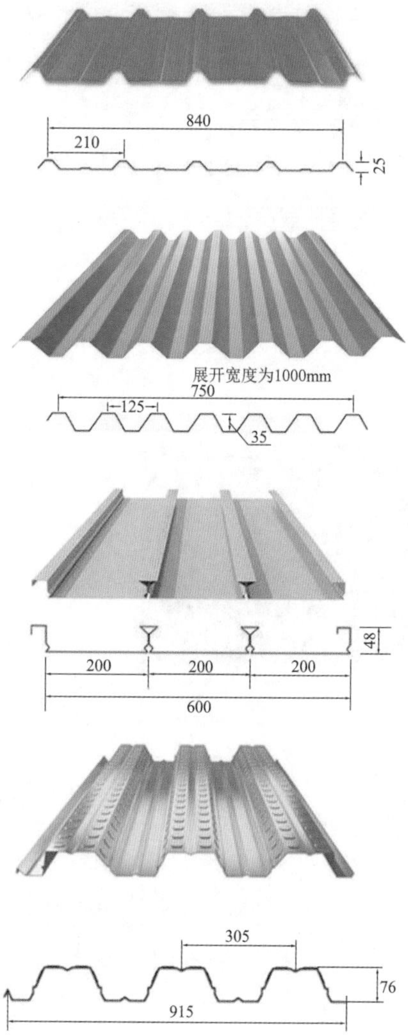

图 11-8　建筑用压型钢板的板型(单位:mm)

图 11-9　彩色复合钢板

11.2　铝及铝合金

11.2.1　铝的特性和应用

铝作为化学元素,在地壳组成中含量从高到低排第三位,约占8.13%,仅次于氧和硅。铝属于有色金属中的轻金属,外观呈银白色,密度为2.7 g/cm^3,只有钢的1/3左右,是各类轻结构的基本材料之一。铝的熔点低,为660 ℃,对光和热的反射能力强,因此常用来制造反射镜、冷气设备的屋顶等。铝有很好的导电性和导热性,所以常用来制造导电材料、导热材料和蒸煮器皿等。铝在低温环境中强度和韧性不下降,因此常作为低温材料用于航空和航天工程及制造冷冻食品的储运设备等。铝有很好的延展性和塑性,可加工成管材、板材、线材、铝箔(厚度为6~25 μm)等。但纯铝的强度和硬度较低(屈服强度为80~100 MPa,硬度为17~44 HB),为提高铝的使用价值,常加入合金元素,因此建筑及装饰工程中常使用的是铝合金。

11.2.2 铝合金

为了提高铝的强度，在不降低铝的原有特性的基础上，可在铝中加入适量的镁、铜、锰、锌、硅等合金元素形成铝合金，既保持了铝质量轻的特性，同时大大提高了力学性能（屈服强度可达 210～500 MPa，抗拉强度可达 380～550 MPa）。铝合金比强度为碳素钢的几倍，弹性模量约为碳素钢的 1/3，线膨胀系数约为碳素钢的 2 倍。铝合金由于弹性模量小，因此刚度和承受弯曲变形的能力较小，但由温度变化引起的内应力也较小。铝合金的主要缺点是弹性模量小，热膨胀系数大，耐热性差，焊接需采用有惰性气体保护的焊接新技术。

目前铝合金以其特有的结构和独特的建筑装饰效果，主要用来制作铝合金装饰板、铝合金门窗、铝合金框架幕墙、铝合金屋架、铝合金吊顶、铝合金隔断、铝合金柜台、铝合金栏杆扶手以及其他室内装饰等。例如，我国首都机场 72 m 大跨度（波音 747）飞机库（见图 11-10）采用彩色压型铝板（铝合金）做两端山墙，外观壮丽美观，经久耐用。

图 11-10　飞机库

1. 铝合金装饰板

铝合金装饰板具有质量轻、不燃烧、强度高、刚度好、经久耐用、易加工、表面形状多样（光面、花纹面、波纹面及压型等）、色彩丰富、防腐蚀、防火、防潮等优点，适用于公共建筑的内、外墙面和柱面。在商业建筑中，入口处的门脸、柱面、招牌的衬底使用铝合金装饰板更能体现建筑物的风格，吸引顾客注目。

1）铝合金花纹板

铝合金花纹板是采用防锈铝合金坯料，用具有一定花纹的轧辊轧制而成的一种铝合金装饰板。铝合金花纹板具有花纹美观大方、筋高适中、防滑、防腐蚀性能好、不易磨损、便于清洗等特点，且板材平整，裁剪尺寸精确，便于安装，广泛应用于现代建筑的墙面装饰以及楼梯踏步等处。

2）铝合金波纹板

铝合金波纹板是用机械轧辊将板材轧成一定的波形而制成的。铝合金波纹板自重轻，有银白色等多种颜色，既有一定的装饰效果，也有很强的反射阳光的能力。它能防火、防潮、耐腐蚀，在大气中可使用 20 年以上，搬迁拆卸下来的铝合金波纹板仍可重复使用。铝合金波纹板适用于建筑物墙面和屋面的装饰。屋面装饰一般用强度高、耐腐蚀性能好的防锈铝（LF21）制成；墙面板材可用防锈铝或纯铝制作。

3）铝合金压型板

铝合金压型板（见图 11-11）质量轻，外形美观，耐腐蚀，耐久性好，安装容易，施工简单，经表面处理可得到多种颜色，是目前广泛应用的一种新型建筑装饰材料，主要用于墙面和屋面。

4）铝合金穿孔板

铝合金穿孔板是用各种铝合金平板经机械穿孔而成。其孔径常为 6 mm，孔距常为 10～14 mm，根据需要可做成圆孔、方孔、长圆孔、长方孔、三角孔、大小组合孔等。铝合金穿孔板既突出了板材质轻、耐高温、耐腐蚀、防火、防潮、防震、化学稳定性好等特点，又可以利用孔处理成一定图案，立体感强，装饰效果好；同时，内部放置吸声材料后可以解决建筑中吸声的问题，是一种有降噪兼装饰双重功能的理想材料。铝合金穿孔板可用于宾馆、饭店、影剧院、播音室等公共建筑和高级民用建筑中以改善音质条件，也可用于各类噪声大的车间、厂房和计算机房等的天棚或墙壁作为降噪材料。

图 11-11　铝合金压型板

5）铝塑板

铝塑板是一种复合材料，它是将氯化乙烯处理过的铝片用粘结剂覆贴到聚乙烯板上而制成的。按铝片覆贴位置不同，铝塑板有单层板和双层板之分。铝塑板的耐腐蚀性、耐污染性和耐候性较好，可制成多种颜色，装饰效果好，施工时可弯折、截割，加工灵活方便；与铝合金板材相比，具有质量轻、造价低、施工简便等优点。铝塑板可用作建筑物的幕墙饰面、门面及广告牌等处的装饰。

2. 铝合金门窗

铝合金门窗是将表面处理过的铝合金型材，经下料、打孔、铣槽、攻丝、制作等加工工艺而制成门窗框料构件，再用连接件、密封材料和开闭五金配件一起组合装配而成的。以铝合金窗为例，其构造如图 11-12 所示。铝合金门窗虽然价格较贵，但它的性能好，长期维修费用低，且美观，可节约能源，在国内外得到广泛应用。

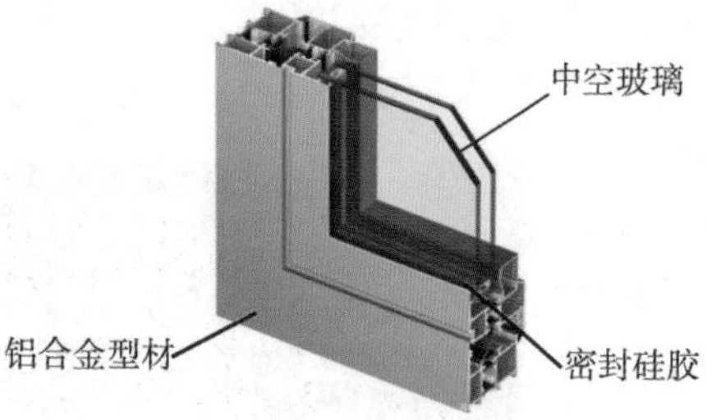

图 11-12　铝合金窗构造

铝合金门窗按其结构与开启方式分为推拉门窗、平开门窗、固定窗、悬挂窗、百叶窗、纱窗等，其中以推拉门窗和平开门窗用得最多。

1）铝合金门窗的特点

铝合金门窗与其他普通门窗相比，具有以下主要特点：

①质量轻　铝合金门窗用材省、质量轻，每平方米用铝合金型材量平均为 8～12 kg，而每平方米钢门窗用钢量平均为 17～20 kg。

②密封性能好　气密性、水密性、隔声性均好，保温隔热性好。

③色泽美观　铝合金门窗框料型材表面可氧化着色处理，可着成银白色、古铜色、暗红色、暗灰色、黑色等多种颜色或带色的花纹，还可涂聚丙烯酸酯装饰膜使表面光亮。

④耐腐蚀，使用维修方便　铝合金门窗不锈蚀，不褪色，表面不需要涂漆，维修费用少。

⑤强度高，刚度好，坚固耐用。

⑥加工方便，便于生产工业化　铝合金门窗的加工、制作、装配都可在工厂进行，有利于实现产品设计标准化及系列化、零件通用化、产品的商品化等。

2）铝合金门窗的性能

铝合金门窗要达到规定的性能指标后才能出厂安装使用。铝合金门窗通常要进行以下主要性能的检验：

①强度　测定铝合金门窗的强度的方法是在压力箱内进行压缩空气加压试验，用所加风压的等级来表示，单位为 Pa。一般性能的铝合金门窗强度可达 1961～2353 Pa，测定门窗扇中央最大位移应小于门窗框内沿高度的 1/70。

②气密性　在压力试验箱内，使铝合金门窗的前后形成一定的压力差，用每平方米面积每小时的通气量(m^3)来表示门窗的气密性，单位为 $m^3/(h \cdot m^2)$。一般性能的铝合金门窗前后压力差为 10 Pa 时，气密性可达 8 $m^3/(h \cdot m^2)$，高密封性能的铝合金门窗可达 2 $m^3/(h \cdot m^2)$。

③水密性　在压力试验箱内，对铝合金门窗的外侧施加周期为 25 s 的正弦波脉冲压力，同时向门窗内每分钟每平方米喷射 4 L 的人工降雨，进行连续 10 min 的风雨交加的试验，在室内一侧不应有可见的漏渗水现象。水密性用水密性试验施加的脉冲风压平均压力表示，一般性能铝合金门窗为 343 Pa，抗台风的高性能门窗可达 490 Pa。

④开闭力　装好玻璃后，门窗扇打开或关闭所需外力应在 49 N 以下。

⑤隔热性　隔热性能一般由材料本身的导热系数决定。铝合金门窗用于对环境隔热保温有要求的场合时，应使所用材料符合要求。

⑥隔声性　在音响试验室内对铝合金门窗的响声透过损失进行试验发现，当声频达到一定值后，铝合金门窗的响声透过损失趋于恒定，这样可测出隔声性能的等级曲线。有隔声要求的铝合金门窗，响声透过损失应达 25 dB，即响声透过铝合金门窗声级可降低 25 dB。高隔声性能的铝合金门窗，响声透过可降低 30～45 dB。

3）铝合金门窗的技术标准

随着铝合金门窗的迅速发展，我国已颁布了一系列有关铝合金门窗的国家标准，主要为《铝合金门窗》(GB/T 8478—2020)等。

3. 铝合金型材

铝合金型材(见图 11-13)是将铝合金锭坯按需要长度锯成坯段,加热到 400～450 ℃,送入专门的挤压机中,连续挤出成型,挤出的型材冷却到常温后,切去两端斜头,在时效处理炉内进行人工时效处理,消除内应力,经检验合格后再进行表面氧化和着色处理,最后形成成品。在装饰工程中,常用的铝合金型材有窗用型材(46 系列、50 系列、65 系列、70 系列和 90 系列推拉窗型材;38 系列、50 系列平开窗型材;其他系列窗用型材)、门用型材(推拉门型材、地弹门型材等)、柜台型材、幕墙型材(120 系列、140 系列、150 系列、180 系列隐框或明框龙骨型材)、通用型材等。

图 11-13 铝合金型材

铝合金型材的断面形状及尺寸是根据型材的使用特点、用途、构造及受力等因素决定的。用户应根据装饰工程的具体情况进行选用,对结构用铝合金型材一定要经力学计算安全才能选用。

11.2.3 铝箔与铝粉

1. 铝箔

铝箔(见图 11-14)是用纯铝或铝合金加工成的厚 6～25 μm 的薄片制品。铝箔具有良好的防潮、绝热性能,在建筑及装饰工程中可作为多功能保温隔热材料和防潮材料来使用。常用的铝箔制品有铝箔波形板、铝箔泡沫塑料板、铝箔牛皮纸、铝箔布等。

图 11-14 铝箔

2. 铝粉

铝粉(俗称“银粉”)是以铝箔加入少量润滑剂,经捣击压碎成为极细的鳞状粉末,再经抛光而成。铝粉质轻,漂浮力强,遮盖力强,对光和热的反射性能均很高;经适当处理后,也可变成不浮性铝粉。铝粉主要用于油漆和油墨工业。

在建筑工程中铝粉常用来制备各种装饰涂料和金属防锈涂料,也可用于土方工程中的发热剂和加气混凝土中的发气剂。

11.3 铜合金及其制品

11.3.1 纯铜的概念

铜是最先冶炼出的金属之一,也是我国历史上应用较早、用途较广的一种有色金属。(见图 11-15、图 11-16)

图 11-15　室内铜制品装饰效果

图 11-16　纯铜雕刻屏风

铜属于有色重金属。纯铜由于表面氧化生成的氧化铜薄膜呈紫红色，故常称紫铜。纯铜具有较高的导电性、导热性、耐腐蚀性，以及良好的延展性、塑性和易加工性，可碾压成极薄的板（紫铜片），拉成很细的丝（铜线材）。我国纯铜产品分为两类：一类属冶炼产品，包括铜锭、铜线锭和电解铜；另一类属加工产品，是指铜锭经过加工变形后获得的各种形状的铜材。

11.3.2　铜合金的概念

由于纯铜强度不高，且价格较贵，因此在建筑工程中更广泛使用的是在铜中掺入锌、锡等元素形成的铜合金。由于铜制品的表面易受空气中的有害物质的腐蚀作用，为提高其抗腐蚀能力和耐久性，可在铜制品的表面用镀钛合金等方法进行处理，从而能极大地提高其光泽度，增加铜制品的使用寿命。（见图 11-17）

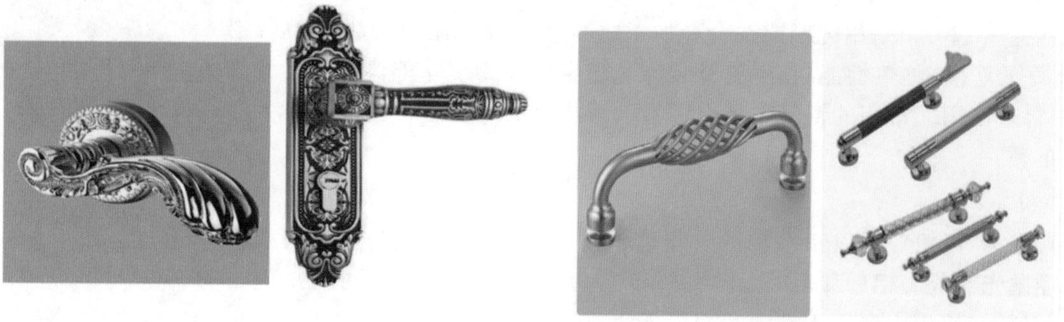

图 11-17　铜把手

现代建筑装饰中，铜制品主要用于高档场所的装修，如宾馆、饭店、高档写字楼和银行等场所中的柱面、楼梯扶手、栏杆、防滑条等，使建筑物显得光彩耀目、美观雅致、光亮耐久，并烘托出华丽、高雅的氛围。除此之外，铜材还可用于制作外墙板、把手、门锁、五金配件等。如为厅门配以铜质的把手、门锁，为螺旋式楼梯扶手栏杆选用铜质管材，踏步上附铜质防滑条，浴缸龙头、坐便器开关、沐浴器配件、灯具、家具采用制作精致、色泽光亮的铜合金等，无疑会在原有的氛围中增添装饰的艺术性，使装饰效果更佳。

铜合金既保持了铜的良好塑性和高抗腐蚀性，又改善了纯铜的强度、硬度等力学性能。建筑工程常用的铜合金有黄铜（铜锌合金）和青铜（铜锡合金）。

11.3.3　黄铜

以铜、锌为主要合金元素的铜合金称为黄铜。黄铜分为普通黄铜和特殊黄铜。铜中只加入锌元素时，称为普通黄铜。普通黄铜不仅具有良好的力学性能、耐腐蚀性和延展性能，易于加工成各种建筑五金、装饰制品、水暖器材等，而且价格比纯铜便宜。为了进一步改善普通黄铜的力学性能和提高其耐腐蚀性能，可再加入铅、锰、铝、锡等合金元素制成特殊黄铜。如加入铅可改善普通黄铜的切削加工性和提高耐磨性；加入铝可提高强度、硬度、耐腐蚀性能等。特殊黄铜可用于要求高强度和耐腐蚀性的部位、铸件和锻件，也可制造涡轮机叶片和船舶、矿山机械及设备。

11.3.4 青铜

以铜、锡为主要合金元素的铜合金称为青铜。青铜有锡青铜和铝青铜两种。锡青铜中锡的质量分数在30%以下，它的抗拉强度以锡的质量分数在15%～20%之间为最大；而伸长率以锡的质量分数在10%以内比较大，超过这个限度，就会急剧变小。铝青铜中铝的质量分数在15%以下，往往还添加了少量的铁和锰，以改善其力学性能。铝青铜耐腐蚀性好，经过加工的材料，强度接近于一般碳素钢，在大气中不变色，即使加热到高温也不会氧化，这是由于合金中铝经氧化形成致密的薄膜所致。铝青铜可用于制造丝、棒、管、弹簧和螺栓等。

11.3.5 铜合金装饰制品

1. 铜合金型材

铜合金经挤压或压制可形成不同横断面形状的型材，有空心型材和实心型材之分，可用来制造管材、板材、线材、固定件及各种机器零件等。铜合金型材也具有铝合金型材类似的特点，可用于门窗的制作，也可以作为骨架材料装配幕墙。以铜合金型材为骨架，以吸热玻璃、热反射玻璃、中空玻璃等为立面形成的玻璃幕墙，一改传统外墙的单一面貌，可使建筑物乃至城市生辉。

2. 铜合金板材及卷材

用铜合金制成的各种铜合金板材（如压型板），可用于建筑物的外墙装饰，使建筑物金碧辉煌、光亮耐久。铜合金也可制成卷材。（见图 11-18）

铜合金还可制成五金配件、铜门、铜栏杆、铜嵌条、防滑条、雕花铜柱和铜雕壁画等，广泛应用于建筑装饰工程中。（见图 11-19）

图 11-18 铜合金板材及卷材

图 11-19 金碧辉煌的室内装修

课后思考与练习

想一想

在住宅装修施工过程中，轻钢龙骨、铝合金、不锈钢、铜制品等都会用于哪些地方？试以图 11-20 所示的户型为例进行分析。

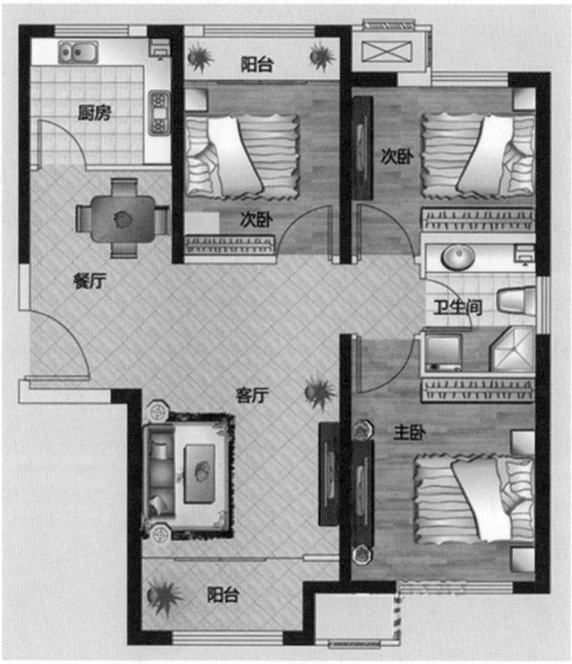

图 11-20　户型图

作　业

任务：完成建筑装饰金属材料调查表，如表 11-1 所示。

调查方式：综合运用电商购物平台等获取信息。

表 11-1　建筑装饰金属材料调查表

金属材料类型		品　　牌	规　　格	价　　格	产　　地	效　果　图
轻钢龙骨	轻钢龙骨 1					
	轻钢龙骨 2					
	轻钢龙骨 3					
不锈钢制品	不锈钢制品 1					
	不锈钢制品 2					
	不锈钢制品 3					
铝合金制品	铝合金制品 1					
	铝合金制品 2					
	铝合金制品 3					
铜制品	铜制品 1					
	铜制品 2					
	铜制品 3					

第十二章

纤维装饰织物与制品

XIANWEI ZHUANGSHI ZHIWU YU ZHIPIN

纤维装饰织物与制品包括地毯与挂毯、其他墙面装饰织物等，不仅色泽鲜艳、图案丰富、质地柔软、富有弹性，还能使建筑室内装饰锦上添花。纤维装饰织物与制品还包括矿物棉装饰吸声板以及吸声用玻璃棉制品等，这些材料轻质、保温、吸声；施工方便、经济实惠，用于顶棚以及内墙的保温隔热、改善音质等方面效果突出。（见图 12-1）

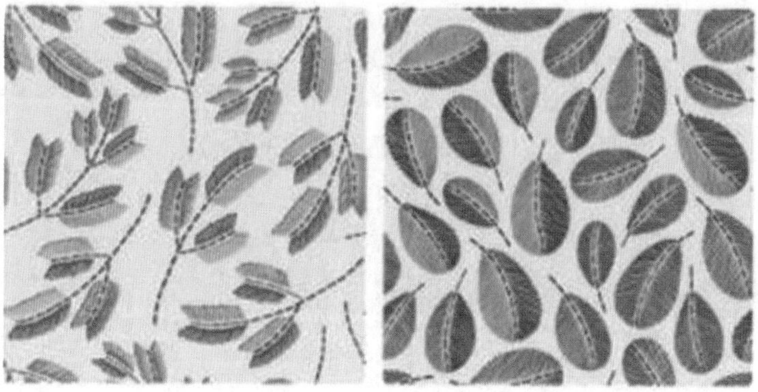

图 12-1 装饰织物图案丰富

12.1 装饰织物的种类

装饰织物的材料有天然纤维、化学纤维等，各具特点，直接影响织物的质地、性能等。

12.1.1 天然纤维

1. 羊毛纤维

羊毛纤维弹性好，不易变形、不易污染、不易燃，易于清洗，色泽鲜艳，制品美丽豪华，经久耐用。羊毛纤维易被虫蛀，所以对羊毛及其制品应采取相应的防腐、防虫蛀的措施。

2. 棉、麻纤维

棉、麻均为植物纤维。棉纺品有印花和素面等品种，可以做窗帘、墙布、垫罩等。棉纺品易洗、易熨烫，其中的灯芯绒布和斜纹布可做垫套装饰之用。棉布性柔，不能保持褶线，易污、易皱；而麻纤维性刚，强度高，制品挺括、耐磨，但价格较高。由于植物棉麻纤维的资源不足，因此常掺入化学纤维混合纺制，降低了价格也改善了性能。

3. 丝纤维

丝绸滑润、柔韧，半透明，易上色，色泽光亮柔和，可直接用作室内墙面裱糊或浮挂，是一种高级的装饰材料。

12.1.2 化学纤维

1. 化学纤维的分类

化学纤维的分类如图 12-2 所示。

- 化学纤维
  - 人造纤维
    - 黏胶纤维
      - 人造棉
      - 人造毛
      - 人造丝
      - 富强纤维
    - 铜氨纤维
    - 醋酸纤维素纤维(醋酯纤维)
  - 合成纤维
    - 聚酯纤维(涤纶)
    - 聚酰胺纤维(锦纶)
    - 聚丙烯腈纤维(腈纶)
    - 聚丙烯纤维(丙纶)
    - 聚氯乙烯纤维(氯纶)
    - 聚氨基甲酸酯纤维(氨纶)

图 12-2　化学纤维的分类

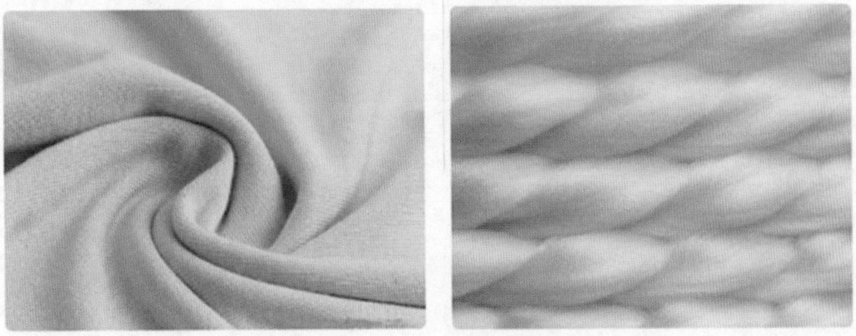

图 12-3　合成纤维

2. 常用的合成纤维

常用的合成纤维(见图 12-3)有如下几种。

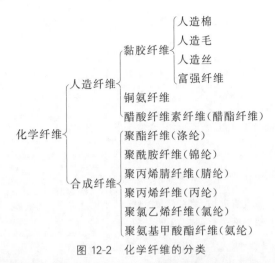

①聚酯纤维(涤纶)　涤纶耐磨性能好,略比锦纶差,但却是棉花的 2 倍、羊毛的 3 倍,尤其可贵的是,它在湿润状态同干燥时一样耐磨。涤纶耐热、耐晒、不发霉、防虫蛀,易颜色褪浅。

②聚酰胺纤维(锦纶)　锦纶旧称尼龙,优点是防虫蛀,耐腐蚀,不发霉,吸湿性能低,易于清洗,耐磨性甚优(比羊毛高 20 倍,比黏胶纤维高 50 倍,如果用 15%的锦纶和 85%的羊毛混纺,其织物的耐磨性能比羊毛织物高 3 倍多),缺点是弹性差,易吸尘,易变形,遇火易局部熔融,在干热环境下易产生静电。

③聚丙烯纤维(丙纶)　丙纶具有强度高、质地好、弹性好、不霉不蛀、易于清洗、耐磨性好、生产成本低等优点。

④聚丙烯腈纤维(腈纶)　腈纶防霉、不蛀,耐酸碱腐蚀,耐晒,纤维轻于羊毛(羊毛的密度为 1.32 g/cm^3,而腈纶的密度为 1.07 g/cm^3),蓬松卷曲、柔软保暖,弹性好(在低伸长范围内弹性恢复能力接近羊毛,强度相当于羊毛的 2～3 倍),且不受湿度影响。

3. 玻璃纤维

玻璃纤维是由熔融玻璃制成的一种纤维材料,直径从数微米至数十微米。玻璃纤维性脆、易折断,抗拉强度高,伸长率小,吸湿性小,防燃,耐高温、耐腐蚀,吸声性能好,不耐磨,可纺织加工成各种布料、带料等,或织成印花墙布。

12.1.3　纤维的鉴别方法

市场上销售的纤维品种比较多,鉴别纤维的简单可行的方法是燃烧法。各种化学纤维与天然纤维燃烧速度的快慢、产生的气味和灰烬的形状等均不相同。从织物上取出几根纱线,用火点燃,观察它们燃烧时的情况,就能分辨出是哪一种纤维。(见表 12-1)

表 12-1 用燃烧法鉴别各种纤维的特征

纤维名称	燃烧特征
棉	燃烧很快，发出黄色火焰，有烧纸般的气味，灰末细软，呈深灰色
麻	燃烧起来比棉花慢，也发出黄色火焰与烧纸般的气味，灰烬颜色比棉花深一些
丝	燃烧比较慢，且缩成一团，有烧头发的气味，燃后成黑褐色小球，用指一压即碎
羊毛	不燃烧，冒烟而起泡，有烧头发的气味，灰烬多，燃后成为有光泽的黑色脆块，用指一压即碎
富强纤维	燃烧很快，发出黄色火焰，有烧纸的气味，灰烬极少，呈深灰或浅灰色
锦纶	燃烧时没有火焰，稍有芹菜气味，纤维迅速卷缩，熔融成胶状物，趁热可以把它拉成丝，一冷就成为坚韧的褐色硬球，不易研碎
涤纶	点燃时纤维先卷缩、熔融，然后燃烧。燃时火焰呈黄白色，很亮、无烟，但不延燃，灰烬成黑色硬块，但能用手压碎
腈纶	点燃后能燃烧，但比较慢。火焰旁边的纤维先软化、熔融，然后燃烧，有辛酸气味，然后成脆性小黑硬球
丙纶	燃烧时可发出黄色火焰，并迅速卷缩、熔融，燃烧后成熔融状胶体，几乎无灰烬，如不待其烧尽，趁热也可拉成丝，冷却后也成为不易研碎的硬块

12.2 地毯

地毯可隔热、保温、吸声、挡风、吸尘，保护地面，美化室内环境，它常富有弹性，脚感舒适，使居住空间宁静、舒适。地毯固有的缓冲作用，能防止滑倒、减轻碰撞，使人步履平稳，其丰富而巧妙的图案构思及配色，给人以高贵、华丽、美观、舒适而愉快的感觉，具有较高的艺术性，是比较理想的现代室内装饰材料。（见图12-4）

图 12-4 地毯的装饰效果

12.2.1 地毯的分类

1. 按材质分类和按编制工艺分类

地毯按材质主要分为纯毛地毯和化纤地毯两大类，按编制工艺可分为手织地毯、机织地毯、无纺地毯及刺绣地毯等。

2. 按图案类型分类

①北京式地毯 图案工整对称、色调典雅，四周方形边框醒目，具有庄重古朴的艺术特点，且所有图案均具有独特的寓意和象征性。（见图 12-5）

②美术式地毯 图案借鉴西欧装饰艺术的特点，常以盛开的玫瑰花、苞蕾卷叶、郁金香等组成，花团锦簇，色彩华丽，富有层次感，给人以繁花似锦的感觉。

③仿古式地毯 以古纹图案、古代的风景、花鸟为题材，给人以古色古香、古朴典雅的感觉。

④彩花式地毯 图案突出清新活泼的艺术格调，以深黑色作为主色，配以小花图案，表现出百花争艳的情调，色彩绚丽。

⑤素凸式地毯 色调较为清淡，图案为单色凸花织作，纹样剪片后清晰美观，犹如浮雕，富有幽静雅致的情趣。

3. 按规格尺寸分类

地毯按规格尺寸可分为以下两类。

①块状地毯 不同材质的地毯均可成块供应，形状多为正方形、长方形、圆形、椭圆形等，厚度则随质量等级而有所不同。块状地毯铺设方便灵活，位置可随意变动、随时调换，不仅可使室内不同的功能区域有所划分，还可以打破大片灰色地面的单调感，起到画龙点睛的作用，达到既经济又美观的目的。

图 12-5 北京式地毯

②卷状地毯 化纤地毯、剑麻地毯及纯毛地毯等常按整幅成卷供货，其幅宽有 1.8 m、2.4 m、3.2 m 和 4 m 等几种，每卷长度一般为 20～50 m，也可按要求加工。（见图 12-6）

图 12-6 卷状地毯

12.2.2 地毯的主要技术要求

地毯的技术性能要求是鉴别地毯质量的标准，也是用户挑选地毯时的依据。

1. 耐磨性

地毯的耐磨性是衡量其使用耐久性的重要指标。地毯的耐磨性能常用耐磨次数表示，耐磨次数即地毯在固定压力下磨至背衬露出所需要的次数。耐磨次数越多，表示耐磨性越好。耐磨性能的优劣与所用材质、绒毛长度、道数多少等有关。

2. 弹性

弹性是反映地毯受压力后厚度产生压缩变形的程度，这是衡量地毯是否脚感舒适的重要性能。地毯的弹性通常用动态负载下（规定次数下周期性外加荷载撞击后）地毯厚度减少值及中等静负载后地毯厚度减少值来表示。

3. 剥离强度

剥离强度反映地毯面层与背衬间复合强度的大小，也反映地毯复合之后的耐水能力，通常以背衬剥离强力表示，即采用一定的仪器设备，在规定速度下，将 50 mm 宽的地毯试样的面层与背衬剥离至 50 mm 长时所需的最大力。

4. 绒毛粘合力

绒毛粘合力是指地毯绒毛在背衬上粘结的牢固程度。化纤簇绒地毯的粘合力以簇绒拔出力来表示。平绒毯簇绒拔出力要求大于 12 N，圈绒毯要求大于 20 N。

5. 抗静电性

抗静电性表示地毯带电和放电的性能。静电大小与纤维本身的导电性有关。一般来说，化学纤维未经抗静电处理时，其导电性差，所以化纤地毯所带静电较羊毛地毯大。这是由于有机高分子材料受到摩擦后易产生静电，且其本身又具绝缘性，使静电不易放出所致。这就使得化纤地毯易吸尘、难清扫，严重时，会使走在上面的人有触电感。为此，在生产合成纤维时，常掺入适量的抗静电剂，国外还采用增加导电性处理等措施，以提高其抗静电性。

6. 抗老化性

在光照和空气等因素作用下，经过一定时间后，毯面化学纤维会发生老化，导致地毯性能指标下降。化纤地毯老化后，受撞击和摩擦时会产生断裂粉化现象。在生产化学纤维时，加入一定量的抗老化剂，可提高其抗老化性能。

7. 耐燃性

耐燃性是指化纤地毯遇火时，在一定时间内燃烧的程度。由于化学纤维一般易燃，故常在生产化学纤维时加入一定量的阻燃剂，以使织成的地毯具有自熄性或阻燃性。需要特别注意的是，化纤地毯在燃烧时会释放出有害气体及大量烟尘，容易使人窒息，难以逃离火灾现场，因此应尽量选用阻燃型化纤地毯，避免使用非阻燃型化纤地毯。

8. 抗菌性

地毯作为地面覆盖材料，在使用过程中较易被虫、菌等侵蚀而引起霉变。因此，地毯在生产中常要进行防霉、抗菌等处理。通常规定能经受 8 种常见霉菌和 5 种常见细菌侵蚀而长期不长菌、不霉变的地毯为合格。一般情况下，化纤地毯的抗菌性优于纯毛地毯。

图 12-7 纯毛地毯

12.2.3 纯毛地毯

纯毛地毯（见图 12-7）是以绵羊毛为主要原料制成的一种地毯。由于羊毛不易变形、不易磨损、不易燃烧、不易污染，而且弹性好、隔热性能优良，因此，纯毛地毯的主要特点是弹性大、拉力强、光泽足，为高档铺地装饰材料。纯毛地毯又分为手工编织地毯、机织纯毛地毯和纯毛无纺地毯三种。

1. 手工编织纯毛地毯

采用优质绵羊毛纺纱，用现代染色技术染出牢固的颜色，用精湛的技巧织成美丽的图案后，再以专用机械平整毯面或剪凹花的周边，最后用化学方法洗出丝光，可制成手工编织纯毛地毯。这种地毯具有图案优美、色泽鲜艳、富丽堂皇、质地厚实、富有弹性、柔软舒适、经久耐用等特点，铺地装饰效果极佳。手工地毯由于做工精细、产品名贵，价格高，因此仅用于国际性、国家级的大会堂、迎宾馆、高级饭店和高级住宅以及其他重要的、装饰性要求高的场所。

纯毛地毯的耐磨性，一般是由羊毛的质地和用量来决定的。用量以每平方厘米的羊毛量（即绒毛密度）来衡量。对于手工编织的地毯，其密度一般以“道”的数量来决定，即垒织方向（自上而下）上 1 ft（1 ft≈30.5 cm）内垒织的经纬线的层数（每一层又称一道）。地毯的档次亦与道数成正比关系，一般家用地毯为 90～150 道，高级装修用的地毯均在 250 道以上。

2. 机织纯毛地毯

机织纯毛地毯具有毯面平整、光泽好、富有弹性、脚感柔软和抗磨耐用、阻燃性强等特点，其回弹性、抗静电、抗老化、耐燃性等都优于化纤地毯，可用于防火性能要求高的建筑室内地面。与手工编织纯毛地毯相比，其性能相似，但价格远低。因此，机织纯毛地毯是介于化纤地毯和手工编织纯毛地毯之间的中档地面铺盖材料。机织纯毛地毯适合用于宾馆、饭店的客房、楼道、宴会厅以及酒吧、会议室、体育馆、家庭住宅等满铺使用。

3. 纯毛无纺地毯

纯毛无纺地毯即不用纺织或编织方法而制成的纯毛地毯。它具有质地优良、消声抑尘、使用方便、工艺简单及价格低等特点，但弹性和耐久性稍差。

如何选购纯毛地毯

窍门一：看原料。

优质纯毛地毯一般是精细羊毛纺织而成，其毛长而均匀，手感柔软，富有弹性，无硬根；劣质地毯的原料往往混有发霉变质的劣质毛以及腈纶、丙纶纤维等，其毛短且根粗细不均，手摸无弹性，有硬根。

窍门二：看外观。

优质纯毛地毯图案清晰美观，绒面富有光泽，色彩均匀，花纹层次分明，下面毛绒柔软，倒顺一致；而劣质地毯则色泽黯淡，图案模糊，毛绒稀疏，容易起球、沾灰，不耐脏。

窍门三：看脚感。

优质纯毛地毯脚感舒适，不黏不滑，回弹性很好，踩后很快便能恢复原状；劣质地毯的弹力往往很小，踩后复原极慢，脚感粗糙，且常常伴有硬物感。

窍门四：看工艺。

优质纯毛地毯的工艺精湛，毯面平直，纹路有规则；劣质地毯则做工粗糙，漏线和露底处较多，其重量也因密度小而明显低于优质品。

12.2.4 化纤地毯

化纤地毯(见图 12-8)常指合成纤维地毯，具有防燃、防腐、防潮、耐磨、不霉、不蛀、质轻、吸湿性小及易于清洗等优点，是以化学纤维为原料，用簇绒法或机织法加工成纤维面层，以麻布为基底的合成地毯。其化纤原料品种有腈纶、涤纶、丙纶、锦纶等，达 30 多种。

1. 化纤地毯的构造

化纤地毯由面层、防松涂层和背衬三部分构成。

1)面层

化纤地毯的面层是以化学纤维为原料、用机织或簇绒等方法加工成的面层织物。化纤地毯面层的绒毛可以是长绒、中长绒、短绒、起圈绒、卷曲绒、高低圈绒和平绒圈绒组合等多种。一般采用中长绒制作面层，因其绒毛长，不易脱落和起球，且使用寿命长。另外，面层纤维的粗细也会直接影响地毯的弹性和脚感。

2)防松涂层

防松涂层指涂刷于织物背面初级背衬上的涂层。这种涂层材料是以氯乙烯-偏氯乙烯共聚乳液为基料，再添加增塑剂、增稠剂及填料等配制而成的一种乳液性涂料。将其涂于面层织物背面，可以增加地毯绒面纤维在初级背衬上的粘结牢固程度，使之不易脱落。同时，待涂层经热风烘至干燥成膜后，再用胶粘贴次级背衬时，还能起防止胶黏剂渗透到绒面层而使面层发硬的作用，因而可控制和减少胶黏剂的用量，并增加粘结强度和回弹性。

图 12-8 化纤地毯

3)背衬

背衬一般为麻布,粘贴背衬是指采用胶结力很强的丁苯乳胶、天然乳胶等水乳型橡胶作为胶黏剂,将麻布与已经防松涂层处理的初级、次级背衬相粘合。背衬不仅保护了面层织物背面的针码,增强了地毯背面的耐磨性,同时也加强了地毯的厚实程度和弹性,使人走在地毯上更感步履轻松。

2. 化纤地毯的主要品种

按面层织物的织造方法不同,化纤地毯可分为簇绒地毯、针刺地毯、机织地毯、粘合地毯和静电植绒地毯等。

簇绒法是目前生产化纤地毯的主要方式。簇绒地毯是目前生产量最大的一种地毯,毯面厚度比较大(绒毛长度达 7～15 mm),毯面比较密实,弹性好、脚感舒适,可在毯面上印染各种图案花纹,视感非常好。它的制作原理是由带有复式针的簇绒机织造,即在簇绒机上,将绒毛纱线在预先制出的初级背衬(底布)的两侧编织成线圈,然后将其中一侧用涂层或胶黏剂固定在底布上,这样就生产出了厚实的圈绒地毯,再用锋利的刀片横向切割毛圈顶部,并经修剪,则成了簇绒地毯。

采用化学物质为原料的地毯还有塑料地毯和橡胶地毯。

塑料地毯(见图 12-9)是以聚氯乙烯树脂为基料,加入填料、增塑剂等多种辅助材料和添加剂,然后经混炼、塑化并在地毯模具中成型而制成的一种新兴地毯。这种地毯具有质地柔软、色泽美观、脚感舒适、经久耐用、易于清洗及质量轻等特点。塑料地毯一般是方块地毯,常见规格有 500 mm×500 mm、400 mm×600 mm、1000 mm×1000 mm 等多种,用于一般公共建筑和住宅地面的铺装,如宾馆、商场、舞台、高级浴室等。

橡胶地毯(见图 12-10)是以天然橡胶为原料,用地毯模具在蒸压条件下模压而成的,所形成的橡胶绒长度一般为 5～6 mm。橡胶地毯的供货形式一般是方块地毯,常见产品规格有 500 mm×500 mm 和 1000 mm×1000 mm。橡胶地毯除具有其他材质地毯的一般特性,如色彩丰富、图案美观、脚感舒适、耐磨性好等之外,还具有隔潮、防霉、防滑、耐蚀、防蛀、绝缘及清扫方便等优点,适用于各种经常淋水或需要经常擦洗的场合,如浴室、走廊等。

图 12-9 塑料地毯

图 12-10 橡胶地毯

如何选购化纤地毯

(1)看地毯的绒高。绒高较高的地毯用纱量相应也多,因此脚感好。

(2)看地毯的密度。将地毯顺织造方向弯曲检查有无漏底情况,如无漏底,则密度一般较好。

(3)看地毯绒感。用手抚摸地毯,绒感较好说明地毯面纱单丝纤度较细,使用更舒适,宜选用。

(4)看地毯表面是否织造整齐、绒头高度是否一致,有无缺毛、低毛、高毛、多毛、断毛等缺陷。

(5)看毯面颜色是否均匀,有无色差、油污等质量问题。

(6)看毯背部粘结是否牢固,有无开胶、粘合不良和渗胶等现象。

12.2.5 无纺地毯

无纺地毯(见图 12-11)是采用无纺织物制造技术制成的地毯,即地毯原料不经传统的纺纱工艺,用织造方法直接制成织物。无纺地毯有针刺地毯、粘合地毯等品种。它的制作原理是先以无纺织造的方式将各种纤维(一般为短纤维)制成纤维网,然后以针扎、缝编、粘合等方式将纤维网与底衬复合。无纺地毯因生产工艺简单、生产效率较高,故成本低、价廉,但其耐久性、弹性等均比较差。为提高其强度和弹性,可在毯底加缝或加贴一层麻布底衬,也可再加贴一层海绵底衬。

图 12-11 无纺地毯

12.3 挂毯

挂在墙上供人观赏的毛毯称为挂毯或壁毯,其材料一般为纯毛和丝,常采用我国高级纯毛挂毯的传统做法,即采用栽绒打结编织技法织造而成。挂毯有单面和双面之分,规格各异,大的可达上百平方米,小的则不足一平方米,具有吸声、吸热等优点。艺术挂毯图案花色精美,图案题材广泛,多为动物花鸟、山水风光等,能以特有的质感与纹理给人以亲切感,不仅产生高雅艺术的美感,还可以增加室内安逸平和的气氛。(见图 12-12)

图 12-12 挂毯

12.4 墙面装饰粘贴织物

目前,我国生产的墙面装饰粘贴织物主要有织物壁纸、玻璃纤维印花贴墙布、无纺贴墙布、化纤装饰墙布、棉纱装饰墙布等。

12.4.1 织物壁纸

织物壁纸(见图 12-13)又称纺织纤维壁纸,由棉、麻、丝和羊毛等天然纤维或化学纤维制成各种色泽、花式的粗细纱或织物,用不同的纺纱工艺和花色捻线加工方式,将纱线粘到基层纸上,从而制成花样繁多的纺织纤维壁纸,还有的用扁草、竹丝或麻皮条等天然材料,经过漂白或染色再与棉线交织后同基纸粘贴,制成植物纤维壁纸。

图 12-13 织物壁纸

织物壁纸材料质感丰富,立体感强,色调柔和、高雅,无毒,吸声、透气,不褪色,耐磨、耐晒,无塑料气味,无静电且强度高于塑料壁纸,是新型高档装饰材料。织物壁纸适用于宾馆、饭店、办公大楼、会议室、接待室、疗养所、计算机房、广播室及家庭卧室等的墙面装饰。织物壁纸常用的有纸基织物壁纸和麻草壁纸两种。

1. 纸基织物壁纸

纸基织物壁纸(见图 12-14)是由棉、麻、丝和羊毛等天然纤维及化学纤维制成各种色泽、花色的粗细纱或织物,再与纸基层粘合而成。这种壁纸用各色纺线的排列达到艺术装饰效果。有的品种为绒面,可以排成各种花纹,有的带有荧光,有的线中编有金、银丝,使壁面呈现金光点点,还可以压制成浮雕图案,别具一格。

图 12-14 纸基织物壁纸

纸基织物壁纸的特点是色彩柔和幽雅,墙面立体感强,吸声效果好,耐日晒,不褪色,无毒无害,无静电,不反光,且具有透气性和调湿性,适用于宾馆、饭店、办公大楼、会议室、接待室、疗养所、计算机房、广播室及家庭卧室等的墙面装饰。

2. 麻草壁纸

麻草壁纸(见图 12-15)是以纸为基底,以编织的麻草为面层,经复合加工而制成的室内装饰材料。麻草壁纸的厚度为 0.3～1.3 mm,宽一般为 960 mm,长有 5.5 m、7.32 m 等多种规格。

图 12-15 麻草壁纸

麻草壁纸具有吸声、阻燃、散潮气、不吸尘、对人体无不良影响及不变形等特点,并且具有自然、古朴、粗犷的大自然之美,给人以置身于原野之中、回归自然的感觉,适用于会议室、接待室、影剧院、酒吧、舞厅以及饭店、宾馆的客房等的墙壁贴面装饰,也可用于商店的橱窗设计等。

12.4.2 玻璃纤维印花贴墙布

玻璃纤维印花贴墙布是以中碱玻璃纤维布为基材,表面涂以耐磨树脂,印上彩色图案而成。玻璃纤维印花贴墙布在使用中应防止硬物与墙面发生摩擦,否则表面树脂涂层磨损后,会散落出玻璃纤维,损坏墙布。另外,在运输和贮存过程中应横向放置、放平,切勿立放,以免损伤两侧布边,影响施工时对花。

12.4.3 无纺贴墙布

无纺贴墙布(见图 12-16)是采用棉、麻等天然纤维或涤纶、腈纶等合成纤维,经无纺成型、涂布树脂、印刷彩色花纹等工序制成的一种新型贴墙面材料。特点是富有弹性,不易折断,纤维不老化,不散头,对皮肤无刺激作用,色彩鲜艳、图案雅致,粘贴方便,具有一定的透气性和防潮性,能擦洗而不褪色,且粘贴施工方便,适用于各种建筑物的室内墙面装饰;尤其是涤纶棉无纺贴墙布,除具有麻质贴墙布的所有性能外,还具有质地细洁、光滑等特点,特别适用于高级宾馆和高级住宅建筑物。无纺贴墙布的主要品种、规格、技术性能指标见表 12-2。

图 12-16 无纺贴墙布

表 12-2 无纺贴墙布的主要品种、规格、技术性能指标

品种名称	规格	技术性能指标
涤纶无纺墙布	厚度:0.12～0.18 mm。 宽度:850～900 mm。 单位质量:75 g/m^2	强度:2.0 MPa(平均)。 乳白胶或化学糨糊粘贴。 粘结牢度:①混合砂浆墙面,5.5 N/25 mm;②油漆墙面,3.5 N/25 mm
无纺印花涂塑墙布	厚度:0.8～1.0 mm。 宽度:920 mm。 长度:50 m/卷,每箱 4 卷,共 200 m	强度:2.0 MPa。 粘结牢度:3～4 级。 胶黏剂:聚醋酸乙烯乳胶
麻无纺墙布	厚度:0.12～0.18 mm。 宽度:850～900 mm。 单位质量:100 g/m^2	强度:1.4 MPa(平均)。 乳白胶或化学糨糊粘贴。 粘结牢度:①混合砂浆墙面,2.0 N/25 mm;②油漆墙面,1.5 N/25 mm

12.4.4 化纤装饰墙布

化纤装饰墙布是以化学纤维织成的布(单纶或多纶)为基材,经一定处理后印花而成。常用的化学纤维有黏胶纤维、醋酯纤维、丙纶、腈纶、锦纶和涤纶等。这种墙布具有无毒、无味、透气、防潮、耐磨及不分层等特点,适用于宾馆、饭店、办公室、会议室及居民住宅。化纤装饰墙布的主要品种、规格、技术性能见表 12-3。

表 12-3 化纤装饰墙布的主要品种、规格、技术性能

品种名称	规格	技术性能指标
单纶化纤装饰墙布	厚度:0.15～0.18 mm。 宽度:820～840 mm。 长度:50 m/卷	粘结剂:配套使用
多纶黏涤棉墙布	厚度:0.32 mm。 长度:50 m/卷。 单位质量:8.5 kg/卷	粘结剂:配套使用。 日晒牢度:黄绿色类,4～5 级;红棕色类,2～3 类。 摩擦牢度:干 3 级,湿 2～3 级。 拉断强度:径向(300～400)N/(5～20) cm。 耐老化性:3～5 年

12.4.5 棉纺装饰墙布

棉纺装饰墙布是以纯棉平布为基材,经前处理、印花、涂布耐磨树脂等工序制作而成。该墙布强度大,静电小,蠕变性小,无光、吸声、无毒、无味,对施工工作人员和用户均无害,花型繁多,色泽美观大方,可用于宾馆、饭店等建筑和较高级的民用建筑中的装饰,适用于墙面基层为砂浆、混凝土、石膏板、胶合板、纤维板和石棉水泥等的粘贴或浮挂。

12.5 窗帘帷幔

使用窗帘帷幔除了能调节室内环境色调之外，还能遮挡外来光线，提供私密性，保护室内陈设不因日晒褪色，防止灰尘进入，保持室内清静，并起到调节室内湿度、隔声消声等作用，给室内创造出舒适的环境。（见图 12-17）

图 12-17　窗帘帷幔营造舒适室内环境

12.5.1　窗帘帷幔的分类

窗帘帷幔原料已从棉、麻等天然纤维纺织品发展为人造纤维纺织品或混纺织品。其主要品种有棉布、混纺麻织品、黏胶纤维（人造丝）织品、醋酸纤维织品、三醋酸纤维织品和聚丙烯腈纤维织品等。

1. 粗料

粗料包括毛料、仿毛化纤织物和麻料编织物等，属厚重型织物。粗料的保温、隔声、遮光性好，风格朴实大方或古典厚重。

2. 绒料

绒料含平绒、条绒、丝绒和毛巾布等，属柔软细腻织物，纹理细密，质地柔和，自然下垂，具有保暖、遮光、隔声等特点，且华贵典雅、温馨宜人，可用于单层窗帘或双层窗帘中的厚层。

3. 薄料

薄料含花布、府绸、丝绸、的确良、乔其纱和尼龙纱等，属轻薄型织物，质地薄而轻，品种繁多，打褶后悬挂效果好，且便于清洗，但遮光、保暖和隔声等性能较差，可单独用于制作窗帘，也可与厚窗帘配合使用。

4. 抽纱及网扣

抽纱是刺绣的一种，亦称“花边”。网扣属于抽纱工种的一种，是根据图案设计，先用纱线结成网形，然后在网底用棉线编织花纹。

12.5.2　窗帘

窗帘是由布、麻、纱、铝片、木片等制作的，具有遮阳隔热和调节室内光线的功能。窗帘按材质分有棉纱布窗帘、涤纶布窗帘、涤棉混纺窗帘、棉麻混纺窗帘、无纺布窗帘等，不同的材质、纹理、颜色、图案等综合起来就形成了不同风格的窗帘。应配合不同的室内风格设计窗帘。

窗帘根据其外形及开合方式不同可分为卷帘、折帘、垂直帘和百叶帘，如图 12-18 所示。

窗帘主要指遮挡窗户光线的装饰帘，其中尤以布艺帘最为常见。

1. 直立式窗帘

直立式窗帘是最简单的窗帘，可购买色布、花布等，根据窗户的大小自己制作。窗帘顶端有加环、加绊、做筒之分，穿入窗帘杆即可使用。窗帘的顶端还有无褶、单褶、双褶等区分。（见图 12-19）

2. 顶套式窗帘

顶套式是悬挂窗帘和帷幔的一种比较经济的方法，因为这种方法不需要滑轮、钩子和抽褶带，直接将窗

图 12-18 不同种类的窗帘

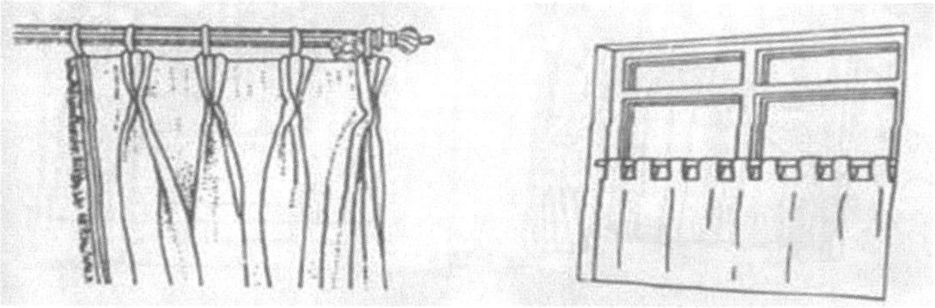

图 12-19 直立式窗帘

帘杆穿入顶套内、挂在墙钉上。该窗帘的顶套用带衬的布褶缝成，顶套上面加荷叶边，其装饰效果更加柔美。这种款式多用于较小的窗户。（见图 12-20）

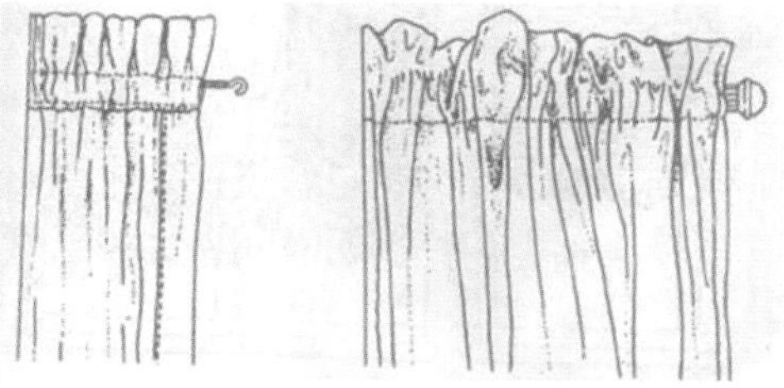

图 12-20 顶套式窗帘

3. 开门式窗帘

开门式窗帘多用于较大的窗户，左右各一帘，可全部拉开，也可拦腰系挂。顶部多用窗帘环套入杆或棒，两端设滑轮，用吊绳来开关。（见图 12-21）

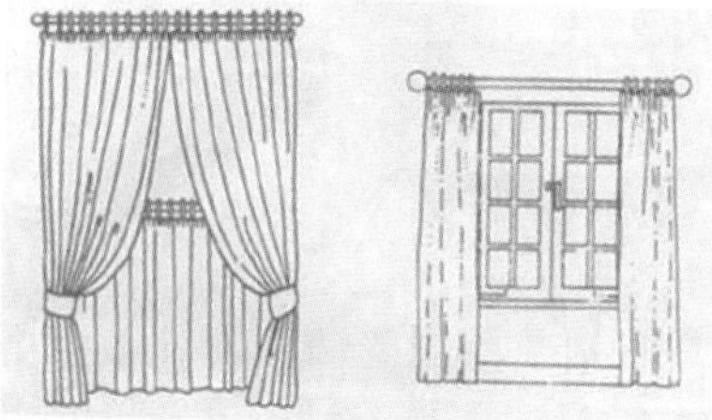

图 12-21 开门式窗帘

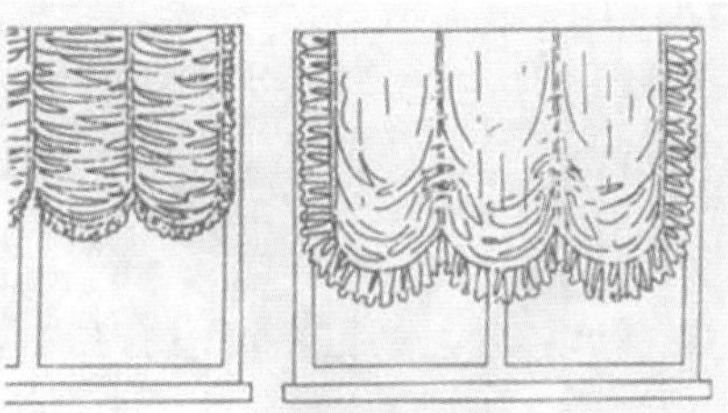

图 12-22 串线垂花式窗帘

4. 串线垂花式窗帘

在窗帘的等分处打褶串线，形成有规律的弧形皱褶，即为串线垂花式窗帘（见图 12-22），放下褶稀，拉起褶密。如用有光泽的丝绸，其效果更加优美。窗帘的两边与底边可用异色料镶制荷叶边。

5. 直式帷幔窗帘

直式帷幔窗帘的帷幔放在窗户上部，垂直吊立，其下垂高度取决于窗户的尺寸和窗户的款式。短窗帘可设计 10～15 cm 高的帷幔；长窗帘则可设计 20～30 cm。帷幔的底边可设计成波浪式、荷叶边式及其他花

边式。(见图 12-23)

6. 曲式垂花帷幔窗帘

曲式垂花帷幔窗帘(见图 12-24)多用于装修高贵豪华的房间,目的是增加窗帘的美感,烘托室内华丽的气氛。由于其用料多、价格高、制作麻烦,设计中需要根据室内规格而定。垂花部分一般从顶部开始,利用窗户上的杆或架进行搭围,有的两端折叠一直拖到地板上,以产生优雅的效果。其围法有对称式和不对称式两种。

图 12-23　直式帷幔窗帘

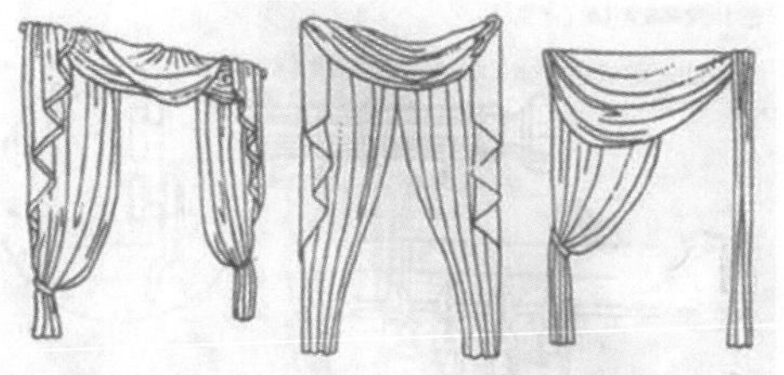

图 12-24　曲式垂花帷幔窗帘

12.5.3　帷幔

帷幔指用布或纱做成的围帐,可以将室内空间布置得很唯美。(见图 12-25)

图 12-25　帷幔

12.6　矿物棉装饰吸声板

矿物棉属于轻质、保温、吸声的无机纤维材料,用于防火门、复合板的夹层及吸声墙体等(在此类构件表面加上饰面层,就变成集吸声、防火为一体的轻质装饰材料了)。矿物棉装饰吸声板按原材料的不同分为矿渣棉装饰吸声板和岩棉装饰吸声板。

12.6.1　矿渣棉装饰吸声板

矿渣棉是以矿渣为主要原料,经熔化、高速离心或喷吹等工序制成的一种棉状人造无机纤维,其直径为 4～8 μm,具有优良的保温、隔热、吸声、抗震及不燃等性能。矿渣棉装饰吸声板是以矿渣棉为主要原料,加入适量的胶黏剂(通常为酚醛树脂)、防尘剂、增水剂等,经加压成型、烘干、固化、切割与贴面等工序而制成。

其表面具有多种花纹图案，如毛毛虫、十字花、大方花、树皮纹、满天星及小浮雕等，色彩繁多，装饰性好，同时还具有质轻、吸声、降噪、保温、隔热及防火等性质。矿渣棉装饰吸声板作为吊顶材料（有时也作为墙面材料），广泛用于影剧院、音乐厅、播音室、旅馆、医院、办公室、会议室、商场及噪声较大的工厂车间等，以改善室内音质、消除回声、提高语言的清晰程度，或降低噪声，改善生活和劳动条件。

12.6.2 岩棉装饰吸声板

岩棉是采用玄武岩为主要原料生产的人造无机纤维，其生产工艺、板材的规格、性能与应用皆与矿渣棉相同。

12.7 吸声用玻璃棉制品

玻璃棉是以玻璃为主要原料，熔融后以离心喷吹法、火焰喷吹法等制成的人造无机纤维。吸声用玻璃棉制品分为吸声板和吸声毡，装饰工程中常用吸声板。

12.7.1 吸声用玻璃棉板

吸声用玻璃棉板，也称玻璃纤维粘合板，它是以玻璃棉为主要原料，加入适量的胶黏剂、防潮剂及防腐剂等，经热压加工而成的一种玻璃纤维板。使用吸声用玻璃棉板时，为了具有良好的装饰效果，常将表面进行处理，一是贴上塑料面纸，二是进行表面喷涂，做成浮雕形状，色彩以白色为多。

吸声用玻璃棉板较矿物棉装饰吸声板质轻，具有防火、吸声、隔热、抗震、不燃、美观、施工方便与装饰效果好等优点，广泛应用于剧院、礼堂、宾馆、商场、办公室和工业建筑等处的吊顶及内墙装饰，可改善室内音质、降低噪声，改善环境和劳动条件。

12.7.2 吸声用玻璃棉毡

吸声用玻璃棉毡的降噪系数略高于玻璃棉板，其他性能与玻璃棉板基本相同，但强度很低。

课后思考与练习

想一想

在住宅装修施工过程中，地毯、壁纸、窗帘帷幔等都会用于哪些地方？试以图 12-26 所示的户型为例进行分析。

作　业

任务：完成纤维装饰织物与制品调查表，如表 12-4 所示。

调查方式：综合运用电商购物平台等获取信息。

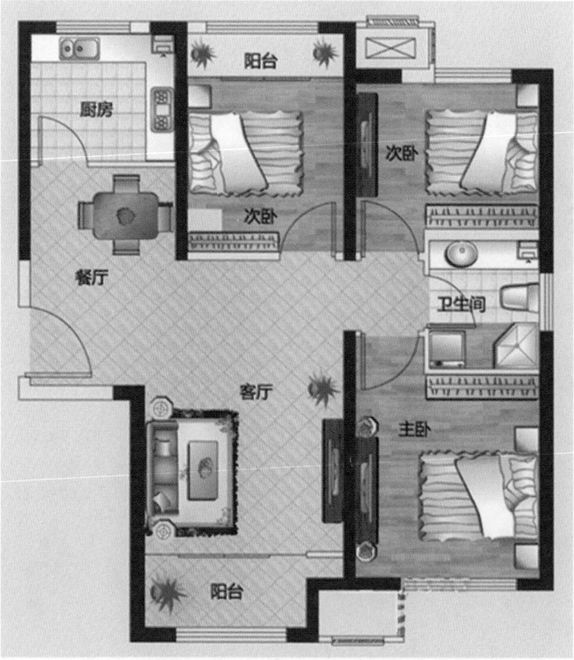

图 12-26 户型图

表 12-4 纤维装饰织物与制品调查表

织物与制品类型		品牌	规格	价格	产地	效果图
无纺地毯	无纺地毯 1					
	无纺地毯 2					
纯毛地毯	纯毛地毯 1					
	纯毛地毯 2					
化纤地毯	化纤地毯 1					
	化纤地毯 2					
壁纸	壁纸 1					
	壁纸 2					
墙布	墙布 1					
	墙布 2					
窗帘	窗帘 1					
	窗帘 2					
帷幔	帷幔 1					
	帷幔 2					

第十三章

胶黏剂

JIAONIANJI

胶黏剂(见图 13-1)又称黏合剂、粘结剂,是指具有良好的粘接性能、可把两物体紧密牢固地胶接起来的非金属物质。它具有很多突出的优点,如不受胶接物的形状、材质等因素的限制,胶接方法简单,胶接后具有良好的密封性,几乎不增加胶接物的重量等。目前,胶黏剂已成为建筑及装饰工程中不可缺少的配套材料,发展前景十分广阔。

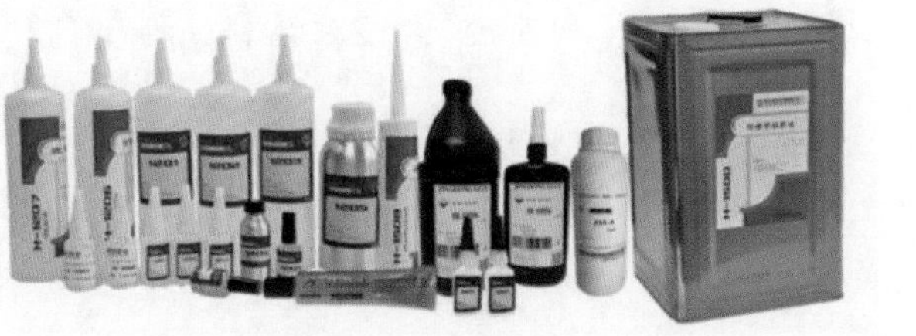

图 13-1 胶黏剂

注意 胶黏剂属于有机高分子材料,含有甲醛等有害物质,污染环境且对人体有害,因此,应严格控制胶黏剂中有害物质的含量。胶黏剂中有害物质的含量应符合国家标准《室内装饰装修材料 胶粘剂中有害物质限量》(GB 18583—2008)的规定。

13.1 胶黏剂的组成

胶黏剂通常是由粘结料、固化剂、增韧剂、稀释剂、填料和改性剂等组成。胶黏剂的成分主要是由胶黏剂的性能和用途来决定的。

1. 粘结料

粘结料又称粘料,多采用各种树脂、橡胶等天然高分子化合物,是胶黏剂基本的组分,起粘结作用。粘料的性质决定了胶黏剂的性能、用途和使用条件,一般胶黏剂用粘料的名称来命名。

2. 固化剂

固化剂是促使粘结料通过化学反应加快固化的组分,也是胶黏剂的主要成分,其性质和用量对胶黏剂的性能起着重要作用。

3. 增韧剂

增韧剂的作用是提高胶黏剂硬化后的韧性和抗冲击能力。常用的增韧剂有邻苯二甲酸二丁酯和邻苯二甲酸二辛酯。

4. 稀释剂

稀释剂又称为溶剂,主要起降低胶黏剂黏度、提高胶黏剂的湿润性和流动性的作用,使其便于操作。常用的有机溶剂有丙酮、苯、甲苯等。

5. 填料

填料一般在胶黏剂中不发生化学反应,但它能降低胶黏剂的热膨胀系数,减少收缩性,提高胶黏剂的机械强度和抗冲击强度,同时,填料价格便宜,可显著降低胶黏剂的成本。常用的填料有滑石粉、石棉粉、铝粉等。

6. 改性剂

改性剂是为了改善胶黏剂的某一方面性能,以满足特殊要求而加入的组分,如为提高胶接强度,可加入偶联剂等;另外还有防老化剂、稳定剂、防腐剂、阻燃剂等。

13.2 胶黏剂的分类

胶黏剂的品种繁多，组成各异，用途也各不相同。为了方便选择和使用，常按粘结料的性质、胶黏剂的强度特性和固化条件来分类。

13.2.1 按粘结料的性质分

胶黏剂按粘结料的性质不同，分为有机胶黏剂和无机胶黏剂两大类，如图 13-2 所示。

- 胶黏剂
  - 有机胶黏剂
    - 天然胶黏剂
      - 动物胶：鱼胶、骨胶、虫胶等
      - 植物胶：淀粉胶、松香胶、阿拉伯树胶等
    - 合成胶黏剂
      - 热固性树脂胶黏剂：环氧树脂、酚醛树脂、脲醛树脂、有机硅树脂等
      - 热塑性树脂胶黏剂：聚醋酸乙烯酯、乙烯-醋酸乙烯酯等
      - 橡胶型胶黏剂：氯丁胶、丁腈胶、硅橡胶等
      - 混合型胶黏剂：酚醛-环氧树脂、酚醛-丁腈胶、尼龙-环氧树脂等
  - 无机胶黏剂
    - 磷酸盐型
    - 硅酸盐型
    - 硼酸盐型

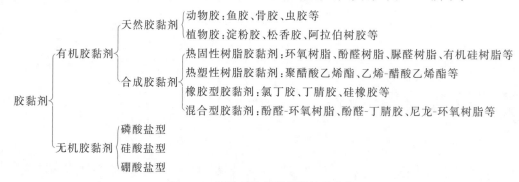

图 13-2 胶黏剂按粘结料的性质分类

13.2.2 按胶黏剂的强度特性分

1. 结构胶黏剂

结构胶黏剂的胶接强度高，至少与被胶接物本身的材料强度相当，同时对耐油、耐热和耐水性等都有较高的要求。

2. 非结构胶黏剂

非结构胶黏剂要求有一定的强度，但不能承受较大的荷载，只起定位作用，如聚醋酸乙烯酯等。

3. 次结构胶黏剂

次结构胶黏剂又称准结构胶黏剂，其物理力学性能介于结构胶黏剂和非结构胶黏剂之间。

13.2.3 按固化条件分

按固化条件的不同，胶黏剂可分为溶剂型、反应型和热熔型三种。

1. 溶剂型

溶剂型胶黏剂中的溶剂从粘合端面挥发或者被吸收，形成粘合膜而发挥粘合力。溶剂型胶黏剂有聚苯乙烯、丁苯等。

2. 反应型

反应型胶黏剂的固化是由不可逆的化学变化而引起的，按照配方和固化条件，分为单组分、双组分甚至三组分的室温固化型、加热固化型等多种形式。反应型胶黏剂有环氧树脂、酚醛树脂、聚氨酯等。

3. 热熔型

热熔型胶黏剂以热塑性的高聚物为主要成分，是不含水或溶剂的固化聚合物，通过热熔融粘合、冷却和固化来发挥粘合力。热熔型胶黏剂有醋酸乙烯、丁基橡胶、松香、石蜡、虫胶等。

13.3 胶黏剂的胶黏机理

两个同类或不同类的物体，由于两者表面间的另一种物质的黏附作用而牢固结合起来，这种现象称为胶接，介于两物体表面间的物质即为胶黏剂。胶黏剂是否能将被粘物体牢固地结合起来，主要取决于它与被粘接物体之间的界面结合力。一般认为胶黏剂与被粘接物体之间的界面结合力可分成机械结合力、物理吸附力和化学键结合力三种。

13.3.1 机械结合力

机械结合力是指胶黏剂渗入被粘接物体表面一定深度，固化后与被粘物产生机械结合，从而与被粘物体牢固地结合在一起。机械结合力与被粘接物体的表面状态有关，多孔性、纤维性材料（如泡沫塑料、织物等）与胶黏剂之间的结合主要以机械结合力为主，而对于表面光滑的玻璃、金属等材料，机械结合力则很小。

13.3.2 物理吸附力

物理吸附力主要是指范德瓦耳斯力和氢键，这种结合力容易受水、气作用而产生解体。陶瓷、玻璃、金属等材料与胶黏剂之间容易形成物理吸附力。

13.3.3 化学键结合力

化学键结合力是指胶黏剂与被粘物体的表面发生反应形成化学键，并依靠化学键力将被粘物体结合在一起。化学键结合力的强度不仅比物理吸附力高，而且对破坏性环境侵蚀的抵抗能力也强得多。

13.4 影响胶接强度的主要因素

胶接强度是指单位胶接面积所能承受的最大力，它取决于胶黏剂本身的强度（内聚力）和胶黏剂与被粘物体之间的结合力（黏附力）。影响胶接强度的主要因素有胶黏剂的组成、胶黏剂对被粘接物体表面的湿润性、被粘接物体的表面状况、粘接工艺、环境条件和接头形式等。

13.4.1 胶黏剂的组成

粘结料是胶黏剂基本的成分，是决定胶接强度最重要的因素，如环氧树脂胶黏剂比脲醛树脂胶黏剂的胶接强度高。另外，胶黏剂的其他组分，如固化剂、增韧剂、填料及改性剂等，对胶黏剂的胶接强度等性能也有影响。如加入增韧剂可以提高韧性和抗冲击性；加入适量的稀释剂可以降低胶黏剂的稠度，增加流动性，有利于胶黏剂湿润被粘接物体的表面；加入适量的填料能提高胶黏剂的内聚力和黏附力等。

13.4.2 胶黏剂对被粘接物体表面的湿润性

胶接的首要条件是胶黏剂对被粘接物的表面有亲和力，这种亲和力表现在被粘接物体表面能被胶黏剂润湿。要使胶黏剂能均匀地分布在被粘接物体上，完全湿润被粘接物体表面是获得高强度胶接的必要条件。如果湿润不完全，就会导致胶层缺胶，胶接强度就会下降。

13.4.3 被粘接物体的表面状况

由于胶黏剂与被粘接物体的胶接作用只发生于被粘接物体的表面，因此被粘接物体的表面状况对胶接强度影响很大。其影响主要来源于以下几个方面。

1. 清洁度

被粘接物表面要清洁、干燥、无油污、无锈蚀、无漆皮等。被粘接物体表面的尘埃、油污或锈蚀等造成的附着物，均会降低胶黏剂对被粘接物体表面的湿润性，阻碍胶黏剂接触被粘物的基体表面，造成胶接强度的降低。

2. 粗糙度

被粘接物体表面有一定的粗糙度，能增大粘接面积，增加机械结合力，防止胶层内细微裂纹的扩展。但被粘接物体表面过于粗糙又会影响胶黏剂的湿润，易残存气泡，反而会降低胶接强度。

3. 表面的化学性质

被粘接物体表面的张力大小、极性强弱、氧化膜致密程度等，都会影响胶黏剂的湿润性和化学键的形成。

4. 表面温度

恰当的表面温度可以增加胶黏剂的流动性和湿润性，有助于胶接强度的提高。

13.4.4 粘接工艺

粘接工艺中的被粘接物表面清洁程度、胶层厚度、晾置时间、固化程度等，都对胶接程度有一定的影响。为了提高胶接强度，满足工程的需要，使用胶黏剂粘接时应做到以下几点。

1. 清洗要干净

粘接面清洗要干净，应彻底清除被粘接物表面上的水分、油污、锈蚀和漆皮等。

2. 胶层要匀薄

大多数胶黏剂的胶接强度随胶层厚度的增加而降低。胶层薄，胶面上的黏附力起主要作用，而黏附力往往大于内聚力，同时胶层产生裂纹和缺陷的概率变小，胶接强度就高。但胶层过薄，易产生缺胶状况，同样影响胶接强度。一般无机胶黏剂胶层厚度在 0.1～0.2 mm、有机胶黏剂胶层厚度在 0.05～0.1 mm 为好。

3. 晾置时间要充分

对含有稀释剂的胶黏剂，胶接前一定要晾置，使稀释剂充分挥发，否则在胶层内会产生气孔和疏松现象，影响胶接强度。

4. 固化要完全

胶黏剂的固化需要三个条件：压力、温度和时间。固化时，加一定的压力有利于胶液的流动和湿润，保证胶层的均匀和致密，使气泡从胶层中挤出。温度是固化的主要条件，适当提高固化温度有利于分子间的渗透和扩散，有助于增加胶液的流动性和加快气泡的逸出，从而提高固化速度。但温度过高，固化速度过快，会影响胶黏剂的湿润性，还可能使胶黏剂发生分解，使胶接强度降低。

13.4.5 环境条件和接头形式

空气湿度大，胶层内的稀释剂不易挥发，容易产生气泡。空气中灰尘大、温度低都会降低胶接强度。接头设计得合理，可充分发挥粘合力的作用；要尽量增大粘接面积，尽可能避免胶层承受弯曲和剥离作用。

13.5 建筑装饰工程中常用的胶黏剂

13.5.1 酚醛树脂类胶黏剂

酚醛树脂（见图 13-3）是热固性树脂中最早工业化并用于胶黏剂的品种之一。它是由苯酚与甲醛在碱性介质（如氨水、氢氧化钡）中，经缩聚反应制得的线性结构的低聚物。这种树脂是用水或者乙醇作为溶剂制成胶液，在加热或者催化剂存在的情况下能进一步缩聚成交联网状结构而固化，因而可用作胶黏剂。酚醛树脂类胶黏剂有如下品种。

1. 酚醛树脂胶黏剂

酚醛树脂胶黏剂中的酚醛树脂固化后可形成网状结构，因此胶黏剂强度较高，耐热性好，但胶层较脆硬，主要用于木材、纤维板、胶合板及硬质泡沫塑料等多孔材料的粘接。市面上常见的酚醛树脂商品胶有 FQ-100U 冷固型酚醛树脂胶和铁锚 206 胶等。

图 13-3 酚醛树脂

2. 酚醛-缩醛胶黏剂

酚醛-缩醛胶黏剂是用聚乙烯醇缩醛改性的酚醛树脂胶黏剂。它的特点是耐低温、耐疲劳、耐气候老化性极好，韧性优良，因而使用寿命长，但是长期使用温度最高只能为 120 ℃，主要用于粘接金属、陶瓷、玻璃、塑料和其他非金属材料制品。市面上常见的酚醛-缩醛商品胶有 E-5 胶、FN-301 胶和 FN-302 胶等。

3. 酚醛-丁腈胶黏剂

采用丁腈橡胶改性酚醛树脂所配制成的胶黏剂称为酚醛-丁腈胶黏剂。它的特点是高强、坚韧、耐油、耐热、耐寒及耐气候老化，使用温度范围大（－55～260 ℃），主要用于粘接金属、玻璃、纤维、木材、皮革、PVC 塑料、酚醛塑料和丁腈橡胶等。市面上常见的酚醛-丁腈商品胶有 J-02 胶、J-03 胶、JX-9 结构胶和 JX-10 结构胶等。

4. 氯丁-酚醛胶黏剂

氯丁-酚醛胶黏剂是由氯丁橡胶改性酚醛树脂制得的，具有固化速度快、无毒、胶膜坚韧及耐老化等特点，主要用于皮革、橡胶、泡沫塑料和纸张等材料的粘接。

5. 环氧-酚醛胶黏剂

环氧-酚醛胶黏剂是用环氧树脂改性酚醛树脂制得的。特点是高强度、耐高温、耐老化及电绝缘性好，主要用于金属、陶瓷和玻璃纤维增强塑料的粘接。

13.5.2 聚醋酸乙烯酯类胶黏剂

聚醋酸乙烯酯类胶黏剂分为溶液型和乳液性两种，其中聚醋酸乙烯酯乳液胶黏剂是用量较大的胶黏剂之一。聚醋酸乙烯酯类胶黏剂广泛用于粘结墙纸，也可作为水泥增强剂和木材的胶黏剂等。

图 13-4　白乳胶

1. 聚醋酸乙烯酯胶黏剂

聚醋酸乙烯酯胶黏剂又称白乳胶（见图 13-4），它是由醋酸乙烯经乳液聚合而制得的一种乳白色的、带酯类芳香的乳胶状液体。聚醋酸乙烯酯胶黏剂的特点是胶液呈酸性，具有较强的亲水性，使用方便，流动性好，有利于多孔材料的粘接，但胶接强度不高，耐水性差，主要用于受力不太大的胶接，如纸张、木材和纤维粘接等。聚醋酸乙烯酯胶黏剂的使用温度不应低于 5 ℃，也不应高于 80 ℃，否则会影响胶接强度。

2. SG791 建筑装饰胶黏剂

SG791 建筑装饰胶黏剂是聚醋酸乙烯酯类单组分胶黏剂，具有使用方便、粘接强度高、价格低等特点。SG791 建筑装饰胶黏剂可用于在混凝土、砖、石膏板、石材等墙面上粘接木条、木门窗框、窗帘盒和瓷砖等，还可以在墙面上粘接钢、铝等金属构件。

3. 601 建筑装修胶黏剂

601 建筑装修胶黏剂是以聚醋酸乙烯为基体原料，配以适当的助剂与填料而制成的单组分胶黏剂。601 建筑装修胶黏剂的特点是固化速度快、初始胶接强度高、耐老化、耐低温、耐潮湿、使用方便、使用范围广等，可用于混凝土、木材、陶瓷、石膏板、聚苯乙烯泡沫板和水泥刨花板等各种微孔材料的粘接。

4. 水性 10 号塑料地板胶黏剂

水性 10 号塑料地板胶黏剂是以聚醋酸乙烯酯乳液为基体材料配制而成的单组分水溶性胶液。水性 10 号塑料地板胶黏剂具有粘接强度高、无毒、无味、干燥快、耐老化等特性，而且价格便宜，施工安全、方便，存放稳定，但它的储存温度不宜低于 3 ℃，可用于聚氯乙烯地板、木地板与水泥地面的粘接。

5. 4115 建筑胶黏剂

4115 建筑胶黏剂是以溶液聚合的聚醋酸乙烯为基料配制而成的常温固化单组分胶黏剂。4115 建筑胶黏剂的固体含量高、收缩率低、挥发快、胶接力强、无污染，对于多种微孔建筑材料有良好的粘接性能，如木材、水泥制品、陶瓷、纸面石膏板、矿棉板、水泥刨花板、玻璃纤维水泥增强板等。

13.5.3 环氧树脂类胶黏剂

环氧树脂类胶黏剂（见图 13-5）俗称“万能胶”，是以环氧树脂为主要原料，掺加适量的固化剂、增塑剂、填料和稀释剂等配制而成。环氧树脂是一种分子结构中含有两个或者两个以上环氧基的高分子化合物，本身不能固化，必须有固化剂的参与才能固化。因此，环氧树脂类胶黏剂大多为双组分。

环氧树脂类胶黏剂具有胶接强度高、收缩率小、耐腐蚀、耐水、耐油和电绝缘性好等特点，是目前广泛使用的胶黏剂之一。环氧树脂类胶黏剂除了对聚乙烯、聚四氟乙烯、有机硅树脂、硅橡胶等少数几种材料粘接性较差外，对金属、玻璃、陶瓷、木材、塑料、皮革、水泥制品和纤维材料等都具有良好的粘结能力。

环氧树脂类胶黏剂品种较多，在市面上销售的环氧树脂类胶黏剂有 6202 建筑胶黏剂、XY-507 胶、HN-605 胶、E-3 建筑胶黏剂等。

图 13-5　环氧树脂类胶黏剂

图 13-6　107 胶

13.5.4　聚乙烯醇缩甲醛类胶黏剂

1. 聚乙烯醇缩甲醛胶黏剂

聚乙烯醇缩甲醛胶黏剂又称为 107 胶(见图 13-6),它是聚乙烯醇与甲醛在酸性介质中进行缩合反应而制得的。107 胶外观呈无色透明的水溶液状,具有良好的粘结性能,胶接强度可达 0.9 MPa,在常温下能长期储存,但在低温下容易冻胶。107 胶可用于壁纸、墙布的裱糊,还可用作装饰涂料的主要成膜物质。在水泥砂浆中常加入 107 胶来增加砂浆层的粘结力。

107 胶的缺点

107 胶虽价格便宜,在建筑装饰工程中应用非常广泛,但这种胶黏剂在生产过程中,由于聚合反应的不完全,有一部分游离的甲醛存在,扩散到空气中,对人体有害,尤其易造成呼吸道疾病。因此,室内使用这种胶黏剂后,一定要通风晾置一段时间,将游离的甲醛排除掉,避免对人体健康造成影响。

2. 801 胶

801 胶是由聚乙烯醇与甲醛在酸性介质中发生缩聚反应后再经氨基化而成的一种微黄或无色透明的胶体。801 胶的特点是固体含量高,胶接强度大,耐水性、耐酸性、耐碱性、耐磨性及剥离强度等均优于 107 胶,但在干燥过程中仍有部分游离的甲醛,对人有一定的刺激性。801 胶可用于粘贴瓷砖、墙布、壁纸等,也可用作涂料的成膜物质。

13.5.5　聚氨酯类胶黏剂

聚氨酯类胶黏剂是以多异氰酸酯和聚氨基甲酸酯为粘结物质,加入改性材料、填料和固化剂等制成的胶黏剂,一般为双组分。聚氨酯类胶黏剂的特点是胶接力强,耐低温性优异,可在常温下固化,韧性好,使用范围广,但耐热性和耐水性差。聚氨酯类胶黏剂的品种较多,常用的有 405 胶、CH-201 胶、JQ-1 胶、JQ-2 胶、JQ-3 胶、JQ-4 胶、JQ-38 胶等。

1. 405 胶

405 胶是以多异氰酸酯和末端含有羟基的聚酯为原料制成的胶黏剂。405 胶具有常温固化、粘接力强、耐水、耐油、耐弱碱等特点,对于纸、皮革、木材、玻璃、金属和塑料等有良好的粘接力,主要用于粘接塑料、木材、皮革等。

2. CH-201 胶

CH-201 胶是由聚氨酯预聚体和固化剂以多羟基化合物或二元胺化合物为主体组成的胶黏剂。CH-201 胶具有常温固化、气味小、使用周期长等特点,并能在干燥或潮湿条件下粘结,可用于地下室、宾馆走廊以及使用腐蚀性化工原料的车间等潮湿环境或经常用水冲洗之处的粘接,也适用于粘接 PVC 与水泥地面、木材及钢板等。

13.5.6 橡胶类胶黏剂

橡胶类胶黏剂是以合成橡胶为粘结物质，加入有机稀释剂、补强剂和软化剂等辅助材料组成。橡胶类胶黏剂一般具有良好的粘结性、耐水性和耐化学腐蚀性。橡胶类胶黏剂在干燥过程中会挥发出有机溶剂气体，对人体有一定的刺激性。

橡胶类胶黏剂的主要品种有801强力胶（见图13-7）、氯丁胶黏剂、长城牌202胶、XY-405胶等很多品种。不同品种的胶黏剂适用的胶接材料不同，粘接范围差异很大，应根据材料选择。

图13-7 801强力胶

1. 801强力胶

801强力胶是以酚醛改性氯丁橡胶为粘结物质的单组分胶黏剂，可在室温下固化，使用方便，粘结力强，适用于塑料、纸张、木材、皮革及橡胶等材料的粘接。801强力胶含有有机溶剂，属易燃品，应隔离火源，放置在阴凉处。

2. 氯丁胶黏剂

氯丁胶黏剂采用专用氯丁橡胶为成膜物质配制而成，具有一定的耐水、耐酸碱性，适用于地毯等纤维制品和部分塑料的粘接。

课后思考与练习

想一想

在住宅装修施工的什么阶段会用到酚醛树脂类胶黏剂、聚醋酸乙烯酯类胶黏剂、环氧树脂类胶黏剂、聚乙烯醇缩甲醛类胶黏剂、聚氨酯类胶黏剂和橡胶类胶黏剂？

作 业

任务：完成建筑装饰胶黏剂调查表，如表13-1所示。

调查方式：综合运用电商购物平台等获取信息。

表13-1 建筑装饰胶黏剂调查表

胶黏剂类型		品牌	规格	价格	产地	效果图
酚醛树脂类	酚醛树脂类1					
	酚醛树脂类2					
聚醋酸乙烯酯类	聚醋酸乙烯酯类1					
	聚醋酸乙烯酯类2					
环氧树脂类	环氧树脂类1					
	环氧树脂类2					
聚乙烯醇缩甲醛类	聚乙烯醇缩甲醛类1					
	聚乙烯醇缩甲醛类2					
聚氨酯类	聚氨酯类1					
	聚氨酯类2					
橡胶类	橡胶类1					
	橡胶类2					

第十四章

装饰灯具

ZHUANGSHI DENGJU

图 14-1 早期的灯具

灯具是光源、线罩及管架的总称。早期的灯具，类似陶制的盛食器"豆"，如图 14-1 所示，上盘下座，中间以柱相连，虽然形制比较简单，却奠立了中国油灯的基本造型。千百年发展下来，灯的功能也逐渐由最初单一的实用性变为实用和装饰性相结合。现代灯饰是将照明工具艺术化，从而实现照明与装饰的双重效果。现代灯饰、灯具已成为室内装饰中的一个重要组成部分。

14.1 照明体系的分类

现代灯具包括家居照明、商业照明、工业照明、道路照明、景观照明、特种照明等。

1. 家居照明

家居照明灯具有白炽灯泡、荧光灯管、节能灯、卤素灯、卤钨灯、气体放电灯和 LED 灯等。(见图 14-2)

图 14-2 家居照明

2. 商业照明

商业照明灯具有卤素灯、金卤灯等。一般商业场景照明重点突出商品照明和装饰性照明。

3. 工业照明

工业照明灯具以气体放电灯、荧光灯为主，结合其他的要求，如防水、防爆、防尘等，来定制灯具灯饰。灯具的选择主要考虑反射性、照度、维护系数等。

4. 道路照明

道路照明强调安全照度和透雾性。

5. 景观照明

灯具和光源的选择需要充分考虑节能和美观。

6. 特种照明

特种照明灯具常指信号灯、激光灯等具有特殊用途的灯具。

14.2 灯具的分类

1. 按所处的环境分类

按所处环境，灯具可分为室内灯具和户外灯具。室内灯具又可分为室内装饰灯具和室内功能灯具。室内装饰灯具主要有吊灯、吸顶灯、槽灯、发光顶棚、壁灯、立灯、台灯等。室内功能灯具是指具有某种特殊功能的灯具，如舞厅用的旋转灯、聚光灯等，展览厅用的射灯、指示灯等以及起反光、折光和散光作用的水晶玻璃球灯等。

2. 按光源分类

灯具按光源不同可分为日光灯（荧光灯）、白炽灯、节能紧凑型荧光灯和 LED 灯。（见图 14-3）

图 14-3　光源不同的灯具

①日光灯（荧光灯）　日光灯的光源属于气体放电光源，灯管内壁涂有荧光粉，两端装有钨丝电极，管内抽成真空后充入少量汞和惰性气体氩。

②白炽灯　白炽灯是将灯丝通电加热到白炽状态，利用热辐射发出可见光的电光源。

③节能紧凑型荧光灯　配有电子镇流器、常用 E27 螺口灯头的一体型产品，称为节能紧凑型荧光灯，简称为节能灯。节能灯的亮度、寿命比一般的白炽灯优越，尤其是在省电上口碑极佳。节能灯有 U 形、螺旋形（见图 14-4）、花形等，功率从 3 W 到 40 W 不等。不同型号、不同规格、不同产地的节能灯价格相差很大。筒灯、吊灯、吸顶灯等灯具中一般都能安装节能灯。节能灯一般不适合在高温、高湿环境下使用，浴室和厨房应尽量避免使用节能灯。

④LED 灯　LED 是英文 light emitting diode（发光二极管）的缩写，它的基本结构是一块能在外加正向电压作用下发光的半导体材料芯片，常用银胶或白胶固化到支架上，然后用银线或金线连接芯片和电路板，四周再用环氧树脂密封，起到保护内部芯线的作用，最后安装外壳。建筑装饰中常用 LED 灯带（见图 14-5）及 LED 灯。

图 14-4　螺旋形节能灯

LED 灯的抗震性能好，节能（白光 LED 的能耗仅为白炽灯的 1/10、节能灯的 1/4）、长寿（寿命可达 10 万小时以上），不怕震动，环保，透镜与灯罩可一体化设计，散热器与灯座也可一体化设计，无频闪，耐冲击，抗雷力强，无紫外线（UV）和红外线（IR）辐射，显色指数高、显色性好，采用 PWM 恒流技术，效率高，热量低，恒流精度高，且通用标准灯头，可直接替换现有卤素灯、白炽灯、荧光灯等。

3. 按风格分类

灯具按风格分类有欧式灯、美式灯、中式灯等多种，其中外形古典的中式吊灯明亮利落，适合装在以中式风格装修的门厅区。

图 14-5　LED 灯带

14.3 吸顶灯

吸顶灯(见图 14-6)常用的有方罩吸顶灯、圆球吸顶灯、尖扁圆吸顶灯、半圆球吸顶灯、半扁球吸顶灯、小长方罩吸顶灯等。吸顶灯适用于客厅、卧室、厨房、卫生间等处照明。吸顶灯温升小、无噪音,体积小、重量轻,耗电量小,可直接装在天花板上,安装简易,款式简单大方,可赋予空间清朗明快的感觉。

图 14-6　吸顶灯

14.4 落地灯

落地灯(见图 14-7)常用作局部照明,不讲全面性,而强调移动的便利,对于角落气氛的营造十分实用。落地灯的光线若是直接向下投射,适合阅读等需要精神集中的活动;若为间接照明,则可以调整整体的光线变化。落地灯一般放在沙发拐角处,灯光柔和,晚上看电视时可作为环境照明,效果很好。落地灯的灯罩材质种类丰富,消费者可根据自己的喜好选择。许多人喜欢带小台面的落地灯,因为可以把手机等杂物放在小台面上。

图 14-7　落地灯

14.5 壁灯

壁灯(见图 14-8)适合于卧室、卫生间照明。常用的有双头玉兰壁灯、双头橄榄壁灯、双头鼓形壁灯、双头花边杯壁灯、玉柱壁灯、镜前壁灯等。壁灯在安装时,其灯泡应离地面不小于 1.8 m。选壁灯主要看结构、造型,一般机械成型的较便宜,手工的较贵。

图 14-8 壁灯

14.6 台灯

台灯(见图 14-9)按材质分陶瓷灯、木灯、铁艺灯、铜灯、树脂灯、水晶灯等,按功能分护眼工作台灯、装饰台灯等,按光源分灯泡、插拔灯管、灯珠台灯等。选择台灯主要看电子配件质量和制作工艺,一般客厅、卧室等用装饰台灯,工作台、学习台用节能护眼台灯。

图 14-9 台灯

14.7 筒灯

筒灯(见图 14-10)一般装设在卧室、客厅、卫生间的周边天棚上。这种嵌装于天花板内部的隐置性灯具，所有光线都向下投射，属于直接配光，可以用不同的反射器、镜片、百叶窗、灯泡等来取得不同的光线效果。筒灯不占据空间，可增加空间的柔和气氛，如果想营造温馨的感觉，可试着装设多盏筒灯，减轻空间压迫感。

图 14-10 筒灯

14.8 射灯

射灯(见图 14-11)可安置在吊顶四周或家具上部，也可置于墙内、墙裙或踢脚线里，光线直接照射在需要强调的家什器物上，以突出主观审美作用，达到重点突出、环境独特、层次丰富、气氛浓郁、缤纷多彩的艺术效果。射灯光线集中，既可对整体照明起主导作用，又可局部采光，烘托气氛。射灯的光效高低以功率因数体现，功率因数越大光效越好。普通射灯的功率因数在 0.5 左右，价格便宜；优质射灯的功率因数能达到 0.99，价格稍贵。

图 14-11 射灯

14.9 浴霸

浴霸(见图 14-12)按取暖方式分灯泡红外线取暖浴霸和暖风机取暖浴霸，市场上常将前者称为浴霸，后者称为暖风机。浴霸按功能分有三合一浴霸和二合一浴霸。三合一浴霸有照明、取暖、排风功能；二合一浴霸只有照明、取暖功能。浴霸按安装方式分暗装浴霸、明装浴霸和壁挂式浴霸。暗装浴霸比较漂亮，明装浴霸直接装在顶上；一般不能采用暗装和明装浴霸的才选择壁挂式浴霸。正规厂家出的浴霸一般要采用防爆玻璃，通过“标准全检”的冷热交变性能试验，即经受瞬间冷热考验，以确保沐浴中的安全。

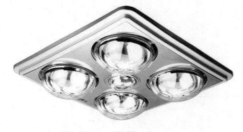

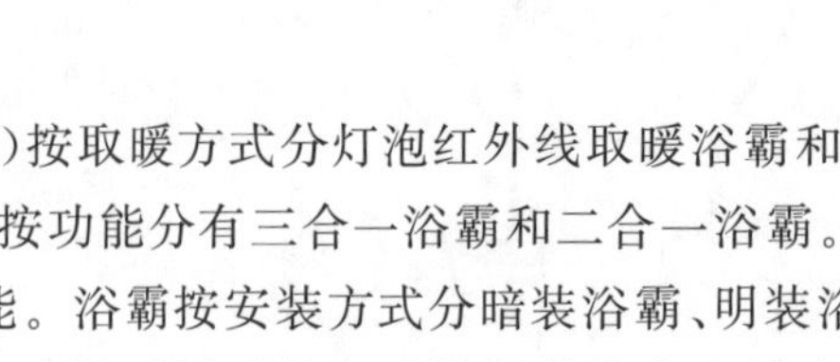

图 14-12 浴霸

如何选购灯具

照明设计中,应选择既满足使用功能和照明质量的要求,又便于安装维护,且长期运行费用低的灯具,具体应考虑以下几个方面:①光学特性,如配光、眩光控制;②经济性,如灯具效率、初始投资及长期运行费用等;③特殊的环境条件,如有火灾危险、爆炸危险的环境,有灰尘、潮湿、震动和化学腐蚀的环境;④灯具外形,应与建筑物相协调;⑤IP 等级,应符合环境条件;⑥3C 认证资格;⑦注重性价比。

课后思考与练习

想一想

在住宅装修施工过程中,吸顶灯、落地灯、壁灯、台灯、筒灯、射灯等都会用于哪些地方?试以图 14-13 所示的户型为例进行分析。

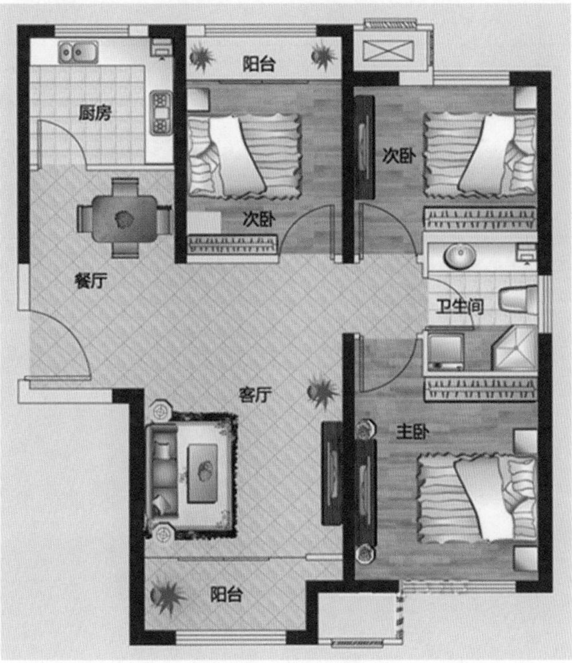

图 14-13 户型图

作 业

任务:完成建筑装饰灯具调查表,如表 14-1 所示。

调查方式:综合运用电商购物平台等获取信息。

表 14-1 建筑装饰灯具调查表

灯具类型		品牌	规格	价格	产地	效果图
吸顶灯	吸顶灯 1					
	吸顶灯 2					
	吸顶灯 3					
落地灯	落地灯 1					
	落地灯 2					
	落地灯 3					

续表

灯具类型		品　　牌	规　　格	价　　格	产　　地	效　果　图
壁灯	壁灯 1					
	壁灯 2					
	壁灯 3					
台灯	台灯 1					
	台灯 2					
	台灯 3					
筒灯	筒灯 1					
	筒灯 2					
	筒灯 3					
射灯	射灯 1					
	射灯 2					
	射灯 3					
浴霸	浴霸 1					
	浴霸 2					
	浴霸 3					

附录

附录A 建筑装饰材料运用案例赏析

室内设计效果欣赏如附图 A-1 至附图 A-8 所示。

附图 A-1 室内设计效果欣赏(意式轻奢)

附图 A-2 室内设计效果欣赏(法式浪漫)

附图 A-3 室内设计效果欣赏(无主灯设计)

附图 A-4　室内设计效果欣赏(原木小清新)

附图 A-5　室内设计效果欣赏(极简主义)

附图 A-6　室内设计效果欣赏(奶油风)

附图 A-7　室内设计效果欣赏(日式)

附图 A-8 室内设计效果欣赏(现代风格)

附录 B 材料分析实训——以现代户型为例

分组:2～3 人为一组。

任务:在所给设计效果图上标注选用的建筑装饰材料。

时间:

共 45 min,建议分配如下:

(1)5 min:布置任务,划分小组。

(2)30 min:小组展开讨论,上交图片标注材料。

(3)10 min:任务展示与点评。

示范图片标注如附图 B-1 所示。

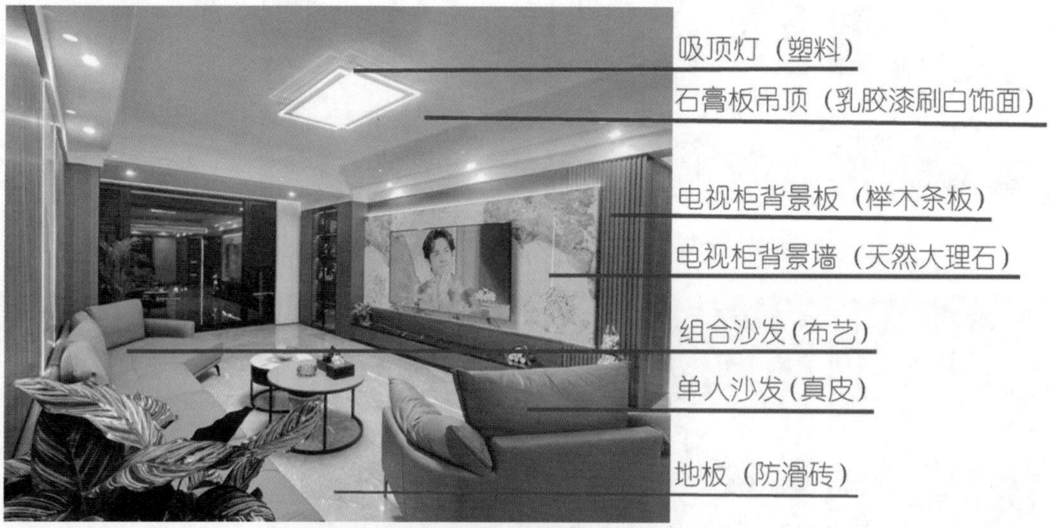

附图 B-1 示范图片标注

案例一:请指出附图 B-2 所示典雅庄重风格室内装修所用的材料。

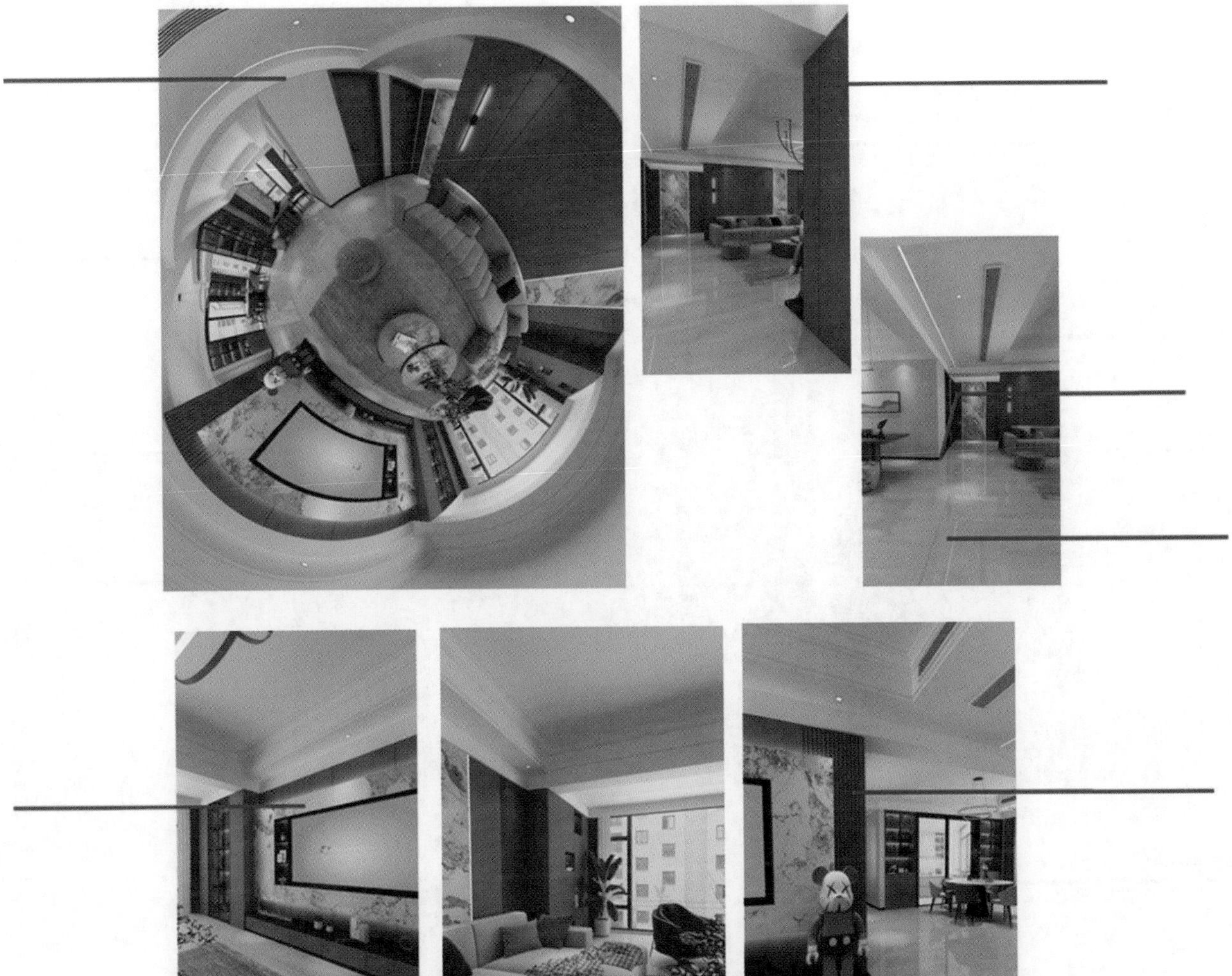

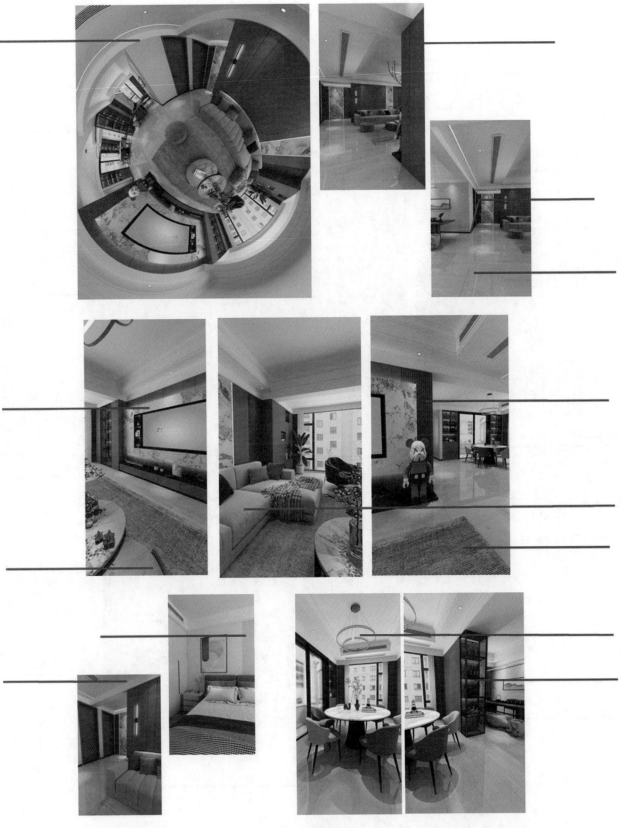

附图 B-2　案例一图片

案例二：请指出附图 B-3 所示的室内装修所用的材料。

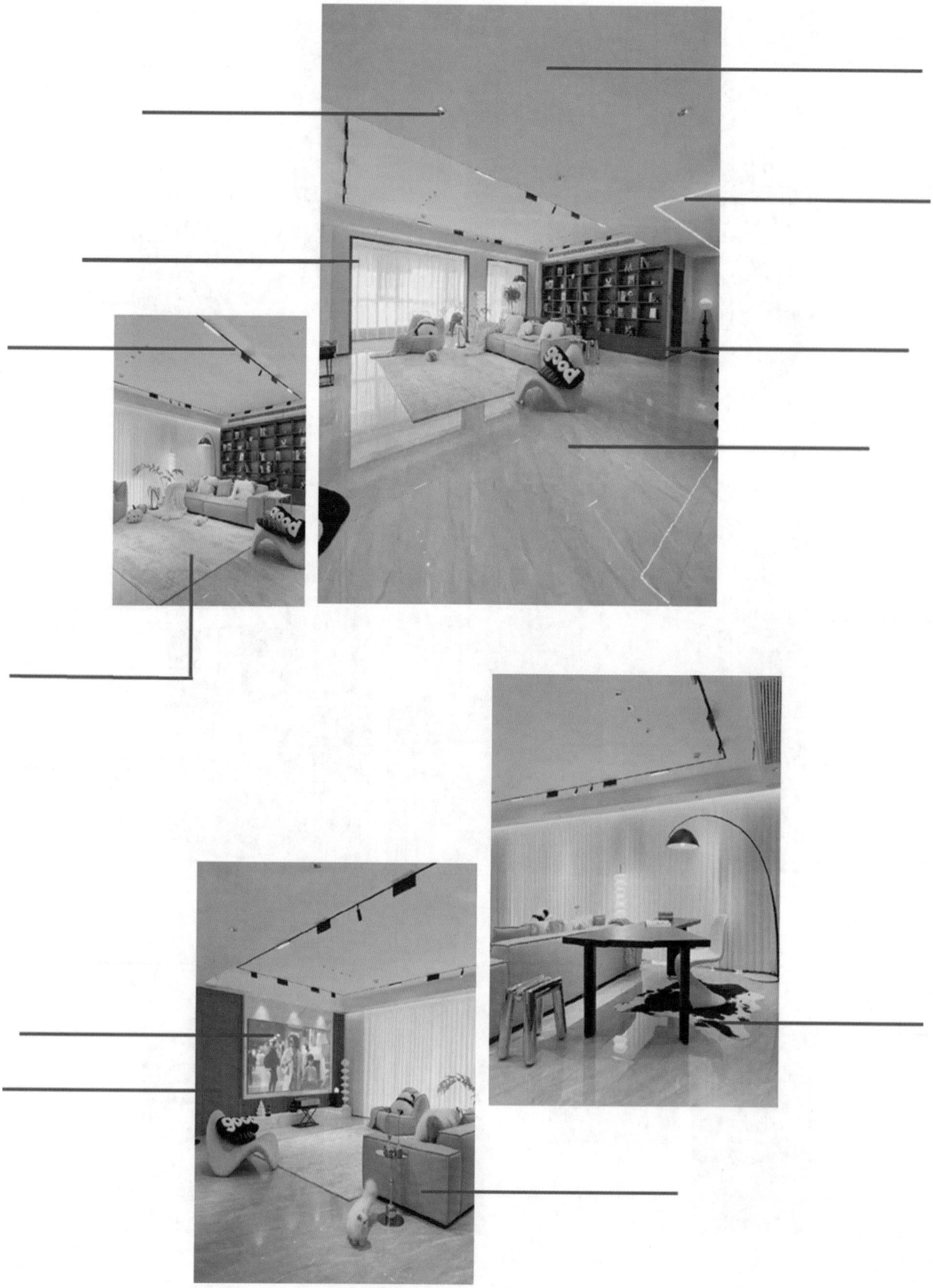

附图 B-3　案例二图片

案例三：请指出附图 B-4 所示的室内装修所用的材料。

附图 B-4　案例三图片

附录 C　头脑风暴实训(小组协作)——编制居室装饰材料清单

分组:4～5 人为一组。

任务:根据所给户型图(见附图 C-1),填写附表 C-1 并上交。

要求:结合现实设计,业主定位为普通工薪阶层,进行大众化装修,尽量选用经济、安全的常规建材。

时间：

共 45 min，建议分配如下：

(1)5 min：布置任务，划分小组。

(2)30 min：小组展开讨论。

(3)10 min：任务点评。

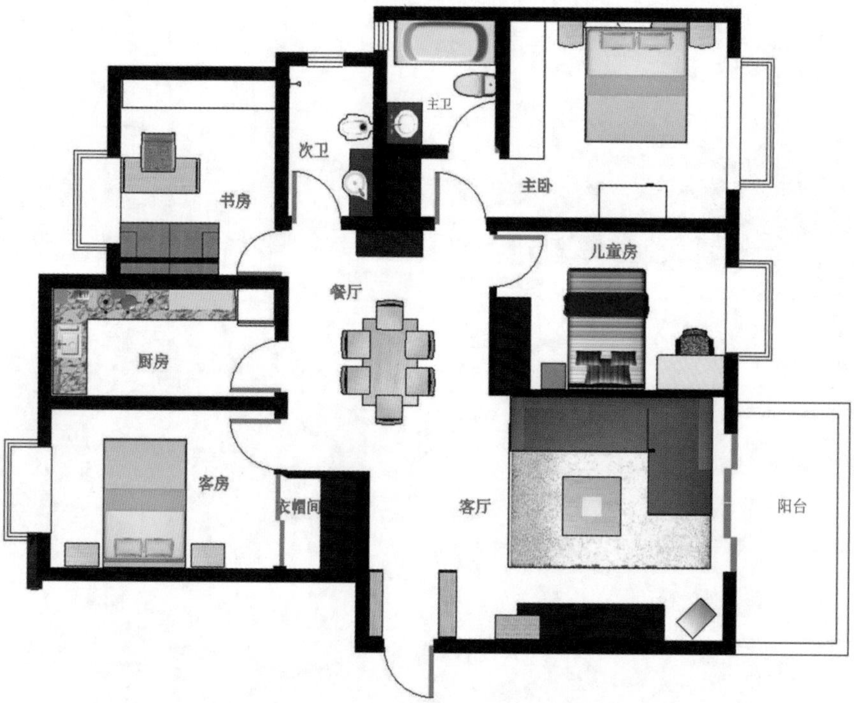

附图 C-1　户型图

附表 C-1　居室装饰材料清单

小组成员：			
空　　间	地面材质(列举 3 种)	墙面材质(列举 2 种)	是否做吊顶(至少列举 1 种)
客厅			
餐厅			
主卧			
儿童房			
客房			
书房			
主卫			
次卫			
衣帽间			
阳台			

附录D 综合实训——绘制家装施工图一套

绘图要求：

(1)电脑绘图，图幅为 A4 或其他合适规格。

(2)制图标准，比例合适。

(3)每 2～3 人为一组，绘制出一套。

(4)每张图详细阐述所使用的各种材料名称及其产地、规格、价格等。

绘制内容：

根据原始量房尺寸图(见附图 D-1)完成如下内容的绘制：

(1)平面布置图 1 张。

(2)地面铺装图 1 张。

(3)天花布置图 1 张。

(4)电路走向图 2 张(弱电 1 张，强电 1 张)。

(5)各房间立面图 2～3 张(约 15 张)。

(6)封面 1 张。

(7)编制材料清单报价 1 份。

建议任务实施安排：

设计——绘图——了解材料构造相关资讯——结合图纸选用对应的材料——查阅其名称及其产地、规格、价格等——在图纸上撰写相对应的材料——编制总的材料清单报价。

绘制顺序：

封面——材料清单报价——平面布置图——地面铺装图——天花布置图——电路走向图(强电)——电路走向图(弱电)——各房间立面图。

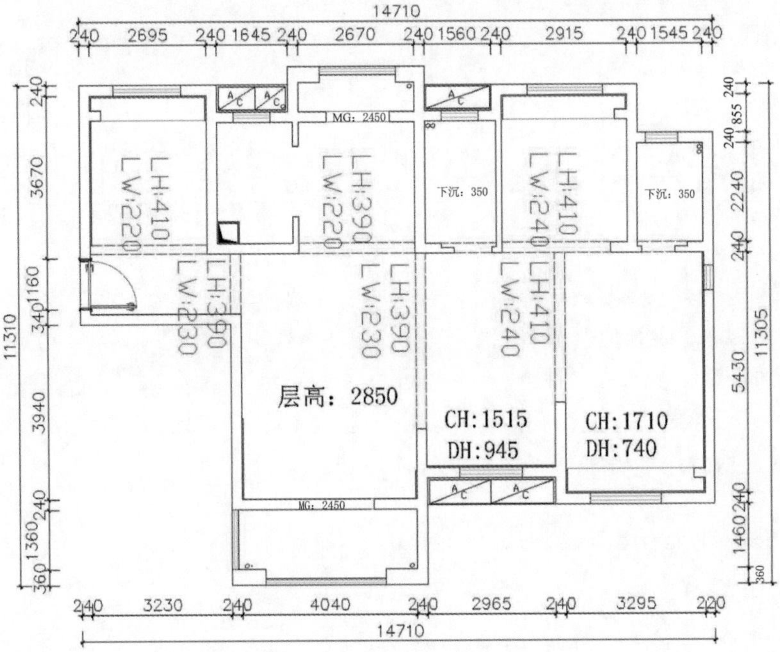

附图 D-1　原始量房尺寸图(单位：mm)

附录 E 头脑风暴实训（小组协作）——编制服装卖场装饰材料清单

分组：4～5 人一组。

任务：根据服装卖场实际装修情况，填写附表 E-1 并上交。

要求：依据不同类型的服装卖场选用常规装饰建材。

时间：

共 45 min，建议分配如下：

(1)5 min：布置任务，划分小组。

(2)30 min：小组展开讨论，填写表格。

(3)10 min：任务展示与点评。

附表 E-1 不同类型服装卖场装饰材料清单

小组成员：

不同类型	地面材质(列举 2 种)	墙面材质(列举 2 种)	吊顶材质(列举 1 种)
男装卖场			
女装卖场			
童装卖场			
运动卖场			
婚纱店			

附录 F 综合实训——绘制服装店施工图一套

绘图要求：

(1)电脑绘图，图幅为 A3 或其他合适规格。

(2)制图标准，比例合适。

(3)每 2～3 人为一组，绘制出一套，每张图都要相应地标注装饰材料及具体设计说明。

(4)每张图详细阐述所使用的各种材料名称及其产地、规格、价格等。

绘制内容：

根据服装店原始平面图(见附图 F-1)完成如下内容的绘制：

(1)平面布置图 1 张。

(2)地面铺装图 1 张。

(3)天花布置图 1 张。

(4)立面图 3 张(包括自选立面 2 张，橱窗立面 1 张)。

(5)局部构造图 1 张。
(6)封面 1 张。
(7)编制材料清单报价 1 份。
服装店设计基本设施:
(1)品牌招牌(形象墙)。
(2)商品陈列展台、展架。
(3)橱窗。
(4)收银台。
(5)试衣间。
(6)附属性服务设施(休息沙发、休息椅)。
参考方案设计平面如附图 F-2 所示。

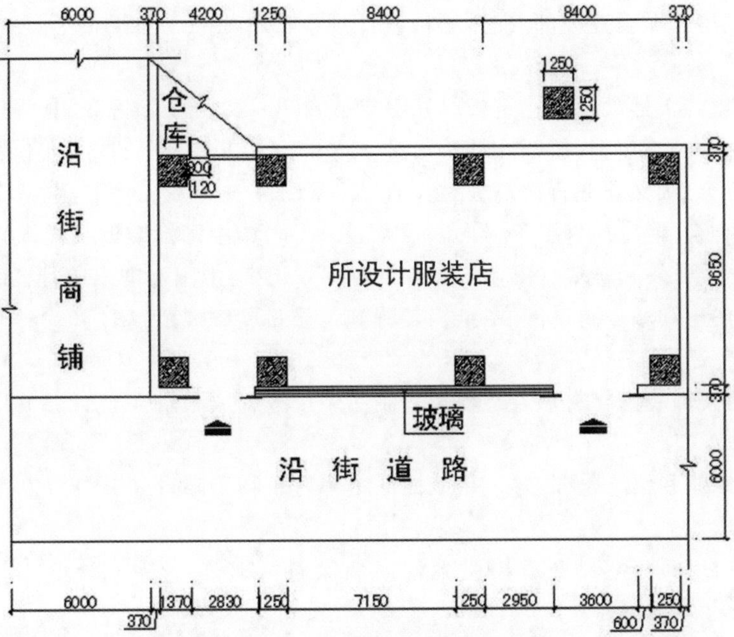

附图 F-1　服装店原始平面图(单位:mm)

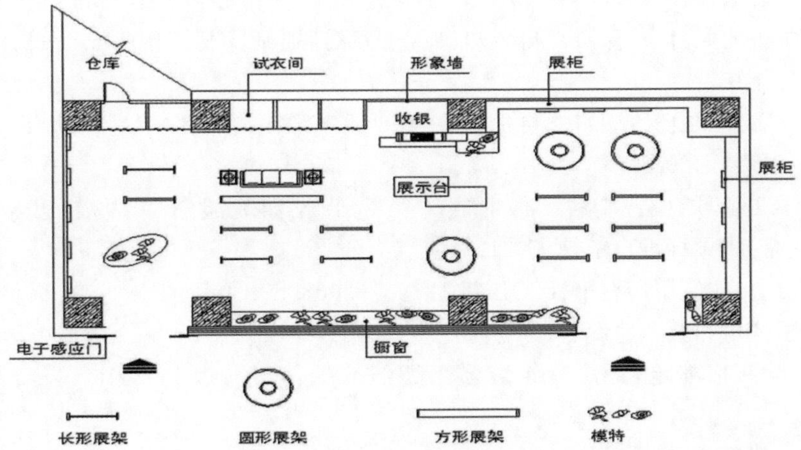

附图 F-2　参考方案设计平面

参考文献

[1] 中华人民共和国公安部.建筑材料及制品燃烧性能分级:GB 8624—2012[S].北京:中国标准出版社,2013.

[2] 中国建筑材料联合会.建筑石膏:GB/T 9776—2008[S].北京:中国标准出版社,2008.

[3] 中国建筑材料联合会.建筑生石灰:JC/T 479—2013[S].北京:中国建材工业出版社,2013.

[4] 中国建筑材料联合会.建筑消石灰:JC/T 481—2013[S].北京:中国建材工业出版社,2013.

[5] 中国有色金属工业协会.铝合金建筑型材　第1部分:基材:GB/T 5237.1—2017[S].北京:中国标准出版社,2017.

[6] 中华人民共和国住房和城乡建设部.砌体结构设计规范:GB 50003—2011[S].北京:中国建筑工业出版社,2012.

[7] 中国建筑材料联合会.天然大理石建筑板材:GB/T 19766—2016[S].北京:中国标准出版社,2017.

[8] 中国建筑材料联合会.建筑材料放射性核素限量:GB 6566—2010[S].北京:中国标准出版社,2011.

[9] 中国建筑材料联合会.天然花岗石建筑板材:GB/T 18601—2009[S].北京:中国标准出版社,2010.

[10] 中国建筑材料联合会.陶瓷砖:GB/T 4100—2015[S].北京:中国标准出版社,2015.

[11] 中国建筑材料联合会.平板玻璃:GB 11614—2009[S].北京:中国标准出版社,2010.

[12] 中华人民共和国住房和城乡建设部.木结构工程施工质量验收规范:GB 50206—2012[S].北京:中国标准出版社,2012.

[13] 国家林业局.室内装饰装修材料　人造板及其制品中甲醛释放限量:GB 18580—2017[S].北京:中国标准出版社,2018.

[14] 中华人民共和国工业和信息化部.建筑用墙面涂料中有害物质限量:GB 18582—2020[S].北京:中国标准出版社,2019.

[15] 中国石油和化学工业联合会.合成树脂乳液内墙涂料:GB/T 9756—2018[S].北京:中国标准出版社,2018.

[16] 中国石油和化学工业联合会.过氯乙烯树脂防腐涂料:GB/T 25258—2010[S].北京:中国标准出版社,2011.

[17] 中国建筑材料联合会.地坪涂装材料:GB/T 22374—2018[S].北京:中国标准出版社,2018.

[18] 中国石油和化学工业联合会.塑料　再生塑料 第1部分:通则:GB/T 40006.1—2021[S].北京:中国标准出版社,2021.

[19] 中国石油和化学工业联合会.塑料　再生塑料 第2部分:聚乙烯(PE)材料:GB/T 40006.2—2021[S].北京:中国标准出版社,2021.

[20] 中国石油和化学工业联合会.塑料　再生塑料 第3部分:第3部分:聚丙烯(PP)材料:GB/T 40006.3—2021[S].北京:中国标准出版社,2021.

[21] 中国钢铁工业协会.建筑用压型钢板:GB/T 12755—2008[S].北京:中国标准出版社,2009.

[22] 中华人民共和国住房和城乡建设部.铝合金门窗:GB/T 8478—2020[S].北京:中国标准出版社,2020.

[23] 住房和城乡建设部标准定额所.建筑装饰用无纺墙纸:JG/T 509—2016[S].北京:中国标准出版社,2017.

[24] 住房和城乡建设部标准定额所.纺织面墙纸(布):JG/T 510—2016[S].北京:中国标准出版社,2017.

[25] 中国石油和化学工业联合会.室内装饰装修材料　胶粘剂中有害物质限量:GB 18583—2008[S].北京:中国标准出版社,2009.